Robert und Gabriele Schoblick

RFID

Radio Frequency Identification

Robert und Gabriele Schoblick

RFID

Radio Frequency Identification

Grundlagen · Eingeführte Systeme · Einsatzbereiche Datenschutz · Praktische Anwendungsbeispiele

Mit 152 Abbildungen

FRANZIS

Bibliografische Information Der Deutschen Bibliothek
Die Deutsche Bibliothek verzeichnet diese Publikation in der Deutschen Nationalbibliografie; detaillierte Daten sind im Internet über **http://dnb.ddb.de** abrufbar

Satz: Redaktionsbüro SRG, A-9210 Pörtschach
art & design: www.ideehoch2.de
Druck: Bercker, 47623 Kevelaer
Printed in Germany

ISBN 3-7723-**5920-5**

Vorwort

Eine Szene aus einem Warenhaus: Ein Mann geht in Richtung des Ausgangs und plötzlich ertönt ein Alarmsignal. Gelbe Blitzlampen blinken im Ausgangsbereich und Unruhe kommt auf. Es dauert nicht lange, da bekommt der Mann Gesellschaft. Ein Herr bittet ihn, ihn in sein Büro zu begleiten. Es stellt sich heraus, dass er einen Hosengürtel aus dem Geschäft trägt, den er nicht bezahlt hat. Der Mann, der den ganzen Tumult auslöste, war also ein Ladendieb.

Nun gut, liebe Leser, Diebe gibt es schon seitdem Menschen denken können und das eben beschriebene Szenario und selbst die in diesen Fällen zum Einsatz kommende Technologie ist keinesfalls neu. Warum also sollte dieses Beispiel dazu geeignet sein, ein Fachbuch des 21. Jahrhunderts zu eröffnen?

In der Tat wollen wir uns mit der Technologie befassen, die es möglich macht, beispielsweise einen Ladendieb wie im o. g. Beispiel zu erkennen und ihn zu überführen. Wir sprechen von **R**adio **F**requency **Id**entification oder kurz: RFID. Dem geneigten Leser - selbst dem technischen Laien - wird bekannt sein, dass die Sicherung von Waren in Kaufhäusern mit Hilfe der RFID-Technologie bereits seit mehr als 20 Jahren durchgeführt wird. Dennoch gibt es viele Gründe dafür, gerade jetzt ein Fachbuch zu diesem Thema herauszugeben.

Auf der einen Seite müssen wir die wachsende Vielfalt der RFID-Systeme und deren Ausbreitung in immer mehr Anwendungsbereichen zur Kenntnis nehmen. Allerdings müssen wir auf der anderen Seite auch lernen, dass jede Technologie nicht nur Vereinfachungen und Segen bringt, sondern auch Risiken in sich birgt. Speziell bei RFID sind hier lautstarke Diskussionen entbrannt. Das Problem: Auf RFID-Transponder gespeicherte Daten können vollkommen unbemerkt ausgelesen werden. Darüber hinaus werden RFID-Transponder zunehmend kleiner und können so völlig unbemerkt in Kleidungsstücke, Ausweiskarten und sogar Banknoten eingebracht werden. George Orwells Schreckensvisionen werden wieder aktuell, die eine lückenlose Überwachung des Individuums darstellen. Dieser Diskussion müssen wir uns stellen, doch das allein reicht nicht. Die meisten von Ihnen, liebe Leser, sind Techniker bzw. befinden sich in einer technischen Ausbildung. Wir Techniker sind es, die dafür sorgen, dass Chips zunehmend kleiner und leistungsfähiger werden und damit auch einen Anteil an den gewaltigen gesellschaftlichen Veränderungen haben, die in den letzten zwei Jahrzehnten zu beobachten waren. Nicht alle Entwicklungen haben jedem Menschen einen Segen gebracht, doch kann die Konsequenz daraus nicht heißen, dass wir uns wieder zurückentwicklen, um letztlich das Niveau der Steinzeit zu erreichen.

Die Erkenntnis muss stattdessen sein, dass wir uns auch darüber Gedanken machen, wie wir den Missbrauch der modernen Technologien ausschließen oder zumindest ersichtlich machen. Hier gibt es große Herausforderungen, die leider nicht allein mit einem pfiffigen Schaltbild zu bewältigen sind, denn in erster Linie sind es die Interessen mächtiger Lobbyisten, wie Strafverfolger und Marktforscher aber auch Geheimdienste und kriminelle oder terroristisch motivierte Organisationen, die in der Überwachung von Menschen Vorteile erkennen. Wer eine moderne Technologie - wir gehen von seriösen Vorsätzen aus - heute am Markt platzieren oder möglicherweise auch der Allgemeinheit eine Erleichterung bzw. einen Sicherheitsgewinn bringen möchte, hat deshalb zwangsweise ein Problem. Infolge der allgemeinen Verwirrung wird es immer schwieriger zwischen „schwarzen Schafen" und seriösen Vorsätzen zu unterscheiden.

Aber nicht allein die spektakulären Bedenken hinsichtlich des Datenschutzes lösen Unmut gegenüber der RFID-Technologie aus, denn auch die Gefahr weiterer Rationalisierungen insbesondere im Einzelhandel ist eindeutig gegeben. Anstelle von ausgebildetem Verkaufspersonal werden möglicherweise in nicht allzu ferner Zukunft bestenfalls gering bezahlte Mitarbeiter in modernen Supermärkten zu finden sein, die leere Regale auffüllen, sofern diese Aufgabe nicht ebenfalls von Robotern übernommen wird. Auch auf Beratung werden wir wohl in Zukunft nicht verzichten müssen, denn Interactive-Voice-Response-Systeme machen enorme Fortschritte in der Entwicklung. Ob es uns gefallen wird, wie in einem automatisierten Telefongespräch bedient zu werden, um 100 g Schinken zu bestellen, sei dahingestellt.

Mit diesem Buch können wir die Welt nicht besser machen und fehlgeleitete Entwicklungen nicht aufhalten. Wir können aber versuchen, die aktuellen Debatten rund um eine Technologie, die durchaus auch nutzbringende Anwendungspotenziale aufweist und in der technischen Umsetzung interessant ist, mit objektiven Betrachtungen zu begleiten. Möglicherweise werden Sie als Techniker in der Entwicklung von RFID-Lösungen tätig sein, unter Umständen aber auch in Vertrieb und Support Ihre Kunden beraten müssen. Dazu müssen Sie die aktuelle Problematik kennen. Sie müssen genau wissen, wie die mit dem von Ihnen vertriebenen oder entwickelten System erfassbaren Daten gesammelt und ausgewertet werden. Nur dann, wenn Sie diesbezüglich Antworten auf kritische Fragen geben können, werden diese Lösungen auch Akzeptanz finden und nicht zuletzt dazu beitragen, den angeschlagenen Ruf der modernen Technologie allgemein wieder zu rehabilitieren.

Herzlichst

Gabi und Robert Schoblick

www.srg.at

Inhalt

1 Einleitung

Radio Frequency Identification - oder kurz: RFID - ist eine Technologie, die uns bereits seit mindestens zwei Jahrzehnten im Alltag begleitet. Mittlerweile hat sich eine enorme Vielfalt ausgeprägt, die unterschiedlichste Einsatzbereiche erschließt, aber auch Kritiker auf den Plan ruft. Denken wir an George Orwell und seinen Roman „1984". Der Mensch avancierte zur willenlosen Arbeitsmaschine. Wer nicht bedingungslos gehorchte oder einfach nur eine falsche Einstellung hatte, wurde gnadenlos verfolgt. In dem Roman musste man sich in unzähligen Kontrollpunkten anhand einer Tätowierung identifizieren. Man konnte keinen Schritt ohne Beobachtung tun. Nun ja, totalitäre Systeme und eintätowierte „Seriennummern" hatten wir in der deutschen Geschichte schon einmal und dass selbst unser demokratischer „Vater Staat" sehr gerne viel mehr über uns und unsere Persönlichkeiten erfahren möchte, sagt selbst ein Bundesinnenminister unverblümt frei heraus. RFID ist für derartige Interessen natürlich eine segensreiche Technologie, denn sie bietet eine Vielfalt von Leistungsmerkmalen, die Überwachungsmaßnahmen durchaus „komfortabel" gestaltet:

- RFID-Transponder können mit extrem geringen Abmessungen realisiert und unauffällig in Produkte verschiedener Art eingebaut werden.
- RFID-Transponder - zumindest die Typen, die in diesem Buch besprochen werden - benötigen keinen eigenen Energiespeicher und haben deshalb eine nahezu unbegrenzte Lebensdauer.
- Die in einem RFID-Tag gespeicherten Informationen können berührungslos und unbemerkt ausgelesen werden.
- Die Speicherkapazitäten von RFID-Tags werden zunehmend größer.
- Es gibt RFID-Tags mit unveränderlichem Inhalt und wiederbeschreibbare Tags.

Wenn Sie, liebe Leser, jetzt aufspringen und lautstark den Stopp des Einsatzes dieser Technologie fordern, ist das bei den eben aufgeführten Argumenten durchaus verständlich. Doch denken wir einmal rational: Es gibt diese Technologie und sie wird - ob es uns passt oder nicht - eingesetzt. Das sollte kein resignatives Statement sein, sondern ist eine nüchterne Feststellung. Wer diese Technologie missbrauchen möchte, wird also notfalls im „stillen Kämmerlein" an deren Perfektionierung forschen und sie ohne unser (offizielles) Wissen einsetzen. Das Risiko, beim Entdecken eines verbotenen Tags ernsthafte Konsequenzen hinnehmen zu müssen, ist ja schließlich relativ gering, denn erwischt es eine staatliche Institution, dann muss ein dafür gewählter „Berufssündenbock" (gelegentlich auch als Minister bezeichnet) den Stuhl räumen. Gibt es einen Skandal in einem Wirtschaftsunternehmen, so ist auch das heute kein Problem mehr: Schnell werden die Konten geplündert, einige Tausend Mitarbeiter entlassen und es wird in einer neuen GmbH mit dem gleichen Konzept dort weiter gemacht, wo man aufgehört hat.

Wir könnten in der Tat schwarz sehen, vollkommen resignieren oder zum öffentlichen Widerstand aufrufen, doch mal ernsthaft, liebe Leser: Wir leben im 21. Jahrhundert und wissen mittlerweile, dass es andere Alternativen gibt, um uns gegen Missbrauch von Spionagetechnologien zu wehren. Die beste „Waffe" gegen moderne Bedrohungen ist das Wissen. Abgesehen davon dürfen wir auch nicht vergessen, dass sehr viele sinnvolle Anwendungsmöglichkeiten in der RFID-Technologie stecken. Beginnen wir deshalb mit einem kleinen Überblick. Die Details werden wir in den weiteren Kapiteln dieses Buches vertiefen.

1.1 RFID - Was ist das?

Böse Zungen werden den Vergleich zu Viren suchen, die für die Verbreitung von Krankheiten verantwortlich sind und - etwas überzogen - RFID folgendermaßen beschreiben: Es ist klein und unter Umständen so klein, dass es kaum sichtbar ist und doch kann es von uns unbemerkt Schaden anrichten. Etwas objektiver betrachtet handelt es sich um eine Sender-/Empfänger-Technologie mit sehr geringen Abmessungen. Die mobilen Geräte - die so genannten *RFID-Transponder* - enthalten einen Sender- und Empfänger-Schaltkreis sowie einen Informationsspeicher. In der Regel wird die Antenne flächenmäßig die größten Ausmaße annehmen. Der Informationsspeicher kann im einfachsten Fall lediglich ein einziges Bit umfassen. Mittlerweile gibt es aber auch komplexe Speicherchips für den Einsatz in RFID-Transpondern, die sowohl als Festspeicher als auch in einer wiederbeschreibbaren Ausführung erhältlich sind.

Das Gegenstück zum RFID-Transponder ist das Lesegerät, der *Reader*. Auch diese Geräte gibt es in verschiedenen Größen und Bauarten. Uns allen sind sie aus Warenhäusern bekannt, wo sie gleich hinter den Kassen in der Form zweier Bügel platziert sind. Sollte jemand - natürlich nur aus „Versehen" - vergessen, eine Ware zu bezahlen, wird der an dieser befestigte RFID-Transponder diese Funkschranke durchqueren müssen. Der Transponder gerät in ein magnetisches bzw. elektromagnetisches Feld der Funkschranke und beginnt zu arbeiten. Seine Energie gewinnt der Transponder aus dem ihn umgebenen Feld. Die Aufgabe des Transponders ist es nun, innerhalb der kurzen Zeit, in der ein Kunde durch die Schranke geht, die in ihm gespeicherte Information an den Reader zu senden. Ist beispielsweise das gespeicherte Bit gesetzt, so deutet dies darauf hin, dass der Transponder niemals auf dem Kassentresen gelegen hat und die Ware gestohlen wurde. Der Alarm wird ausgelöst.

Ganz primitiv erläutert, hat RFID also eine gewisse Ähnlichkeit mit einem Transformator. Eine Spule erzeugt ein magnetisches Feld, das wiederum in einer anderen Spule eine Spannung induziert. Natürlich hinkt der Vergleich ein wenig, denn während beim Transformator die beteiligten Spulen über einen Eisenkern mit sehr geringen Verlusten sehr stark gekoppelt werden, ist dies bei einem RFID-System nicht der Fall. Im Gegenteil: Die vom RFID-Transponder aufgenommenen Energiemengen aus dem ihn umschließenden

Feld sind nur sehr klein und können - wenn überhaupt - nur für extrem kurze Zeiten im Transponder gespeichert werden. Die Energie muss sowohl für den Betrieb der internen Schaltungen des Transponders als auch zur Übertragung der gespeicherten Informationen an den Reader ausreichen. Das reduziert die Reichweite eines RFID-Systems enorm.

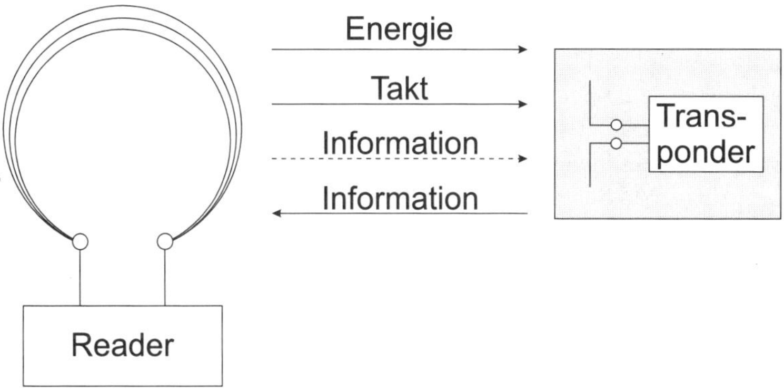

Abb. 1.1: Grundprinzip eines RFID-Systems: Wird der Transponder in das Feld eines Readers geführt, erhält er von diesem die Energie für den eigenen Betrieb und den Systemtakt. Unter Umständen sendet der Reader auch seinerseits Informationen aus. Der Transponder sendet die in ihm gespeicherten Informationen an den Reader.

RFID beschreibt also ausschließlich eine Technologie von Miniatur-Datenspeichern, die über eine Funkstrecke ausgelesen werden können. Der Begriff beschreibt allerdings noch nicht detailliert das Verfahren, mit dem das geschieht. Auch gibt es noch keine Aussage darüber, ob der Transponder mit einer eigenen Stromversorgung arbeitet oder aus dem Feld des Readers gespeist wird. Die Technologie ist - ebenso wie ihr Einsatzspektrum - sehr vielseitig.

1.2 RFID als Begleiter im Alltag

RFID ist - wie schon angedeutet - keine revolutionäre Neuentwicklung. Ganz im Gegenteil: Sie ist mittlerweile in vielen Bereichen unseres alltäglichen Lebens weit verbreitet und in der Tat ein Begleiter geworden. Zweifellos müssen viele von Ihnen nicht allzu lange suchen, um einen RFID-Tag in Ihrer unmittelbaren Nähe zu finden. Möglicherweise haben Sie oder einer Ihrer Nachbarn einen Hund? Rassetiere werden in der Regel im Ohr tätowiert, allerdings gibt es seit Jahren optional auch die Möglichkeit, den lieben Vierbeinern einen Chip unter die Haut spritzen zu lassen. In diesem Fall haben wir es bereits mit einer sehr hochwertigen Art eines RFID-Transponders zu tun, der eine Information mit einer Breite von mindestens 64 Bit speichert.

Wir gehen darüber hinaus davon aus, dass Sie zu den ehrlichen Menschen gehören, die Musiktitel oder Literatur nicht raubkopieren, sondern ehrlich im Geschäft erwerben. In vielen dieser Geschäfte werden Sie feststellen, dass ein kleiner, kaum bemerkbarer Metallstreifen Bestandteil des Preisetiketts ist. Auch hier haben wir es wieder mit einem

RFID-Transponder zu tun, der jedoch nur eine sehr geringe Datenmenge - meist nur ein Bit - speichern kann. Allerdings - wir werden im Laufe dieses Buches zwangsweise auf ein Projekt der METRO-Gruppe zu sprechen kommen - gibt es durchaus auch Etiketten, die weitaus mehr Daten aufnehmen können und damit den klassischen Barcode auf den Verpackungen obsolet machen können und sollen.

Möglicherweise haben Sie auch einen Ausweis, mit dem Sie Zugang zum Gelände Ihres Arbeitgebers erlangen? Auch hier können unter Umständen RFID-Transponder integriert sein. Nähern Sie sich einer RFID-Schranke, dann wird meist nicht nur geprüft, ob Ihnen der Zugang zu den weiteren Räumen gestattet wird, es kann auch erfasst werden, wann Sie das Gelände betreten, wann Sie es wieder verlassen und in welchen Räumlichkeiten Sie sich aufgehalten haben. Wie Sie richtig erkennen, schreiben wir im Konjunktiv. Alles KANN der Fall sein, jedoch hängt es in der Praxis natürlich wesentlich davon ab, wie sich der Arbeitgeber und die Betriebs- bzw. Personalräte bezüglich des Einsatzes einer RFID-Technologie geeinigt haben.

1.3 Was die Gemüter erregt

RFID-Transponder können Informationen von einem bis hin zu mehreren hundert Bit speichern und auch hier muss zwischen solchen Transpondern unterschieden werden, die mit einer fest eingebrannten Information - beispielsweise einer Seriennummer - ausgestattet sind und solchen, deren Informationsinhalte veränderlich sind. Die größeren Speicherkapazitäten der Transponder eröffnen also vollkommen neue Anwendungsgebiete, die weit über die klassische Diebstahlsicherung hinaus reichen. Hier sind zwei gravierende Risikobeispiele zu nennen:

- Das Rationalisierungspotenzial der RFID-Technologie ist enorm, was bedeutet, dass zunehmend weniger Mitarbeiter im Einzelhandel und im Bereich der Logistik benötigt werden. RFID belastet also mit absoluter Sicherheit den Arbeitsmarkt, wenn diese Technologie im Bereich der Warenwirtschaft und des Vertriebes vollends zum Einsatz kommt.
- Thema Nummer Eins unter den Kritikern ist zweifellos der Datenschutz. Zwar ist in Gesetzen und Rechtsverordnungen geregelt, ob und wenn ja, welche Daten erhoben und gespeichert werden dürfen, doch muss auch ganz klar erkannt werden, dass Sanktionierungen nur dann möglich sind, wenn ein Verstoß gegen das Datenschutzrecht auch wirklich erkannt wird und bewiesen werden kann. Mit RFID ist jedoch die Situation gegeben, dass der Informationsinhalt der Transponder ausgelesen werden kann, ohne dass irgendjemand dies bemerkt. Genau diese Tatsache macht RFID gegenüber dem klassischen Barcode auf Waren so brisant.

1.3.1 RFID und der Arbeitsmarkt

In Zeiten zunehmender Arbeitslosigkeit ist jede Technologie, die ein Rationalisierungspotenzial in sich birgt, ein großes gesellschaftliches Problem. Angestellte im Einzelhandel an der Kasse oder im Lager werden RFID verfluchen, denn theoretisch ist es mit dieser Technologie möglich, sie und viele andere Arbeiter in der gesamten Logistik-Kette obsolet zu machen.

Gerade in der Zeit, in der ein Konzern wie KarstadtQuelle von enormen Personalkürzungen spricht - dieses Buch entstand genau in dieser Zeit - führt uns eine Technologie wie RFID vor Augen, wie entbehrlich wir Menschen doch plötzlich sind. Es gibt nicht wenige unter uns, die der persönlichen und herzlichen Bedienung in einem „Tante-Emma"-Laden noch nachtrauern. Mit RFID könnte eine Horrorvision Wirklichkeit werden: der „Menschenleere Supermarkt". Die Jüngeren unter Ihnen kennen diese kleinen Geschäfte möglicherweise schon gar nicht mehr. Kein Verkäufer ist mehr im Geschäft und kassiert wird automatisch per Bankeinzug, ohne dass auch nur eine einzige Ware auf das Förderband einer Kasse gelegt werden muss. Möglicherweise wird es ein paar Sicherheitskräfte geben, die Dieben das Handwerk legen sollen und - bevor die Regale letztlich von Robotern eingeräumt werden - könnten einige „geringfügig Beschäftigte" - quasi für einen Euro die Stunde - dafür sorgen, dass entnommene Waren wieder aufgefüllt werden. Diese Aufgaben könnten allerdings auch Roboter übernehmen, die sich millimetergenau mit Hilfe von Induktionsschleifen durch das Geschäft bewegen und die einzusortierenden Produkte - natürlich anhand ihrer RFID-Kennzeichnung - sicher erkennen. Selbst das Sicherheitspersonal ist nicht zwingend erforderlich, wenn ausschließlich Kunden mit einer gültigen Kundenkarte der Zugang zum Geschäft gestattet wird.

All das klingt utopisch, doch sollten wir uns stets vor Augen führen, dass letztlich der Weg zu diesem „menschenleeren Supermarkt" ausschließlich durch juristische und tarifrechtliche Hürden verbaut ist. Um es konkret auszudrücken: Er ist NOCH verbaut, denn wen hindert es, einen Handelsautomaten im großen Stil zu errichten? Es gab bereits erste Ansätze: Bestellt wurde per Internet oder an einem Terminal für den Automaten. Das „Geschäft" als solches ist ein riesiges Hochregallager mit chaotischer Lagerhaltung. An welchem Ort eine Ware abgelegt wird, bestimmt ein Computer bereits bei der Anlieferung der Waren. Was über Barcodes noch recht umständlich ist, wird durch RFID erheblich vereinfacht, denn es sind weder optische Sensoren noch Kontakte erforderlich, die vom Sensor gefunden werden müssen. Der Handelsautomat kann also jedes Gut verarbeiten, egal welche Farbe oder Form es hat. Eventuellen datenschutzrechtlichen Bedenken kommen derartige Systeme übrigens entgegen, indem sie die Bezahlung mit regulären Banknoten ermöglichen. Weil dies jedoch aus der Sicht der Betreiber ein Risiko darstellt, wird natürlich das einfache Bezahlen mit der EC- und der Kreditkarte angeboten. Spätestens in diesem Augenblick ist der Datenschutz natürlich wieder berührt. Dazu jedoch später.

Doch was ist, wenn wir vor einem solchen Automaten stehen und eine Frage haben? Auch hier ist die Technologie vorhanden, um dieses Problem zu lösen. Sind wir nicht alle von der Interactive-Voice-Response-Technologie (IVR) begeistert, wenn wir eine Service-Hotline (möglichst noch über eine 0900-Rufnummer) kontaktieren? Rein theoretisch könnte also auch die „Beratung" von einer Maschine übernommen werden.

Spaß beiseite, denn Rationalisierungspotenzial gibt es bereits weit vor dem eigentlichen Verkauf der Waren in einem menschenleeren Geschäft. Da jeder Warenein- und ausgang über die RFID-Reader erfasst und die Datenbank des automatisierten Geschäfts somit in Echtzeit auf dem aktuellsten Stand gehalten wird, lässt sich recht präzise kalkulieren, wann eine Neuanlieferung des Produktes erforderlich wird und es kann automatisch ermittelt werden, welche Artikel zu den Ladenhütern zählen. Per Datenleitung wird die Bestellung in der gewünschten Menge an den Großhandel bzw. - es sollen ja Rationalisierungseffekte genutzt werden - direkt an den Hersteller ausgegeben. Nicht verderbliche Waren hält auch dieser in Hochregalsystemen auf Vorrat, die vollautomatisiert sind. Die Bestellung wird von einem Computer entgegengenommen, die Waren werden aus dem Lager geholt und versandfertig für den Transport zum Kunden bereitgestellt. Bereits an dieser Stelle sind es die RFID-Transponder an den Waren, die dem System exakten Aufschluss über die Art und Menge der entnommenen Waren geben.

Das hier beschriebene Szenario klingt etwas überzogen, doch leider ist es sehr nahe an der Realität. Produktionsabläufe, bei denen Maschinen automatisch mit Material versorgt werden und deren Produkte bis zu ihrer Auslieferung an den Kunden von Robotern in chaotisch organisierten und computergesteuerten vollautomatische Hochregallager deponiert werden, sind längst Alltag. Blicken wir einmal zu den nördlichsten Nachbarn Deutschlands: Das bekannte Spielwarenunternehmen Lego fertigt die beliebten bunten Steine in vollautomatischen Spritzgusswerken. Allerdings werden die Behälter noch nicht mit RFID-Transpondern, sondern mit Barcode-Etiketten gekennzeichnet. Einen automatischen Handelsturm, der in der beschriebenen Weise funktionierte, gab es zu den boomenden Zeiten der New Economy ebenfalls. „Tower24" nannte man damals das Projekt des Fraunhofer-Instituts für Materialfluss und Logistik (IML), das allerdings noch nicht als vollwertiger Supermarkt, sondern vielmehr als ein Warenumschlagsort für den Online-Handel gedacht war. Der Pilotversuch fand seinerzeit in Dortmund statt. Das Prinzip ist einfach: Der Kunde - viel beschäftigt und ohne Gelegenheit innerhalb der regulären Ladenöffnungszeiten einkaufen zu können - bestellt die gewünschten Waren im Internet. Die bestellten Artikel werden direkt an den Tower24 geliefert und dort computergesteuert eingelagert. Der Kunde kann diese Waren, nachdem er sich authentifiziert hat, zu jeder Tages- und Nachtzeit vom Tower24 abholen.

Zwar stellte dieses Studienprojekt in erster Linie eine Alternative zur klassischen Postzustellung von im Versandhandel bestellten Waren dar, aber der Schritt zum vollautomatischen Supermarkt ist nicht mehr sehr weit. Es werden letztlich Fragen zur Einsatzreife der Systeme, zur Abstimmung der Schnittstellen zwischen Handel, Hersteller und Zulieferer und nicht zuletzt zur Sicherheit der Systeme gegen Angriffe von Crackern und Saboteuren sein, die bestimmen, wann uns Roboter bedienen. Die Möglichkeit, jedes einzelne Gut individuell mit einem berührungslos lesbaren Speicherchip auszustatten, der in diesem Fall bei entsprechender Stückzahl Bruchteile eines Cent kosten wird, ist ein entscheidender Schritt hin zu dieser Entwicklung. Der Grund dafür ist die wesentlich einfachere Erfassbarkeit der Daten. Um eine Ware automatisch zu erfassen, wird keine aufwändige Mechanik benötigt, um beispielsweise einen Barcode zum Scanner auszurichten. Das macht derartige Systeme nicht nur erheblich billiger, sondern obendrein auch weniger störanfällig.

1.3.2 RFID und der Datenschutz

Kommen wir zum Thema, dass für uns alle von gravierender Bedeutung ist: der Datenschutz. RFID ist bei Datenschützern das sprichwörtliche „rote Tuch" und selbst uns, den Autoren, ist nicht wohl bei dem Gedanken, welches Potenzial RFID für den Missbrauch dieser Technologie bietet.

Wegen Bedenken hinsichtlich des Datenschutzes wurde beispielsweise der METRO-Konzern wegen eines FutureStore-Konzeptes schwer unter Beschuss genommen, weil METRO auf RFID als Ersatz für den klassischen Barcode und zur Automatisierung setzte. Ohne Zweifel: Es wurden mit Sicherheit Daten zur Analyse des Kaufverhaltens der Kunden erhoben und ausgewertet, was übrigens durchaus legitim ist, wenn diese Daten anonymisiert verwendet und nicht an Dritte weitergegeben werden. Es soll also an dieser Stelle nicht unterstellt werden, dass das Projekt der METRO im Gegensatz zu den geltenden Datenschutzbestimmungen durchgeführt worden ist.

Bemerkenswert sind in diesem Zusammenhang zwei Aspekte. Auf der einen Seite stört sich heutzutage offenbar niemand mehr, sich oder besser sein Einkaufsverhalten, seine Persönlichkeit und seine Interessenslage im Internet zu outen. *Data-Mining* im Internet ist längst eine allgemein zur Kenntnis genommene und stillschweigend akzeptierte Selbstverständlichkeit. Auch beim konventionellen Einkauf im Supermarkt werden unsere Daten erfasst und ausgewertet. Natürlich „piepst" die Kassiererin den Barcode der Waren noch mit dem Laserscanner in das System, aber gleichzeitig zücken wir ungeniert die EC- oder die Kundenkarte und geben unsere Identität preis. All dies tun wir ohne jegliche Skrupel und Proteste. Ganz klar: All das allein sollte eigentlich schon ausreichen, um die Alarmglocken schrillen zu lassen, aber der Mensch ist eben ein „Gewohnheitstier". Es ist eben so, eine Selbstverständlichkeit also, die zu akzeptieren ist. Natürlich ist dies eine bedenkliche Entwicklung, doch es zeigt uns auch, dass wir künftig wohl noch großzügiger mit unseren Daten umgehen werden, denn vor 20 Jahren löste bereits eine Volkszählung mit weitaus harmloseren Erhebungen einen enormen Wirbel aus, den wir alle offenbar vergessen haben.

Das gravierende Problem bei RFID ist nicht allein die Tatsache, dass Daten rationell erfasst werden können, sondern vielmehr die Art und Weise wie dies geschehen KANN. Die kleinen Transponder lassen sich nämlich auch an anderer Stelle unbemerkt, weil kontaktlos, auswerten. Das Problem ist also nicht der automatisierte Supermarkt des METRO-Konzerns, sondern die damit verbundene Ausuferung der Verbreitung von RFID-Transpondern in unserem Leben.

Neben der Technik ist aber im Wesentlichen unser aller Gleichgültigkeit im Umgang mit Daten und die fehlende Definition der wahren Problematik, aus der die Lösung des Problems abzuleiten ist, das eigentliche Problem. Die Verhinderung des Missbrauchs ist die große Herausforderung der nahen Zukunft, denn RFID wird sich mit Sicherheit früher oder später durchsetzen. Ein weiteres Problem ergibt sich natürlich unter Beachtung der Globalisierung der Wirtschaft, des politischen und des kulturellen Lebens, denn die Frage zum Datenschutz wird an vielen Orten der Welt unterschiedlich bewertet. Es ist letztlich auch eine Frage der Glaubwürdigkeit, ob die Lösungen zur Wahrung des Datenschutzes, so wie wir ihn uns vorstellen, auch wirklich greifen und es nicht die vielen Ausnahmen, sozusagen „bedauerliche Einzelfälle” des Missbrauchs auf ganz hohem Niveau, geben kann.

Sich über die gesellschaftlichen Einschnitte von RFID Gedanken zu machen, die keineswegs geringer einzuschätzen sind als die durch die Entwicklung des Telefons, des Computers und des Mobilfunks, ist ein wichtiger Grund für die Autoren, ein solches Buch zu schreiben. Generell zu den Risiken, die mit der RFID-Technologie verbunden sind, lässt sich aber sagen, dass wir persönlich bedeutend weniger Gefahren in offen dargestellten Lösungen sehen. Wohl aber verursachen die „versteckten” Datensammler große Bedenken. Gerade diese profitieren natürlich von den allzeit sendebereiten Transpondern.

1.4 Was soll´s nun werden?

RFID steht für eine Technologie mit einem enormen Potenzial, die Gesellschaft und das Leben auf dieser Welt grundlegend zu verändern. Wir müssen uns stets vor Augen führen, dass Vertrauen niemals vorausgesetzt werden darf. Es erscheint als sicher, dass einflussreiche Gruppen in der Finanzwelt, der Politik und der Wirtschaft, aber auch beim Militär und den Geheimdiensten jede Chance nutzen werden, dieses Potenzial für ihre eigenen Interessen zu nutzen. Das dürfte - in Anbetracht der ans Tageslicht gekommenen Lügen und Skandale der letzten Monate - sowohl für demokratische als auch für totalitäre Systeme gleichermaßen gelten.

Erst kürzlich wurde beschlossen, dass deutsche Reisepässe künftig biometrische Daten enthalten werden. Das ist noch nicht gleichbedeutend mit einer zusätzlichen RFID-Funktion, doch unter dem Siegel der Rationalisierung und der effektiveren Durchführung von Sicherheitschecks ist der Schritt dorthin nur sehr klein. Darüber hinaus ist es auch nicht zwingend nötig, direkt in einem Pass eine RFID-Funktion zu implementieren, denn bei zunehmender Verbreitung wird jeder von uns zwangsweise mit einer Reihe von Transpondern - sei es in Kundenkarten, in der Kleidung integriert oder mit Zugangsausweisen zum Firmengelände bzw. für die Sicherung des eigenen Computers - unterwegs sein. Selbst der Autoschlüssel, der sich per RFID bei der elektronischen Wegfahrsperre authentifiziert, eignet sich als „Referenz”. Werden an einem Kontrollpunkt - beispielsweise dem Flughafen - einmal die biometrischen Daten des Reisepasses überprüft und durchläuft der Fluggast dabei zuvor - möglicherweise ohne dies zu wissen - eine RFID-Reader-Schranke - so lassen sich alle mitgeführten RFID-Transponder erfassen, auslesen und deren Daten in einer Datenbank speichern. Sicher, nach geltenden (europäischen) Datenschutzregelungen ist dies untersagt, doch wer weiß schon, was die Zukunft bringen wird? Außerdem: „Wo kein Kläger ist, da ist auch kein Richter”, heißt es so schön und dieses Sprichwort wird immer mehr zum kulturellen Grundsatz unserer Gesellschaft.

Diese Gewissheit und das enorme Einsparpotenzial an Kosten für die Wirtschaft - wie beschrieben, liegt dies insbesondere im personellen Bereich - sind zu verlockend, um auf RFID zu verzichten. Soll RFID aber eine - möglichst kontrollierbare - Technik werden (sie ist es noch nicht!), die uns allen einen Nutzen bringen kann, müssen Entwicklungen auf politischer und juristischer Ebene von weiteren Entwicklungen auf technischem Niveau begleitet werden. Als zwingend erforderliche gesetzliche und rechtliche Maßnahmen sehen wir Folgendes an:

- Kennzeichnungspflicht von RFID-Readern: Jeder RFID-Reader muss deutlich gekennzeichnet werden und es muss die Option offen gehalten werden, sich der Datenerfassung durch den Reader entziehen zu können. Das bedeutet für den vollautomatischen Supermarkt unter Umständen, dass neben automatisierten Kassen auch eine manuell besetzte Kasse anzubieten ist, die ohne Durchquerung einer RFID-Schranke oder einer sonstigen elekronischen Authentifizierung erreicht werden kann. Dem Kunden obliegt also selbst die Entscheidung, ob und welche Daten er preiszugeben bereit ist.
- Meldepflicht und Publikationszwang von RFID-Schrankensystemen mit Reichweiten von mehr als 20 cm. Damit werden alle RFID-Reader-Systeme, die quasi unbemerkt arbeiten könnten, amtlich erfasst und deren Standorte öffentlich nachvollziehbar gehalten.
- Verschärfte Datenschutzrichtlinien müssen gewährleisten, dass via RFID-Technik erfasste Daten keinesfalls personalisiert werden dürfen (auch nicht indirekt in der Form „anonymisierter" Profile, die letztlich geeignet sind, einer nunmehr überschaubaren Personengruppe zugeordnet zu werden). Bei Bezahlvorgängen darf keinesfalls - auch nicht zur internen Marktforschung - jemals eine Verknüpfung zur Person des Kunden hergestellt werden.
- Internationales Verbot der Aufhebung der Anonymität des Geldes.
- Nicht zuletzt: Verhängung wirklich empfindlicher Strafen bei Missbräuchen der RFID-Technologie. Es darf also keinesfalls die Situation eintreten, dass ein Missbrauch „billiger" wird als der legitime Einsatz. Die heutigen Rechtssysteme hinterlassen hier für solvente Großkonzerne den Eindruck der Lächerlichkeit. Strafzahlungen werden meist aus der Portokasse geleistet.
- Es muss heutzutage leider darauf hingewiesen werden: Alle Bestimmungen dürfen nicht durch Hintertüren für bestimmte Interessengruppen „weichgespült" werden. Die Reglementierungen müssen kompromisslos „wasserdicht" sein und international durchgesetzt werden.

Natürlich kann man sich nicht darauf verlassen, dass es jemals derartige Gesetzte geben wird, deshalb muss an anderer Stelle angesetzt werden: Beispielsweise können Transponder gegen elektrische und magnetische Felder durchaus mit entsprechenden Umhüllungen abgeschirmt werden. Natürlich wirkt es nicht unbedingt sehr elegant, mit einer eisernen Geldbörse zum Einkauf zu gehen, aber man kann den Spieß auch umkehren. So gibt es bereits RFID-Reader auf der Basis eines Personal Digital Assistents (PDA). Weiter entwickelte Lösungen könnten dazu genutzt werden, zu überprüfen, welche Daten ein RFID-Tag augenblicklich enthält. Sie könnten auch so entwickelt werden, dass sie den Datenstrom mitlesen, der beim Durchqueren einer RFID-Reader-Schranke erfasst wird. Mit diesem Hilfsmittel kann man zwar nicht verhindern, dass Daten aus den mitgeführten Transpondern ausgelesen werden, aber man kann in weiten Teilen kontrollieren, um welche Daten es sich handelt. Wermutstropfen: Wohlkaum ein Gerät, das in die Westentasche passt, wird alledenkbaren RFID-Technologien und Codierungen beherrschen können.

Um eine Kontrollfunktion darüber zu haben, welche Daten möglicherweise von einem Reader gewonnen werden können, muss es Geräte geben, die in der Lage sind, versteckte RFID-Tags aufzuspüren und deren Inhalte zu lesen. RFID-Tags in Bekleidungsstücken haben beispielsweise nach dem Bezahlvorgang an der Kasse keinerlei Daseinsberechtigung mehr und müssen vom Kunden entfernbar sein. Das setzt voraus, dass diese - zunehmend kleineren - Transponder zuerst einmal gefunden werden.

Wir sehen förmlich, wie viele unserer Leser jetzt die Hände über dem Kopf zusammen schlagen. Der einen Gruppe werden diese Forderungen nicht weit genug gehen, andere wiederum halten sie für paranoid, generell nicht durchsetzbar und überhaupt: Wer soll das bezahlen? Ausnahmsweise wissen wir hier eine Antwort: All diejenigen, die mit RFID erhebliche Kosten einsparen, können oder besser müssen etwas von diesem Kuchen für die Durchsetzung von Sicherungsmaßnahmen für die Allgemeinheit abtreten. OK, OK, diese Gruppierungen haben natürlich einen gewissen Einfluss auf die entsprechenden Entscheidungsträger. Sie bilden eine starke Lobby, die versuchen wird, entsprechende Belastungen zu verhindern. Doch womit? Etwa mit Argumenten wie die „Stärkung des Standortes Deutschland" oder mit „Sicherung von Arbeitsplätzen"? - Also bitte: RFID ist eine 100 %ige Rationalisierungstechnologie. Sie schafft keinen Arbeitsplatz. Auch nicht in der Herstellung von Chips!

RFID ist ein gesellschaftliches Damoklesschwert, aber es kann auch einen Beitrag dazu leisten, uns ein höheres Maß an Sicherheit zu bieten. Natürlich setzt dies eine Verbesserung der derzeit eingesetzten Technologien voraus, aber es gibt durchaus Lösungsansätze, für die wir uns näher interessieren sollten. Nehmen wir als Beispiel das Auto. Es ist schon sehr ärgerlich, am frühen Morgen einen leeren Parkplatz vorzufinden, genau an der Stelle, wo man abends sein Auto abgestellt hat. Das „Knacken" heutiger Wegfahrsperren ist für echte Profis kein nennenswertes Problem. Der RFID-Chip, der diese Sperre aufhebt, sollte deshalb an verschiedenen Orten des Fahrzeuges ausgewertet werden und dessen Informationen ebenso an verschiedenen Stellen der Bordelektronik gespeichert werden. So könnte bereits beim Aufschließen des Wagens erkannt werden, ob es sich um einen legitimen Fahrer oder um einen Dieb handelt.

Auch die Absicherung eines Computers per RFID ist durchaus interessant. Heute gibt es bereits zahlreiche Ansätze, einen Benutzer mit Hilfe eines USB-Dongles zu identifizieren. Darüber hinaus bietet die Bluetooth-Technik eine drahtlose Variante. Beide Verfahren haben Nachteile: So wird der USB-Dongle - meist aus Bequemlichkeit - gerne im Computer belassen, wenn sich der Mitarbeiter nur kurzzeitig von seinem Arbeitsplatz abwendet, um beispielsweise das "stille Örtchen" zu besuchen oder schlicht und einfach einen Kaffee zu holen. Auch die Bluetooth-Technologie, die sehr wohl die Entfernung vom Computer aufgrund der Reichweite erkennen kann, hat einen Nachteil: Es wird ein Bluetooth-Dongle mit einer eigenen Stromversorgung benötigt. Darüber hinaus ist der Radius mit ca. 10 m noch relativ groß. Vertrauliche Daten - beispielsweise auf dem Monitor eines Terminals im Krankenhaus - können so auch dann mit einem kurzen Blick von Unbefugten erkannt werden, wenn der betreffende Mitarbeiter nur eben zum Aktenschrank gegenüber seinem Schreibtisch geht. RFID hat nur einen sehr geringen Aktionsradius und arbeitet mit geeigneten Transpondersystemen weitgehend unabhängig von einer internen Batterie. „Weitgehend unabhängig" bedeutet, dass sehr wohl ein interner Energiespeicher im Transponder enthalten sein muss, damit das Sicherungssystem keine Dimensionen annehmen muss, wie wir sie von größeren RFID-Schranken zur Diebstahlsicherung an Warenhauskassen kennen. Der Energiespeicher auf dem Chip kann durch das Reader-Feld permanent aufgeladen werden und nur in angemessenen Intervallen erfolgt mit relativ hoher Sendeleistung eine „Keep-Alive-Meldung" des Transponders an den Reader des Computers. Dieser könnte übrigens optisch sehr ansprechend als Mousepad realisiert und über den USB mit dem Computer verbunden werden. Damit die Reichweite gering gehalten werden kann, bietet es sich an, den eigentlichen Transponder als Ring an der rechten Hand zu tragen, die sich ständig in der Nähe der Tastatur oder des Mousepads aufhält.

Ganz klar ist nach wie vor der Einsatz von RFID-Systemen im Bereich der Diebstahlsicherung dominant. Hier ist es jedoch wichtig, dass die verwendeten Transponder zwei grundlegende Eigenschaften bieten:

- Sie müssen vor Manipulationen gesichert sein. Es darf also keinesfalls die Möglichkeit bestehen, mit Hilfe eines bereits angesprochenen Handheld-Gerätes den Inhalt des Chips so zu verändern, dass die Ware an der Kassenschranke vermeintlich als „bezahlt" eingestuft wird.
- Der Datenschutz des Kunden muss uneingeschränkt gewahrt bleiben.

Technisch gesehen ist dies einfacher als man es sich vorstellen kann: Der Chip enthält eine individuelle Seriennummer des Produktes, der ihn eindeutig erkennbar macht und mit dem er bereits bei der Anlieferung in der Datenbank des Warenhauses registriert wird. Wird die Ware an der Kasse bezahlt, dann muss die Information des Chips - beispielsweise durch Einkopplung einer zerstörenden Hochspannung - unwirksam gemacht werden. Das Datenschutzrisiko ist für den Kunden mit dieser Vorgehensweise nicht größer als beim heutigen Prinzip mit optischen Barcodes. Allerdings kann der Transponder durch dessen Zerstörung nach dem Bezahlvorgang nicht mehr heimlich von anderen Readern gelesen werden. Die Zerstörung des Chips als solches ist auch kein Verlust, denn der Transponder wird schließlich nach dem Bezahlen der Ware nicht mehr benötigt. Nur der Chip in einer gestohlenen Ware bleibt aktiv und wird vom Reader der Diebstahlsicherung erkannt.

Allgemein sehr umstritten ist auch der Einsatz eines RFID-Chips in Krankenhäusern zur „Kennzeichnung" der Patienten. In der Tat müssen datenschutzrechtliche Bestimmungen eingehalten werden. Unserer Ansicht nach ist es aber durchaus von Vorteil, wenn jedem Patienten ein sowohl klar und deutlich mit dessen Namen beschriftetes als auch mit einem RFID-Tag ausgestattetes Erkennungsarmband übergeben wird, mit dessen Hilfe jeder behandelnde Arzt augenblicklich die passende Krankenakte aufrufen kann. Verwechselungen und damit verbundene Fehlbehandlungen werden ausgeschlossen. Darüber hinaus kann durch Einsatz elektronischer Erkennungsverfahren die Übermittlung von Diagnoseergebnissen deutlich beschleunigt werden. Natürlich hat alles seine Grenzen: Keinesfalls -

und das muss selbstverständlich klar geregelt sein - darf der RFID-Chip an jeder Tür der Klinik gelesen und so ein vollständiges Bewegungsprofil des Patienten erstellt werden. Auch darf der Chip nicht dazu eingesetzt werden, einen Patienten am Verlassen der Klinik zu hindern, obwohl dessen Verbleib möglicherweise aus medizinischen Gründen dringend erforderlich wäre. Die individuelle Entscheidungs- und Bewegungsfreiheit muss also stets gewahrt bleiben.

1.5 Erstes Fazit

RFID ist eine mit Recht als risikobehaftet eingestufte Technologie. Sie erlaubt es, unbemerkt viele Daten exakt personalisierbarer Menschen zu erheben, ihre Angewohnheiten und Lebensumstände sowie die persönlichen Kontakte zu analysieren. Die Erkenntnisse, die sich durch Missbrauch der RFID-Technologie gewinnen lassen, gehen weit über das Maß der „Marktforschung" hinaus, ja übersteigen selbst die durch einen George Orwell düster dargestellten neuen Phantasien. Einen vernünftigen Umgang vorausgesetzt, bietet RFID jedoch auch eine Vielzahl an Nutzungspotenzialen - nicht nur im Bereich Kosteneinsparung für große Konzerne. Der dritte - möglicherweise entscheidende Aspekt - ist, dass es RFID gibt und diese Technologie zunehmend optimiert wird. Man kann sich nicht vor ihrem Missbrauch schützen, indem man seine Augen verschließt. Das Motto „Wenn ich Dich nicht sehe, siehst Du mich auch nicht" greift hier nicht. Ganz im Gegenteil! RFID-Reader können durchaus unsichtbar realisiert und getarnt platziert werden. Wer von uns sollte dies ohne technische Hilfsmittel bemerken? Diejenigen, die RFID missbrauchen profitieren also gerade davon, dass wir diese Technologie nicht bewusst wahrnehmen.

Um RFID sinnvoll zu nutzen und uns vor dessen Missbrauch zu schützen, müssen wir also wissen, womit wir es zu tun haben. Wir müssen akzeptieren, dass der sinnvolle und faire Einsatz von RFID zu dulden ist, aber auch aktiv jedem Missbrauch entgegenwirken. Das können wir, indem wir illegale Transponder und Reader erkennen, deren Betreiber „outen" und auch wissen, wie die Technologie funktioniert bzw. wie sie in ihrer Wirkung neutralisiert werden kann. Die dafür erforderlichen Grundlagen und auch Gedankenansätze wird dieses Buch liefern.

2 Induktivitäten und Kapazitäten

In der Einleitung wurden nun verschiedene - teilweise erschreckende - Szenarien der RFID-Technologie aufgeführt. Besser ausgedrückt: Sie wurden zunächst einmal völlig unbelegt in den Raum gestellt. So wurde beispielsweise noch nicht die Frage beantwortet, wie denn RFID eigentlich funktioniert. Darüber hinaus wurde ganz kühn der Wunsch formuliert, eine Möglichkeit zur Erkennung versteckter RFID-Tags bzw. versteckter RFID-Reader zur Verfügung zu stellen. Auf dem Papier ist natürlich alles möglich, jedoch gibt es einen kleinen Haken: RFID ist nicht gleich RFID! Es gibt sehr viele verschiedene Technologien. Sie alle bis ins Detail in diesem Buch zu beschreiben, wäre etwas umfangreich und würde den Rahmen bei weitem überschreiten. Dennoch wollen wir versuchen, das Prinzip der RFID-Technologie vorzustellen. Ganz speziell wollen wir uns auf die Transponderarten fixieren, die ohne eine eigene Batterie auskommen und somit vollständig vom Feld des Readers mit ihrer Betriebsenergie versorgt werden. Hier gibt es interessante Verfahren, mit denen sowohl die Reichweite der Systeme als auch die Informationsmengen eines Transponders beeinflusst werden.

Bevor wir jedoch in die etwas abstrakte Welt der Mini-Transponder einsteigen, wollen wir einige Grundlagen aufbereiten, die zum Verständnis der Technologie erforderlich sind. Dazu betrachten wir beispielsweise ein elektrisches Bauelement, das uns allen bestens bekannt ist und im weitesten Sinne eigentlich gar nichts mit RFID zu tun hat: den Transformator. Darüber hinaus wollen wir einige Grundlagen der elektrischen und magnetischen Felder sowie Grundlagen der Schwingkreise darstellen. Um einem breiten - auch dem lernenden - Leserkreis den Einstieg zu erleichtern, werden wir die Erläuterungen bewusst sehr leicht verständlich beginnen.

2.1 Das magnetische Feld

Wenn wir es mit Funktechnologien zu tun haben, bestimmen generell elektromagnetische Wellen deren Funktion. Wir arbeiten dabei mit exakt auf die Geräte abgestimmten Frequenzen. Doch wie entstehen elektrische und magnetische Felder, wie durchfluten diese den umgebenden Raum und wie breiten sich die elektromagnetischen Wellen aus? Wie kommt es, dass einzelne Schaltkreise auf bestimmte Frequenzen ansprechen, andere dafür aber konsequent ignorieren? Wir wollen uns diese elementaren Grundlagen einmal genauer ansehen:

2.1.1 Elektromagnetismus

Nehmen wir einen Stabmagneten in die Hand und bewegen wir diesen in die Nähe einer Kompassnadel, so wird die Nadel umgehend in Richtung des Magneten ausschlagen. Welche Seite der Nadel zum Magneten gerichtet wird, hängt von dem magnetischen Pol ab, der zur Kompassnadel gerichtet ist. Generell gilt hierbei, dass sich unterschiedliche magnetische Polaritäten anziehen, gleiche dagegen abstoßen. Dies lernen wir bereits in der Grundschule im Sachunterricht. Doch was begründet dieses Phänomen?

2.1.2 Magnetische Feldstärke (H)

Machen wir ein einfaches Experiment und legen einen Stabmagneten unter ein Stück Karton. Auf diesen Karton streuen wir Eisenfeilspäne und klopfen leicht an den Karton (das erleichtert die Ausrichtung der Eisenteilchen). Was wir dabei erkennen, ist ein recht bizarres Muster. Es macht den Eindruck, als würden Linien sich bogenförmig von einem Ende des Magneten zum anderen abzeichnen.

Im Umfeld des Stabmagneten, der sich unterhalb des Kartons verbirgt, richten sich die Eisenteilchen nach den so genannten magnetischen Feldlinien des Magneten aus. Definitionsgemäß treten diese Feldlinien am Nordpol des Magneten aus und an dessen Südpol wieder ein. Natürlich muss man sich verinnerlichen, dass „Linien" nur als anschauliches Modell des magnetischen Feldes zu sehen sind.

Abb. 2.1: Wird der Nordpol eines Stabmagneten in die Nähe einer Kompassnadel geführt, dann richtet sich deren Südpol in Richtung des Magneten aus.

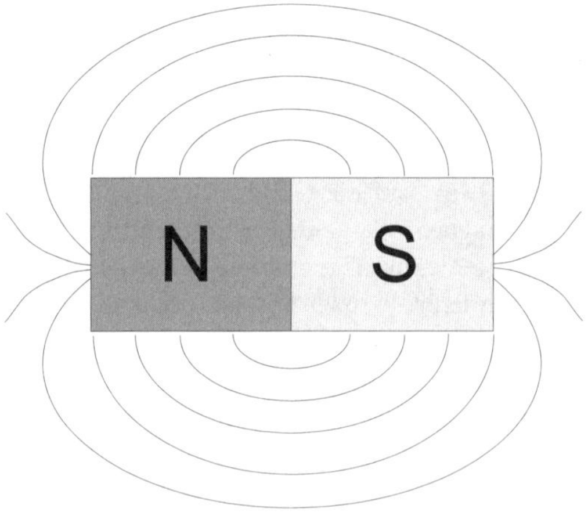

Abb. 2.2: Zwischen dem magnetischen Nord- und dem Südpol existiert ein magnetisches Feld.

Der in diesem Beispiel betrachtete Magnet war ein Dauermagnet aus Eisen. Ein magnetisches Feld kann aber auch von einem stromdurchflossenen Leiter erzeugt werden.

Die magnetischen Feldlinien kann man sich dabei symbolisch als konzentrische Kreise vorstellen, die den Leiter umgeben. Die Richtung der Feldlinien hängt von der Stromrichtung und deren Stärke - die magnetische Feldstärke - von der Stärke des Stroms durch den Leiter ab. Um dies zu verdeutlichen, soll ein Gedankenmodell herhalten. Wir wollen uns vorstellen, dass wir auf das Ende des Leiters blicken, in das der Strom in diesem hinein fließt. Das ist vergleichbar mit einem Blick in ein Rohr an das Ende, in das wir Wasser hinein gießen werden. Bleiben wir bei dieser Vorstellung dann würden die Feldlinien einen Kreis im Uhrzeigersinn um den Leiter beschreiben. Man kann sich auch eine andere Eselsbrücke vorstellen: Dreht man eine Schraube in ein Gewinde hinein, dann muss diese Drehung im Uhrzeigersinn erfolgen. Die Richtung, in der sich die Schraube als solches auf ihrer Achse bewegt (ins Gewinde hinein), verkörpert die Stromrichtung. Die Drehrichtung (im Uhrzeigersinn um die Schraubenachse) symbolisiert die Richtung des magnetischen Feldes.

In der Tat arbeiten auch Fachleute mit solchen Eselsbrücken, weshalb die Definition der Richtung eines magnetischen Feldes um einen stromdurchflossenen Leiter auch als „Schraubenregel" bezeichnet wird.

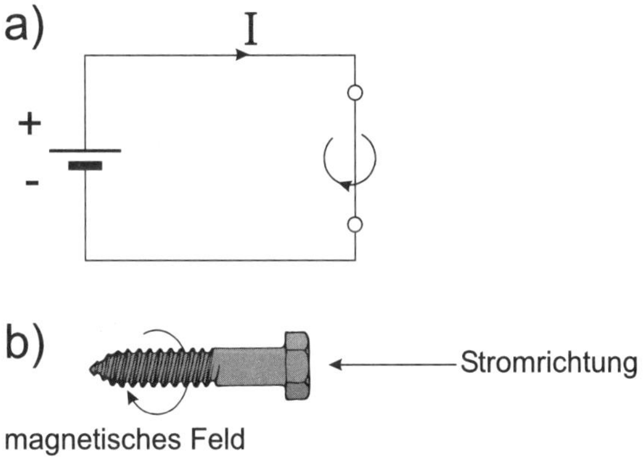

Abb. 2.3: Ein stromdurchflossener Leiter erzeugt um sich ein konzentrisches Magnetfeld (a). Die Richtung des Magnetfeldes ist von der Stromrichtung abhängig. Als Eselsbrücke wird die so genannte „Schraubenregel" herangezogen.

Würde man einen Versuch machen, die Kraft des Magnetfeldes zu messen, dann würde man Verschiedenes feststellen:

- Je länger die Feldlinien sind - mit anderen Worten: je größer der Abstand zum Leiter ist - desto schwächer ist das magnetische Feld.
- Je größer der Strom ist, der den Leiter durchfließt, desto stärker ist das magnetische Feld.

Die Einheit der magnetischen Feldstärke (H) ist damit als die Stromstärke durch die mittlere Feldlinienlänge oder besser als H = I/l definiert. Die Einheit der magnetischen Feldstärke ist A/m (Ampere/Meter) oder - benannt nach dem dänischen Physiker Hans-Christian Oerstedt (1777 bis 1851) - Oe.

$$1\,Oe = 1\frac{A}{m}$$

2.1.3 Durchflutung

Stellen wir uns diesen stromdurchflossenen Leiter nun nicht mehr als gestreckten Draht, sondern in einer Kreisform gebogen vor und überlegen wir darüber hinaus, wie die symbolische Darstellung der Feldlinien wohl aussehen würde, dann fällt auf, dass die Feldlinien auf einer Seite dieses Kreises in dessen Zentrum hinein und auf der anderen Seite wieder heraus fließen. Innerhalb des kreisförmig gebogenen Drahtes konzentriert sich also die Feldstärke des stromdurchflossenen Leiters.

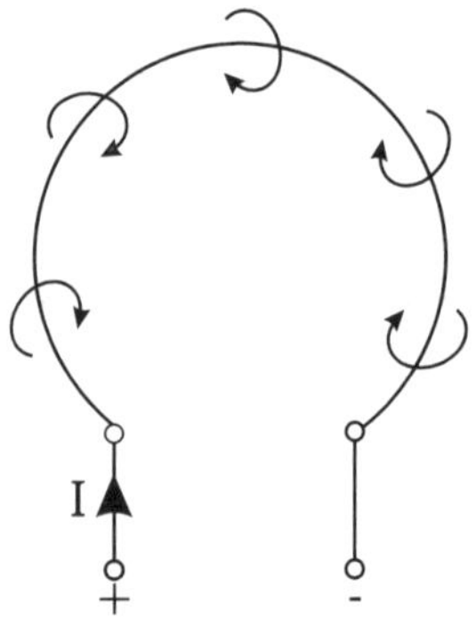

Abb. 2.4: Der Leiter wird zur kreisförmigen Leiterschleife. Die magnetischen Feldlinien konzentrieren sich in deren Zentrum.

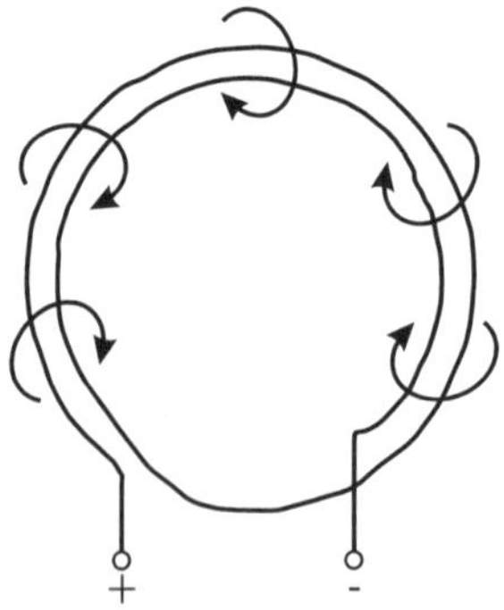

Abb. 2.5: Mehrere Windungen eines Leiters werden als Spule bezeichnet. Das Magnetfeld im Inneren der Spule ist umso stärker, je mehr Windungen die Spule hat.

Stellt man sich nun vor, der Leiter wäre nicht in einer einzigen Windung angeordnet, sondern es wären mehrere Windungen mit dem gleichen Durchmesser vorhanden, deren Wirkungen sich ergänzen, dann haben wir es mit einer Spule zu tun. Eine Spule ist ein wichtiges Bauteil der Nachrichtentechnik und - wie wir noch sehen werden - speziell für die RFID-Technologie.

Wir wissen bereits, dass der elektrische Strom durch den Leiter und die magnetische Feldstärke proportional zueinander sind. Steigt der Strom durch den Leiter an, vergrößert sich auch die Feldstärke des ihn umgebenden magnetischen Feldes. Da auch die Anzahl der Leiterschleifen bzw. Windungen einer Spule einen Einfluss auf die Kraft hat, die dieser so entstehende Magnet ausübt, wird eine weitere Größe betrachtet: die magnetische Durchflutung (Θ, griechischer Buchstabe Theta). Die magnetische Durchflutung ist definiert aus dem Produkt des Stromes und der Anzahl der Windungen der Spule:

$$\Theta = I \cdot N$$

Hierbei gilt: Θ = magnetische Durchflutung (Einheit: A, Ampere), I = Stromstärke (Einheit: A, Ampere) und N = Anzahl der Windungen (ohne Einheit).

Bitte beachten Sie, dass wir bei unseren bisherigen Betrachtungen lediglich davon ausgegangen sind, einen Gleichstrom durch den Draht fließen zu lassen!

Eine solche Spule stellt also einen Magneten dar, wenn sie von einem Strom durchflossen wird. Wir sprechen deshalb auch von einem Elektromagneten. Derartige Elektromagneten - mit sehr hoher Windungszahl und unter Einsatz recht hoher Ströme - werden beispielsweise auf Schrottplätzen und in Stahlwerken eingesetzt, um Eisenwerkstoffe zu heben und von anderen Metallen zu trennen. Dies sei nur am Rande erwähnt, denn unser eigentliches Thema ist nach wie vor RFID.

Allerdings sei Ihnen nicht verschwiegen, dass Fachleute wieder eine Faustregel zur Hand haben, mit der Sie anhand der (technischen) Stromrichtung in Sekundenschnelle die magnetische Polarität der Spule ermitteln können: Wir sprechen von der so genannten „Spulenregel". Greift man die Spule mit der rechten Hand so, dass deren Finger die Stromrichtung anzeigen und spreizt man den Daumen, dann zeigt dieser immer in die Richtung des „Nordpols" der magnetischen Feldlinien im Inneren der Spule.

2.1.4 Induktion und magnetische Flussdichte

Wie Sie gesehen haben, erzeugt ein elektrischer Strom, der einen Leiter durchfließt, ein magnetisches Feld. Es ist nun einmal interessant zu prüfen, was passiert, wenn eine solche Leiterschleife, wie Sie sie im letzten Abschnitt kennen lernen konnten, von einem Magnetfeld beeinträchtigt wird. Ein einfaches Experiment lässt sich mit einigen Metern Klingeldraht, einem Stabmagneten und einem empfindlichen Spannungsmessgerät - vorzugsweise ein analoges Zeigerinstrument - durchführen. Das Spannungsmessgerät sollte auf eine Wechselstrommessung (AC) eingestellt sein. Wickeln Sie bitte einige Meter Klingendraht um die Pappröhre einer Toilettenpapierrolle. Die Enden des Drahtes verbinden Sie nun mit dem analogen Spannungsmessgerät. Nun führen Sie den Stabmagneten in das Innere der Spule. Möglicherweise müssen Sie das Experiment mehrmals ausführen, bis Sie die richtige Empfindlichkeit des Spannungsmessgerätes gefunden haben. Sie werden jedoch rasch feststellen, dass der Zeiger des Instrumentes kurz ausschlägt, während Sie den Magneten bewegen. Der Zeiger steht jedoch auf Null, wenn sich der Magnet außerhalb oder vollständig innerhalb der Spule befindet. Auch beim Herausziehen des Magneten reagiert der Zeiger des Instrumentes.

Weil die gemessene Spannung stets Null ist, wenn sich der Magnet entweder außerhalb (kein Magnetfeld durchfließt den Leiter) oder vollständig innerhalb der Spule (der Leiter wird mit der maximalen magnetischen Feldstärke durchflossen) befindet, kann also nur die *Änderung des Magnetfeldes* einen Einfluss auf die gemessene Spannung haben.

Die Höhe der Spannung, die wir messen können, hängt von verschiedenen Faktoren ab: Auf der einen Seite ist sicher die Stärke des Magnetfeldes - diese kennen wir als die magnetische Feldstärke (H) - ein wichtiger Parameter. Auf der anderen Seite - auch dies kann man mit dem Experiment sehr gut beobachten - ist die Zeit, in der sich das Magnetfeld verändert (aufbaut bzw. abbaut) eine entscheidende Größe. Je kürzer die Zeit ist, umso größer ist der Ausschlag des Zeigers am Instrument. Auch die Fläche des Magnetfeldes spielt eine entscheidende Rolle. Je größer die wirksame Fläche des Magnetfeldes ist, desto größer ist die am Instrument messbare Spannung.

Wir nennen diesen Vorgang die *magnetische Induktion* bzw. sprechen von der magnetischen Flussdichte (B). Sie ist definiert als Spannungsänderung * Zeitintervall pro Fläche (des wirksamen magnetischen Feldes) oder kurz:

$$B = dU \cdot \frac{dt}{A}$$

Die Maßeinheit der magnetischen Flussdichte ist das Tesla. Sie ist benannt nach dem bemerkenswerten kroatischen Physiker Nikola Tesla (1856 bis 1943). Bemerkenswert ist dieser Mann deshalb, weil er eine Reihe bahnbrechender Erfindungen machte und noch mehr Erfindungen bekannter Zeitgenossen vorbereitete. Es ist nach wie vor ein Streitthema, wieviele namhafte Erfinder sich mit seinen Lorbeeren schmücken konnten.

Die Einheit Tesla (T) definiert sich aus Vs/m^2 (Voltsekunde pro Quadratmeter).

Das Produkt der magnetischen Flussdichte und der wirksamen Fläche des Magnetfeldes wird als *magnetischer Fluss* bezeichnet. Diese Größe wird mit dem griechischen Buchstaben Φ (Phi) dargestellt. Die Einheit ist das Weber - ebenfalls nach einem Physiker, dem deutschen Wilhelm Eduard Weber (1804 bis 1891) benannt - bzw. die Voltsekunde (Vs).

$$B = \frac{\Phi}{A}$$

Sehr schön, werden Sie jetzt denken und möglicherweise genauso fragend am Bleistift kauen, wie der Autor dieses Textes vor mehr als 20 Jahren in seinem ersten Ausbildungsjahr. Was bitte soll man denn mit der magnetischen Flussdichte anfangen? Woher kommt diese Größe, die urplötzlich in den Raum gestellt wird. Sicher: Mit einer gemessenen

Spannung kann man schon etwas anfangen. Das ist eine greifbare Größe. Auch die wirksame Fläche des Magnetfeldes kann man sich anhand der Abmessungen der Spule durchaus plastisch vorstellen. Die magnetische Flussdichte wurde aber nur in den Raum gestellt und schließlich fehlt ja noch eine eingangs erwähnte Größe, deren Bedeutung doch sehr logisch klingt: die magnetische Feldstärke.

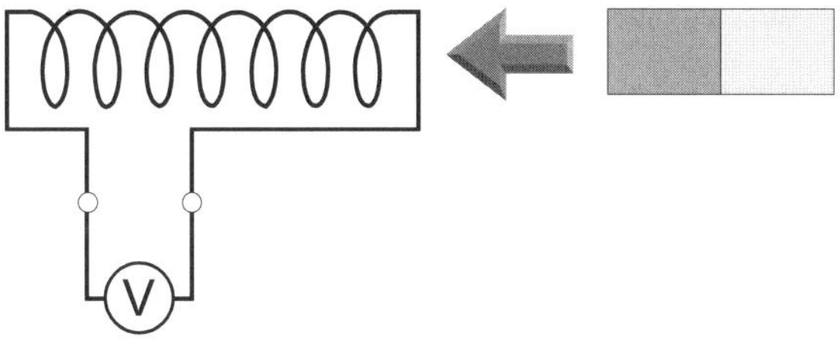

Abb. 2.6: Prinzip der magnetischen Induktion.

An dieser Stelle schließt sich der Kreis wieder, denn hinter der magnetischen Flussdichte verbirgt sich im Prinzip die Stärke des Magnetfeldes. Genau genommen müssten wir von der wirksamen Stärke des Magnetfeldes sprechen. Diese hängt nämlich entscheidend von einer Materialkonstanten ab. So wird das Magnetfeld bedeutend stärker wirken, wenn ein Eisenkern innerhalb der Spule eines stromdurchflossenen Leiters (vgl. vorangehender Abschnitt) verwendet wird, als wenn die Spule vollkommen leer (lediglich mit Luft gefüllt) wäre. Das ist beispielsweise der Grund, warum die Spulen eines Transformators mit einem Eisenkern gekoppelt werden.

Diese Materialkonstante wird als „magnetische Feldkonstante" μ (griechischer Buchstabe mü) bezeichnet. Sie hat die Einheit Voltsekunde durch Amperemeter (Vs/Am). Die Induktivität wird nun als das Produkt der magnetischen Feldstärke (H) und eben dieser Materialkonstanten definiert. Im Falle einer Luftspule - so wird eine Spule bezeichnet, die keinen Kern besitzt - ist die magnetische Flussdichte:

$$B = \mu_0 \cdot H$$

μ_0 ist die magnetische Feldstärke für Luft und beträgt $1{,}257 * 10^{-6}$ Vs/Am.

Natürlich - wir haben es schon angedeutet - gibt es Werkstoffe, die den magnetischen Fluss - dieser wird auch als Permeabilität bezeichnet - deutlich besser fördern als Luft. Wird ein solcher Werkstoff verwendet, dann wird dieser ebenfalls durch eine Materialkonstante bezeichnet, die als zusätzlicher Faktor die magnetische Flussdichte vergrößert. Wir sprechen von der Permeabilitätszahl μ_r. Das Produkt aus Permeabilitätszahl μ_r und der magnetischen Feldkonstante μ_0 wird allgemein als *Permeabilität* μ bezeichnet. Es gilt also:

$$\mu = \mu_0 \cdot \mu_r$$

Entsprechend ergibt sich für die magnetische Flussdichte bzw. für die Induktivität der Zusammenhang aus der Feldstärke und dem verwendeten Material:

$$B = H \cdot \mu_0 \cdot \mu_r$$

$$B = H \cdot \mu$$

2.1.5 Induktivität

Nachdem wir nun eine Menge grauer Theorie über die Grundlagen eines magnetischen Feldes über uns haben ergehen lassen, wollen wir zu einer in der Elektrotechnik und Elektronik wichtigen Kenngröße einer Spule überleiten: die *Induktivität* (L). Von dieser Größe hängen beispielsweise Resonanzerscheinungen, also das Verhalten einer Schaltung bei bestimmten Frequenzen, maßgeblich ab. Dennoch: Die Grundlagen des Elektromagnetismus haben für die meisten derzeit bekannten RFID-Systeme eine wichtige Bedeutung. Bitte verinnerlichen Sie die vorangegangenen Abschnitte bei Bedarf noch einmal.

In der Hochfrequenzschaltungstechnik ist zu beachten, dass - wie eingangs bereits beschrieben - auch ein einfacher gestreckter Draht oder eine Leiterbahn auf einer Platine, die von einem Strom durchflossen wird, ein magnetisches Feld erzeugt. Auch Leiterbahnen sind also Induktivitäten!

Der Begriff der Induktivität drückt das Verhältnis des magnetischen Flusses zum die Spule durchfließenden Strom aus. So könnte man also annehmen, die Induktivität sei $L = \Phi / I$. Das ist jedoch nicht ganz korrekt, denn diese Definition würde nur von einer einzigen Leiterschleife ausgehen. Je mehr Leiterschleifen jedoch zu einer Spule gewickelt werden, desto größer ist der magnetische Gesamtfluss dieses Bauteils. Aus diesem Grunde muss selbstverständlich auch die Windungszahl N berücksichtigt werden. Es ergibt sich deshalb für die Induktivität einer Spule die folgende Definition:

$$L = N \cdot \frac{\Phi}{I}$$

Betrachten wir kurz, was sich nun hinter diesem ominösen Begriff verbirgt:

Wie wir bereits wissen, ist der magnetische Fluss (Φ) das Produkt aus der magnetischen Flussdichte (auch Induktion, nicht zu verwechseln mit der Induktivität) B und der vom Magnetfeld durchsetzten Fläche A. Die magnetische Flussdichte war als Spannungsänderung * Zeitintervall pro Fläche definiert und hat deshalb die Einheit Vs/m^2 oder T (Tesla). Damit hat der magnetische Fluss, der ja das Produkt aus B und A ist, die Einheit Voltsekunde (Vs) bzw. Wb (Weber). Die Anzahl der Windungen ist ohne Einheit zu verwenden. Sie stellt lediglich einen Faktor dar.

Weil die Induktion als das Verhältnis des gesamten magnetischen Flusses zum Strom definiert ist, hat die Induktivität die Einheit Voltsekunde geteilt durch Ampere (Vs/A) bzw. - benannt nach dem amerikanischen Physiker Joseph Henry (1797 bis 1878) - das Henry (H).

2.1.6 Induktionsgesetze und Lenzsche Regel

Nun ist es aber nicht nur so, dass ein stromdurchflossener Leiter ein Magnetfeld erzeugt, sondern auch umgekehrt wird an den Enden eines solchen Leiters eine Spannung messbar sein, wenn sich dieser Leiter in ein Magnetfeld hinein oder wieder heraus bewegt. Die Spannung ist jedoch gleich Null, wenn der Leiter entweder innerhalb des Magnetfeldes oder außerhalb jeweils in Ruhestellung ist, sich also die Stärke des Magnetfeldes, das auf ihn einwirkt, nicht verändert. Natürlich würde beim Anliegen dieser *induzierten* Spannung ein Strom fließen, wenn der Stromkreis über den Leiter geschlossen wird. Wir kennen dieses Prinzip vom Generator (am Fahrrad ebenso wie in großen Kraftwerken). Der Strom, der durch diese Induktionsspannung hervorgerufen wird, ist stets so gerichtet, dass er dem erzeugenden Magnetfeld entgegenwirkt (Lenzsche Regel). Mit anderen Worten: Würde man außer Acht lassen, dass sich um den Leiter bereits ein Magnetfeld befindet, so würde der von der induzierten Spannung getriebene Strom in der bereits beschriebenen Weise ein Magnetfeld erzeugen, dessen Polaritäten jedoch dem des erzeugenden Magnetfeldes genau entgegengesetzt sind.

Wichtig ist jedoch: Eine Spannung wird nur induziert, wenn sich das Magnetfeld ändert! Daraus und aus den vorausgegangenen Ausführungen leiten sich die Induktionsgesetze ab.

Wir haben bereits festgestellt, dass die Anzahl der Windungen einer Spule einen maßgeblichen Einfluss auf den magnetischen Fluss und damit auf die Induktivität einer Spule hat. Weil die Änderung des magnetischen Flusses für das Entstehen der Induktionsspannung verantwortlich ist, gilt dies somit also auch für die Windungszahl der Spule. Das erste Induktionsgesetz besagt also:

Die in einer Spule von einem Magnetfeld induzierte Spannung ist proportional zur Windungszahl der Spule. Diese Regel hat beispielsweise eine wichtige Bedeutung für die Berechnung eines Transformators. Es gilt:

du ~ N (du = Spannungsänderung an den Enden der Leiterschleife).

Wenn Sie Gelegenheit haben, ein Experiment mit einer handgewickelten Spule, einem Stabmagneten und einem empfindlichen Spannungsmesser durchzuführen, dann werden Sie feststellen, dass Sie einen relativ geringen Zeigerausschlag beobachten, wenn Sie den Magneten nur langsam in die Spule führen bzw. ihn wieder herausziehen. Auf einen kurzen Zeitintervall betrachtet, findet nämlich nur eine geringe Änderung des Magnetfeldes statt. Anders sieht es dagegen aus, wenn Sie den Magneten sehr schnell bewegen. Dann nämlich wird der Zeigerausschlag erheblich kräftiger ausfallen. Das zweite Induktionsgesetz besagt also demnach:

Die in der Spule von einem Magnetfeld induzierte Spannung ist proportional der Änderung des Magnetfeldes in einem bestimmten Zeitintervall. Es gilt hier:

$$du \approx \frac{d\Phi}{dt}$$

Beachtet man, dass nach der bereits erwähnten Lenzschen Regel die induzierte Spannung dem erzeugenden Magnetfeld entgegen wirkt (negatives Vorzeichen), so gilt für die induzierte Spannung folgender Zusammenhang:

$$du = -N \cdot \frac{d\Phi}{dt}$$

Die rechte Seite erweitern wir nun mit di/di. Dies entspricht einer Multiplikation mit dem Wert eins, durch welche die Richtigkeit der Gleichung nicht verändert wird. Demnach ist nun

$$du = -\frac{N \cdot d\Phi \cdot di}{dt \cdot di}$$

Wenn wir nun den direkten Zusammenhang zwischen der Änderung des fließenden Stromes und des daraus resultierenden Magnetfeldes beachten, dann fällt auf, dass das Verhältnis dΦ/di zu jeder Zeit gleich und demnach auch gleich dem absoluten Verhältnis von Φ/I sein muss. Wir können anstelle der eben - als Ergebnis der Erweiterung mit di/di - dargestellten Beziehung auch schreiben:

$$du = -\frac{N \cdot \frac{\Phi}{I}}{\frac{di}{dt}}$$

Wie Sie sehen, haben wir die Parameter ein wenig sortiert. Dadurch fällt Ihnen nun sicher ein Term auf, den wir bereits kennen: N * Φ / I = L, die Induktivität. Wir können unser Induktionsgesetz also auch folgendermaßen schreiben:

$$du = L \cdot \frac{di}{dt}$$

Oder anders ausgedrückt: Die Spannungsänderung entspricht dem Produkt aus der Induktivität der Spule und der Stromänderung im betrachteten Zeitintervall.

2.1.7 Induktive Kopplung

Möglicherweise überlegen Sie gerade, warum in einem Buch über die RIFD-Technologie Grundlagenstoff des ersten Lehrjahres in einem elektrotechnischen Beruf behandelt wird. Die Antwort werden Sie in den folgenden Abschnitten finden, denn die meisten RFID-Systeme profitieren vom Prinzip der Induktion. Bedenken Sie: Die meisten RFID-Transponder sind nicht mit einer eigenen Energiequelle ausgestattet und müssen die Energie zum Betrieb der Chips und für die Aussendung der Daten aus ihrer Umgebung entnehmen. Hier gibt es, wie Sie später noch sehen werden - abhängig von der verwendeten Technologie - auch andere Verfahren. Doch bleiben wir zunächst bei den weit verbreiteten induktiven Systemen und stellen wir uns zunächst einmal ein weniger abstraktes elektrotechnisches Bauteil vor, das wir alle gut kennen: den Transformator. Jeder Laptop und jedes Handy-Ladegerät besitzt ein Steckernetzteil. Wer einen Computer sein Eigen nennt, hat jede Menge Netzteile zur Speisung der Peripherie-Geräte unter dem Schreibtisch. In jedem dieser Netzteile befindet sich ein kleiner Transformator. Die Übertragung unserer elektrischen Energie, mit der wir Häuser erleuchten, die Waschmaschine und das Fernsehgerät betreiben, erfordert ebenfalls - sehr große - Transformatoren. Mit ihrer Hilfe werden die Spannungen vor der Übertragung über lange Leitungswege auf sehr hohe Spannungen herauftransformiert, wodurch nur verhältnismäßig geringe Ströme durch die Kabel fließen und der so entstehende Spannungsabfall gering gehalten wird. Erst kurz vor der Einspeisung in die Häuser wird die Spannung auf die uns geläufigen Größen 230 V/400 V heruntertransformiert.

Was hat dieser Transformator nun mit RFID zu tun? Wir alle wissen schließlich, dass die Abmessungen eines Transformators erheblich größer sind als die eines RFID-Transponders. Gemeinsam haben diese scheinbar so weit auseinander liegenden Technologien ihr Prinzip, das im Wesentlichen auf dem Induktionsgesetz basiert.

Stellen wir uns einmal vor, wie so ein Transformator aufgebaut ist: Das Ding ist, wenn wir einen Transformator anheben, zunächst einmal recht schwer. Das liegt an einem Eisenkern. Dieser besteht aus einer Vielzahl von Eisenblechen. Auf diesem Eisenkern befinden sich zwei Spulen. Sie haben in der Regel keinerlei direkte leitende Verbindung. Sie sind also *galvanisch* voneinander getrennt.

Die Verwendung von mehreren Eisenplättchen anstelle eines massiven Eisenkerns begründet sich mit der damit erreichbaren Senkung so genannter Wirbelströme. Es ist zu bedenken, dass natürlich auch Eisen einen Leiter darstellt und das in ihm wirkende Magnetfeld innerhalb des Eisens Spannungen induziert, die Ströme hervorrufen, die jedoch nicht nutzbar sind. Dennoch stellen diese so genannten Wirbelströme einen beachtlichen Energieverlust dar, der sich in einer Erwärmung des Kerns nach außen zeigt. Durch die Schichtung des Eisenkerns aus dünnen Blechen werden die Stromwege deutlich verkürzt, so dass die damit verbundenen Verluste gering gehalten werden. Dies sei der Vollständigkeit wegen hier nur am Rande erwähnt. Für die RFID-Technologie ist dieses Phänomen von untergeordneter Bedeutung.

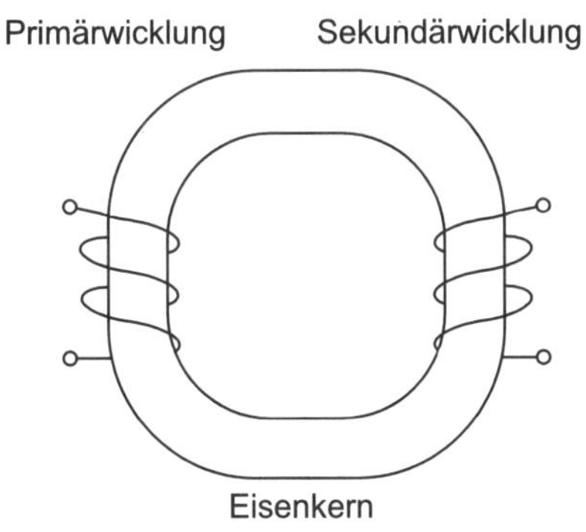

Abb. 2.7: Prinzip eines Transformators: Zwei Spulen - die Primärspule, an die eine Wechselspannung angelegt wird und eine Sekundärspule, an der die transformierte Spannung abgegriffen werden kann, sind über einen Eisenkern miteinander gekoppelt.

Überlegen wir nun einmal, was dieses Gebilde darstellt: An einer Spule des Transformators - wir bezeichnen sie üblicherweise als Primärspule bzw. Primärwicklung - legen wir eine Wechselspannung an. Wichtig: Mit einer Gleichspannung funktioniert der Transformator nicht! Mit dem Anstieg der Spannung an der Primärwicklung steigt auch der innerhalb des Drahtes fließende Strom an. Wir wissen bereits, dass die Stromstärke innerhalb des Spulendrahtes einen direkten Einfluss auf die magnetische Feldstärke hat. Diese wird als das Verhältnis des Stromes zur mittleren Feldlinienlänge definiert (s.o.). Bei einer Spule hat selbstverständlich auch die Windungszahl N einen Einfluss. Da der (Ohmsche) Widerstand des Drahtes konstant ist, steigt also bei steigender Spannung an den Spulenenden zwangsweise der Strom innerhalb des Spulendrahtes an. Damit steigt entsprechend proportional die magnetische Feldstärke der Spule. Fällt die Spannung an den Enden der Spule, sinkt dementsprechend auch die magnetische Feldstärke der Spule.

Wir haben es also mit einem sich ändernden Magnetfeld zu tun. Die Ausdehnung dieses Magnetfeldes ist natürlich nicht allein auf die räumlichen Abmessungen der Primärspule beschränkt, sondern es wirkt auch auf die zweite Spule des Transformators, die so genannte Sekundärspule bzw. Sekundärwicklung ein. Nach dem Induktionsgesetz bedeutet dies, dass dieses sich verändernde Magnetfeld - erzeugt von der Primärwicklung des Transformators - nun eine Spannung in der Sekundärwicklung induziert.

Wir nehmen einmal an, dass auf die Sekundärwicklung das volle von der Primärwicklung erzeugte Magnetfeld wirken kann (Achtung: ideale Betrachtung, in der Realität müssen wir natürlich stets auch Verluste kalkulieren). In diesem Fall ist das in der Primärwicklung erzeugte Magnetfeld in der Stärke und im zeitlichen Verlauf also vollkommen identisch dessen, das auf die Sekundärwicklung einwirkt. Der Ausdruck $d\Phi/dt$ ist also - in dieser idealen Betrachtung - für beide Wicklungen gleich groß.

Es gilt demnach:

$$du_1 = -\left(N_1 \cdot \frac{d\Phi}{dt}\right)$$

und

$$du_2 = -\left(N_2 \cdot \frac{d\Phi}{dt}\right)$$

Aufgelöst nach dem in beiden Gleichungen gleichen Term $d\Phi/dt$ gilt:

$$\frac{d\Phi}{dt} = \frac{du_1}{N_1} = \frac{du_2}{N_2}$$

Sind die Windungszahlen der Primär- und der Sekundärspule bekannt, dann lässt sich aus diesem Zusammenhang - in guter Näherung auch unter realen Bedingungen - errechnen, wie groß die induzierte Spannung an der Sekundärwicklung ist:

$$du_2 = du_1 \cdot \frac{N_2}{N_1}$$

Die Transformation erfolgt also scheinbar völlig verlustfrei unter Ausnutzung der vollständigen Energie des primärseitig erzeugten Magnetfeldes. In der Tat ist der Verlust an magnetischer Energie infolge der Kopplung beider Spulen mit einem Eisenkern enorm gering. Durch den geschlossenen Eisenkern werden fast alle magnetischen Feldlinien in diesem Kern fokussiert. Sie erinnern sich an die Ausführungen zur magnetischen Flussdichte, die ganz entscheidend von einer Materialkonstanten - der Permeabilität μ - abhängig ist. Dieser Zusammenhang ist der entscheidende Faktor für die nahezu verlustfreie magnetische Kopplung der beiden Spulen.

2.1.8 Kopplungsfaktor und Gegeninduktivität

Um es noch einmal auf den Punkt zu bringen: Bei einem Transformator stehen (mindestens) zwei Spulen über ein Magnetfeld in einer direkten Beziehung zueinander. Das bedeutet, dass ein von der einen Spule erzeugtes veränderliches Magnetfeld in der zweiten Spule eine Spannung induziert. Fließt nun infolge der Induktion in der Sekundärwicklung ein Strom, so hat dieser natürlich seinerseits die Entstehung eines Magnetfeldes zur Folge, was sich auf die Primärwicklung auswirkt. Sie erinnern sich: Das Verhältnis des magnetischen Flusses einer Spule zum elektrischen Strom innerhalb des Leiters, der dieses Magnetfeld bewirkt, haben wir als Induktivität (L) bezeichnet. Wenn wir jedoch die Wechselwirkungen der beiden Spulen betrachten, müssen wir auch das Verhältnis des magnetischen Flusses in einer Spule zu dem dafür verantwortlichen elektrischen Strom in der anderen Spule betrachten. Wir sprechen hier von der so genannten *Gegeninduktivität* (M). Diese Gegeninduktivität kann sowohl die Wirkung der Sekundärwicklung auf die Primärwicklung als auch umgekehrt beschreiben. Daher verwendet man Indizes:

- M_{21}: Gegeninduktivität infolge eines magnetischen Flusses in der Sekundärwicklung zum verursachenden Strom in der Primärwicklung.
- M_{12}: Gegeninduktivität infolge eines magnetischen Flusses in der Primärwicklung zum verursachenden Strom in der Sekundärwicklung.

Ausgedrückt in Formeln bedeutet dies:

$$M_{21} = \sum \frac{\Phi_2}{I_1}$$

bzw.

$$M_{21} = N_2 \cdot \frac{\Phi_2}{I_1}$$

und

$$M_{12} = \sum \frac{\Phi_1}{I_2}$$

bzw.

$$M_{12} = N_1 \cdot \frac{\Phi_1}{I_2}$$

Darüber hinaus gilt:

$$M = M_{12} = M_{21}$$

Es besteht auch eine Beziehung zwischen der Gegeninduktivität und den Eigeninduktivitäten der beiden Spulen eines Trafos:

$$M = \sqrt{L_1 \cdot L_2}$$

wobei hier der ideale Transformator betrachtet wird.

Wir haben die Änderungen des magnetischen Flusses in diesen Formeln mit einem Index versehen. Dies begründet sich damit, dass wir nun annehmen wollen, dass infolge von magnetischen Verlusten nun nicht mehr beide Spulen vom gleichen magnetischen Fluss durchdrungen werden.

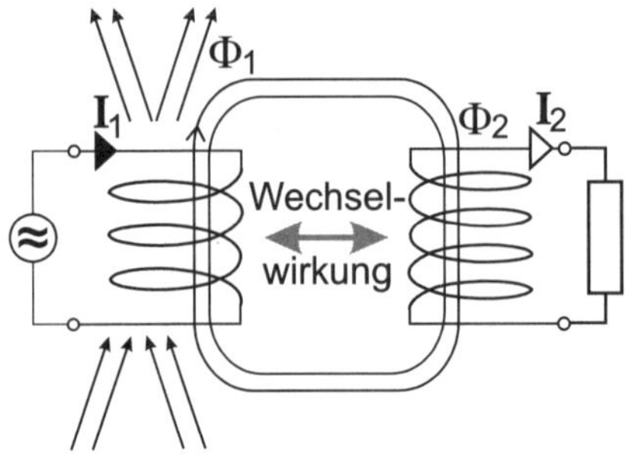

Abb. 2.8: Der infolge der induzierten Spannung in der Sekundärspule eines Transformators fließende Strom erzeugt seinerseits ein Magnetfeld, das auf die Primärwicklung zurückwirkt. Neben der Eigeninduktivität einer Spule muss auch die Gegeninduktivität infolge der Wechselwirkungen beachtet werden.

Beim Beispiel des Transformators haben wir ideale Verhältnisse angenommen, die dort ja auch annähernd erreicht werden. Durch den hochpermeablen Eisenkern wurde der magnetische Fluss nahezu vollständig innerhalb des Kerns gebündelt, wodurch eine nahezu 100 %ige Kopplung erreicht wurde. Drücken wir dies als einen Faktor aus, dann sprechen wir von einem *Kopplungsfaktor* k = 1.

Wenn wir nun unter Verwendung der exakt gleichen Spulen und des gleichen Spannungsverlaufes an der Primärwicklung das gleiche Experiment ohne einen Eisenkern durchführen würden, dann würden wir erkennen, dass die oben genannte wunderschöne „Faustformel" $du_2 = du_1 * N_2/N_1$ nicht mehr gilt. Zwar wird nach wie vor in der Sekundärwicklung eine induzierte Spannung messbar sein, jedoch ist diese weitaus geringer als bei einem Transformator mit einem Eisenkern. Der Kopplungsfaktor ist also wesentlich kleiner als eins. Das liegt daran, dass der magnetische Fluss nun nicht mehr konzentriert über den Eisenkern durch beide Spulen geführt wird, sondern sich um die Primärwicklung frei im

Raum verteilt. Die Sekundärwicklung wird damit nur noch von einem Bruchteil des magnetischen Flusses der Primärwicklung durchsetzt und entsprechend geringer ist die in ihr induzierte Spannung.

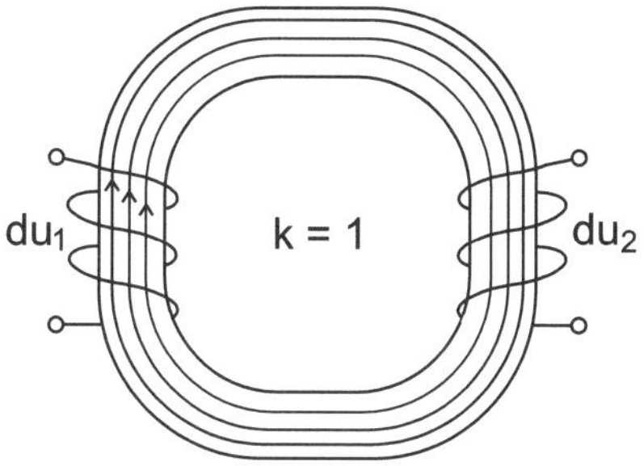

Abb. 2.9: Durch den Eisenkern werden alle Feldlinien innerhalb des Kerns konzentriert. Es gibt so gut wie keine Streuverluste. Der Kopplungsfaktor (k) kann daher in guter Näherung mit eins angenommen werden.

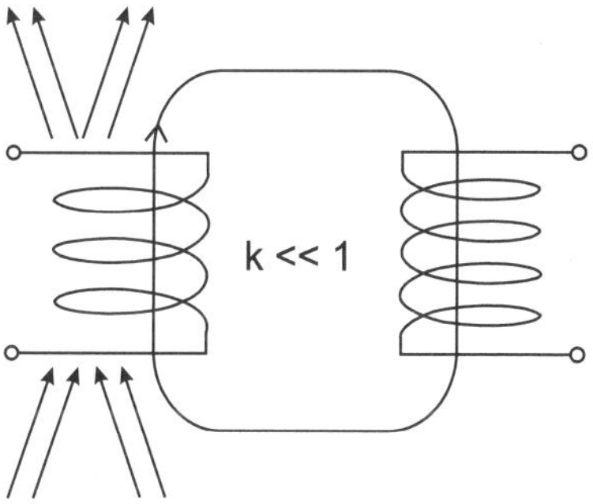

Abb. 2.10: Fehlt der Eisenkern, dann wird die Sekundärwicklung nur von einem Teil der Feldlinien der Primärwicklung durchsetzt. Der Anteil der Feldlinien, die diese Sekundärwicklung erreichen, wird durch den Kopplungsfaktor (k) beschrieben, der hier wesentlich kleiner als eins ist.

Diesen Kopplungsfaktor muss man berücksichtigen, wenn man die Beziehung der Gegeninduktivität zu den Eigeninduktivitäten der Spulen betrachtet. Für ein *reales* System gilt deshalb:

$$M = k \cdot \sqrt{L_1 \cdot L_2}$$

Die meisten *passiven* RFID-Transponder, die im Frequenzbereich um 135 kHz arbeiten, beziehen ihre Betriebs- und Sendeenergie über die magnetische Kopplung der Transponderspule mit einer Reader-Spule. In Systemen höherer Frequenzbereiche ist die magnetische Kopplung wesentlich komplizierter. Diese Zusammenhänge werden in den weiteren Ausführungen dieses Buches noch besprochen. Zunächst sollen jedoch weitere Grundlagen erläutert werden, die zum Verständnis der Thematik von Bedeutung sind.

2.1.9 Zeitliche Abläufe

Für das Verständnis der weiteren Zusammenhänge in diesem Buch ist es wichtig, dass wir uns neben den rein magnetischen Eigenschaften einer Spule und deren Zusammenhänge mit den elektrischen Vorgängen auch noch die rein elektrischen Verhältnisse von Strom und Spannung näher ansehen. Die Kenntnisse der magnetischen Abläufe in einer Spule werden uns dabei sehr hilfreich sein.

Erinnern wir uns an das kleine Experiment mit der Spule, einem Stabmagneten und dem Spannungsmesser (analoges Zeigerinstrument) und fassen wir dies noch einmal zusammen: Eine starke Veränderung des magnetischen Feldes hat eine hohe Spannungsänderung zur Folge. Es ist dabei egal, ob der Magnet in die Spule hineingeführt oder herausgezogen wird. Sowohl ein nicht vorhandenes Magnetfeld (Magnet vollständig aus der Spule heraus gezogen) aber auch ein vollkommen durchflutetes - nicht verändertes - Magnetfeld lassen keinen Ausschlag am Instrument erkennen.

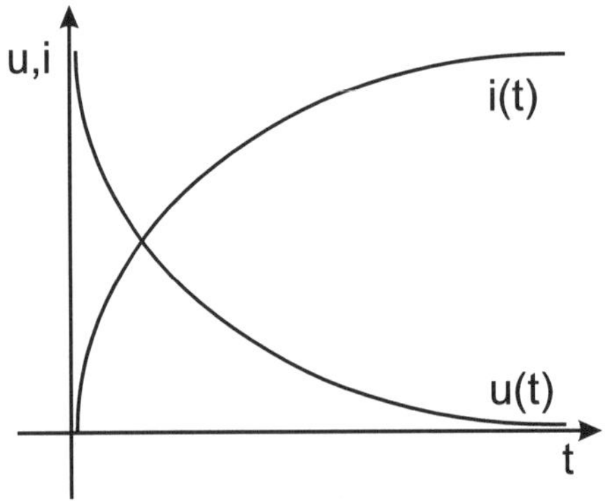

Abb. 2.11: Betrachtet man die zeitlichen Verläufe von Strom und Spannung in einer Spule, dann weichen beide Darstellungen voneinander ab. Es eilt der Strom der Spannung nach.

Dieses Experiment soll um ein weiteres Zeigerinstrument - einen Strommesser, Amperemeter - ergänzt werden. Wenn wir nun den Magneten in die Spule führen, beobachten wir einen großen Ausschlag des Spannungsmessers. Diese Spannung fällt aber schnell wieder ab. Anders sieht es dagegen beim Strom aus. Dieser ist zunächst einmal sehr gering, steigt dann aber an. Sobald die Spannung den geringsten Wert erreicht hat, ist der Strom durch die Spule am stärksten. Ähnlich verhält es sich, wenn der Magnet wieder aus der Spule herausgezogen wird. Es wirkt ein wenig, als hätte der Strom „den Zug verpasst" und kommt etwas spät. Man sagt deshalb, *der Strom eilt in einer Spule der Spannung nach.*

2.2 Das elektrische Feld

Neben dem magnetischen Feld müssen wir in der Hochfrequenztechnik auch das elektrische Feld beachten. Es baut sich in einem Isolierstoff zwischen zwei unterschiedlichen Ladungspotenzialen auf. Trotz einer scheinbaren Ähnlichkeit zum Magnetismus gibt es einen bedeutenden Unterschied zwischen dem magnetischen und dem elektrischen Feld: Die elektrischen Feldlinien haben stets einen Anfang und ein Ende. Diese Punkte liegen jeweils in den Ladungen, die das elektrische Feld erzeugen. Anders ist es beim Magnetfeld. Zwar sehen wir bei Versuchen mit Eisenfeilspänen nur die Auswirkungen der äußeren Feldlinien des Magneten, was uns den Eindruck verschafft, auch hier würden die Feldlinien endlich sein, wobei die Enden an den Polen des Magneten vermutet werden, doch dem ist nicht so. Magnetische Felder bestehen auch innerhalb des Magneten.

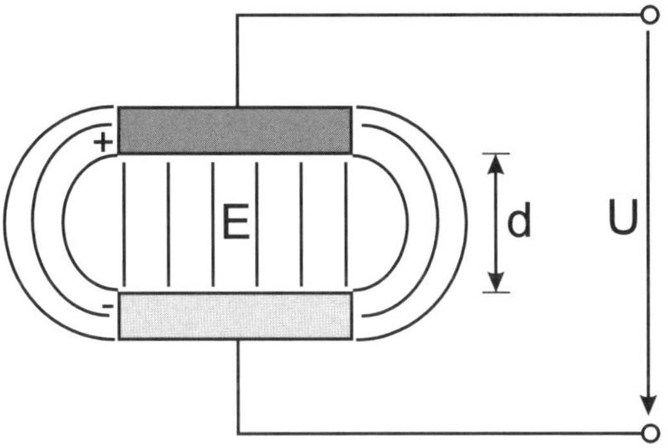

Abb. 2.12: Die Größe des elektrischen Feldes hängt vom Abstand der Ladungspotenziale und von der Spannung zwischen ihnen ab.

Betrachten wir zur Erläuterung ein einfaches und Ihnen sicher bekanntes Gebilde: den Kondensator. Er besteht im Grundprinzip aus zwei leitfähigen Platten, die durch ein isolierendes Material - das Dielektrikum - voneinander getrennt sind. Die Platten des Kondensators werden durch Anlegen einer Spannung aufgeladen. Mit diesem Ladevorgang baut sich das elektrische Feld auf, das auch nach Abschalten der extern angelegten Spannung erhalten bleibt. Da jedoch ein elektrisches Feld nur dort vorhanden sein kann, wo eine elektrische Spannung vorhanden ist, bedeutet dies, dass der Kondensator offenbar die Ladung speichern kann.

Die Stärke des elektrischen Feldes E ist abhängig von der Höhe der elektrischen Spannung (U) und dem Abstand der beiden Potenziale zueinander (d). Je kleiner der Abstand wird, desto stärker ist das elektrische Feld. Ebenso führt eine Erhöhung der Spannung zur Verstärkung des Feldes. Es gilt:

$$E = \frac{U}{d}$$

Die Eigenschaft des elektrischen Feldes kann man sich für die RFID-Technologie nur sehr bedingt zunutze machen. Das elektrische Feld ist nur dann ausreichend stark, wenn die Potenziale sehr nahe beieinander liegen. Dennoch nutzt man auch diesen Effekt beispielsweise für berührungslos auslesbare Chipkarten etc. Weil man die Transponder extrem nahe an das Lesegerät führen muss, spricht man hier auch von Close-Coupling-Systemen.

Die bisher getroffene Feststellung, dass das elektrische Feld von der Spannung und dem Abstand der Potenziale abhängt, sagt noch sehr wenig über das Verhalten eines Kondensators aus. Interessant ist beispielsweise wieviel Ladung der Kondensator speichern kann und wie lange es dauert, bis dieser aufgeladen ist.

Die Menge der Ladung, die ein Kondensator aufnehmen kann, hängt von den Flächen der Platten und deren Abstand zueinander ab. Das allein ist aber noch nicht bestimmend für die Ladungsmenge. Es spielt auch eine Rolle, welches Isolationsmaterial sich zwischen den Platten befindet. Wir sprechen bei diesem Isolationsmaterial vom so genannten Dielektrikum. Es wird mit einer Konstante beschrieben: die Dielektrizitätszahl ε.

ε muss betrachtet werden als das Produkt der elektrischen Feldkonstante ε_0 und einer materialabhängigen Größe ε_r. Diese Dielektrizitätszahl ist als einheitenloser Faktor festgelegt worden. Die elektrische Feldkonstante hat stets den Wert:

$$\varepsilon_0 = 8,85 \cdot 10^{-12} \frac{As}{Vm}$$

(Ampere*Sekunde / Volt*Meter)

Die Einheit As/V wird nach dem englischen Physiker Michael Faraday (1791 bis 1867) auch Farad (F) genannt. Richtig ist also auch:

$$\varepsilon_0 = 8,85 \frac{pF}{m}$$

(Pikofarad / Zentimeter)

Bei den Dielektrika schwanken die Werte erheblich. So ist die materialabhängige Dielektrizitätszahl für Luft mit dem Wert 1 definiert. Hartpapier hat beispielsweise den Wert 4 und Porzellan den Wert 5 bis 6. So kommt es, dass ein Kondensator mit einem Porzellan-Dielektrikum bei ansonsten gleichen Abmessungen der Platten und gleichen Abständen zueinander eine fünf- bis sechsfache Kapazität hat, als ein Kondensator dessen Platten nur durch Luft voneinander getrennt sind.

Die Kapazität des Kondensators (C) ist ein Maß für die Ladungsmenge (Q), die er aufnehmen kann. Nun kann man die Ladungsmenge eines Kondensators nicht so messen, wie das Wasser in einem Eimer. Man kann aber messen, wie lange die Ladung ausreicht, um einen Strom fließen zu lassen. Wenn ein Strom von einem Ampere eine Sekunde lang fließen kann, spricht man von einem Coulomb (Einheit: C, bitte nicht mit dem Formelzeichen der Kapazität verwechseln). Ein Coulomb ist auch eine Amperesekunde (As). Diese Einheit kennen viele von Ihnen sicher von der Autobatterie (Angabe der Kapazität in Ah) oder von einem Handy-Akku (Angabe in mAh). Auch bei Akkus und Batterien wird diese Einheit verwendet.

Interessant ist der zeitliche Verlauf des Ladevorgangs eines Kondensators. Dieser ist nämlich keineswegs linear. Machen wir ein einfaches Experiment und schalten einen Kondensator und einen Widerstand in Reihe. Direkt an den Kondensator schließen wir einen Spannungsmesser an. Hierbei sollte es sich um ein analoges Zeigerinstrument handeln.

Jetzt schließen wir direkt an die Reihenschaltung des Widerstandes und des Kondensators eine Gleichspannung von 12 V an. Das Experiment funktioniert natürlich auch mit einer geringeren Spannung (z. B. Batterie). Folgende Werte bringen ein gutes Ergebnis:

- C = 10 μF
- R = 470 kΩ

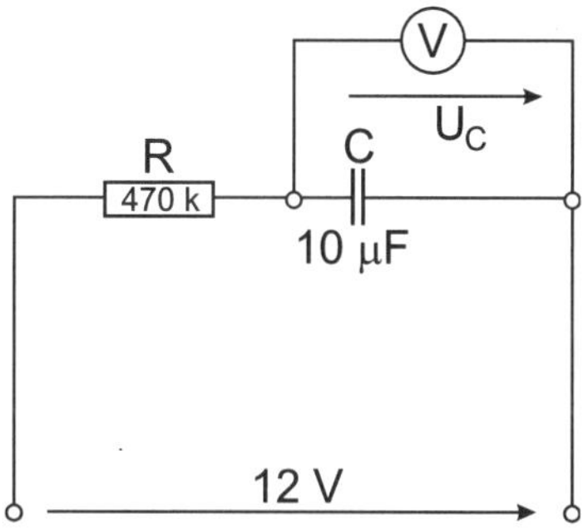

Abb. 2.13: Beobachtet man den Zeigerausschlag in einzelnen Zeitintervallen, dann stellt man fest, dass die Spannung immer langsamer ansteigt. Der Ladevorgang eines Kondensators ist nicht linear.

Wenn Sie die vorgeschlagene Schaltung ausprobieren, dann wird der Ladestand des Kondensators nach ungefähr fünf Sekunden einen Wert von 8 V angenommen haben. Nach weiteren fünf Sekunden wird der Wert über zehn Volt betragen und sich nun langsam der Spannung von 12 V annähern, die von der Batterie geliefert wird. Wie ist das zu erklären?

Der Grund für dieses Phänomen liegt im Zusammenspiel von Strom und Spannung. Ist der Kondensator vollkommen entladen, so werden wir an ihm keine Spannung messen. Schalten wir nun die Versorgungsspannung der Reihenschaltung aus Widerstand und Kondensator ein, dann beginnt die Spannung zunächst sehr rasch anzusteigen. Ein ungeladener Kondensator zieht jedoch einen großen Strom, der wiederum am Widerstand einen hohen Spannungsabfall verursacht. Sobald die Ladung im Kondensator zunimmt, sinkt der Stromfluss durch den Kondensator und - wegen der Reihenschaltung - auch durch den Widerstand. Die daran abfallende Spannung wird kleiner, die am Kondensator steigt an.

Betrachtet man diesen Vorgang am Oszilloskop, dann erkennt man recht deutlich den nicht linearen Verlauf der Kondensatorspannung beim Ladevorgang. Hier ist ein Punkt sehr markant: Der Zeitabschnitt, an dem die Kondensatorspannung ca. 63 % des Sollwertes erreicht hat. Exakt diese Zeit können wir berechnen, indem wir das Produkt aus Widerstand und Kapazität bilden. Betrachten wir zunächst die Einheiten:

- Die Einheit des Widerstandes (Ω) ist definiert als V/A.
- Die Einheit der Kapazität (F) ist definiert als As/V.

Das Produkt dieser Größen ergibt lediglich die Maßeinheit der Zeit: die Sekunde (s). Man bezeichnet daher das Produkt des Widerstandes und des Kondensators als *Zeitkonstante* τ.

$$\tau = R \cdot C$$

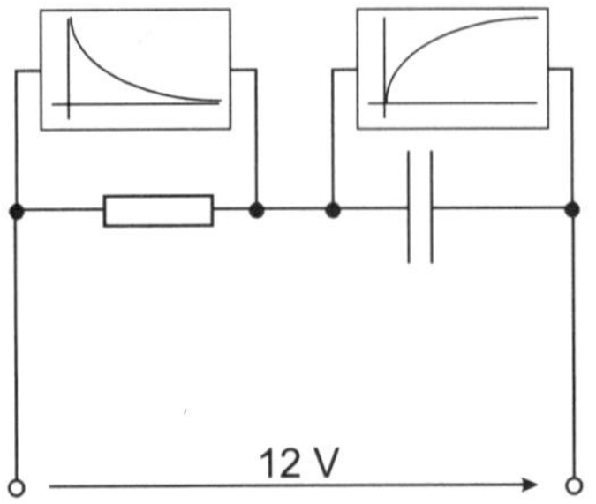

Abb. 2.14: Betrachtet man die Zeitverläufe der Spannungen, so fällt auf, dass diese einer e-Funktion entsprechen.

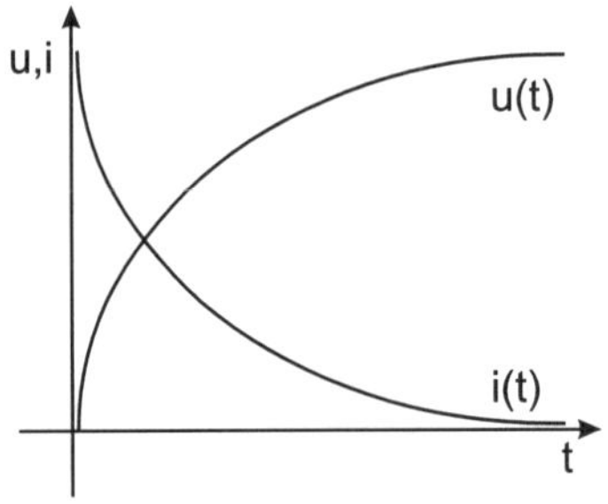

Abb. 2.15: Die zeitlichen Verläufe von Strom und Spannung sind bei der Betrachtung eines Kondensators gegenläufig. Weil der zuerst recht hohe Ladestrom des Kondensators erst allmählich eine Spannung am Kondensator entstehen lässt, sagt man auch: *Der Strom eilt in einem Kondensator der Spannung voraus.*

Der Spannungsverlauf kann mit einer e-Funktion beschrieben werden. „e" ist eine Naturkonstante mit dem Wert 2,718281828... . Die Berechnung der Kondensatorspannung kann also zu jedem beliebigen Zeitpunkt nach folgender Formel erfolgen:

$$u_C = U(1 - e^{(-t)/\tau})$$

Die Zeitkonstanten in Schaltungen mit frequenzabhängigen Bauteilen werden wir in einem späteren Abschnitt noch etwas eingehender betrachten.

2.3 Frequenzabhängige Bauteile

In den bisherigen Ausführungen haben wir ausschließlich die wichtigsten Grundlagen der Induktivitäten und der Kapazitäten behandelt, die im weiteren Verlauf dieses Buches von Bedeutung sein werden. Dem fachkundigen Leser wird natürlich aufgefallen sein, dass diese Ausführungen keinen Anspruch auf Vollständigkeit erheben können. Man könnte über diese beiden Bauteile - Spule und Kondensator - selbst ganze Bücher schreiben und - das haben wir Ihnen erspart - sehr tief in die höhere technische Mathematik einsteigen. Rechnen werden wir noch genug zu diesem Thema.

Erinnern wir uns aber noch einmal an die zeitlichen Verläufe von Strom und Spannung sowohl im Zusammenhang mit einer Spule als auch mit dem Kondensator. In keinem der beiden Bauteile erreichen Strom und Spannung zur gleichen Zeit ihr Maximum. Die Verläufe von Strom und Spannung sind allerdings bei beiden Bauteilen sehr unterschiedlich:

- In einem Kondensator eilt der Strom der Spannung *voraus*.
- In einer Spule eilt der Strom der Spannung *nach*.

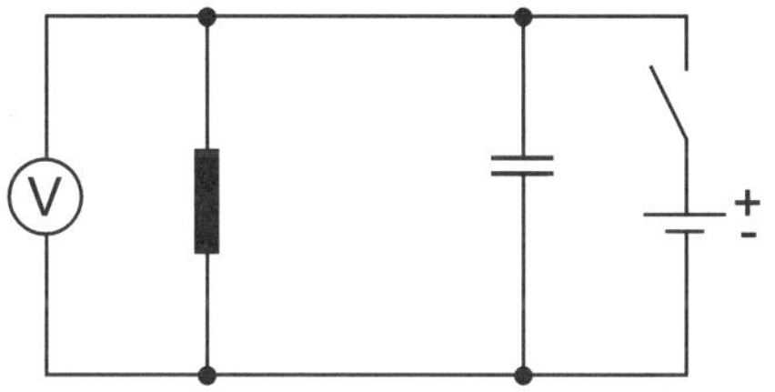

Abb. 2.16: Wird eine Parallelschaltung eines Kondensators und einer Spule kurzzeitig mit einer Gleichspannung erregt, so hat dies eine Wechselwirkung der beiden Bauteile zueinander zur Folge. Die Schaltung beginnt zu „schwingen".

Versuchen wir einmal zu überlegen, was wohl passieren wird, wenn wir eine Spule und einen Kondensator parallel zusammenschalten und an diese Schaltung obendrein noch einen Spannungsmesser (Zeigerinstrument) anschließen. Ideal wäre ein Instrument, dessen Nullpunkt in der Mitte der Skala liegt oder noch besser: Ein Oszilloskop, mit dem die zeitlichen Verläufe gut sichtbar gemacht werden können. An diese Schaltung wollen wir nun kurzzeitig eine Gleichspannung anlegen und gleich darauf wieder abschalten. Wenn die Bauteile entsprechend gewählt wurden, dann passiert nun Folgendes: Der Zeiger beginnt um den Nullpunkt zu pendeln, wobei der Ausschlag immer schwächer wird, bis er schließlich zum Stillstand kommt.

Mit dem Anlegen einer Spannung beginnt der Kondensator sich aufzuladen. Dieser speichert die elektrische Energie. Nach dem Abschalten der externen Spannung ist diese Ladung natürlich noch vorhanden, jedoch entlädt sich der Kondensator über die Spule. Der in der Spule fließende Strom erzeugt nun - wie eingangs beschrieben - ein magnetisches Feld. Dieser Strom fließt solange der Kondensator geladen ist bzw. dadurch eine Spannung an der Schaltung anliegt. Sobald der Kondensator entladen ist, ist auch das elektrische Feld vollständig verschwunden.

Nun werden die Eigenschaften der Spule interessant, in der sich ja nun ein magnetisches Feld aufgebaut hat. Weil jedoch der Kondensator mittlerweile vollständig entladen ist, fließt kein Strom mehr, der das magnetische Feld erzeugt hat. Das magnetische Feld bricht somit zusammen, was seinerseits gemäß der Lenzschen Regel eine Spannung in der Spule induziert. Diese Spannung, die der ursprünglichen Kondensatorspannung entgegengesetzt ist, treibt nun wiederum einen Strom durch die Schaltung, wodurch sich der Kondensator erneut auflädt. Dadurch ist auch die jetzt anwachsende Spannung am Kondensator entgegengesetzt zum ursprünglichen Zustand gepolt.

Nun, Sie ahnen es sicher schon: Irgendwann einmal ist das Magnetfeld wieder vollständig in sich zusammengefallen. Es wird keine weitere Spannung mehr induziert. Der Kondensator kann nicht weiter geladen werden. Wir haben damit jedoch einen Zustand erreicht, den wir bereits kennen: Ein aufgeladener Kondensator, der diese Ladung nun wieder in der Form eines Stromflusses durch die Spule abgeben wird. Der einzige Unterschied liegt in der Polarität. Ansonsten beginnt der Zyklus wieder von neuem.

Die Ausführungen suggerieren zunächst einmal den Eindruck, dass sich dieser Vorgang - mit jeweils wechselnden Polaritäten - endlos fortsetzen müsste. Dem ist allerdings nicht so, denn jeder Stromkreis hat eine Reihe von Verlusten. So sind in der Spule neben den so genannten „Ohmschen" Verlusten (Wärmeverluste an einem Widerstand) auch induktive Verluste (Wirbelstromverluste etc.) zu berücksichtigen. Beim Kondensator müssen Leckströme über das Dielektrikum beachtet werden, die den Kondensator allmählich entladen und das elektrische Feld zwischen den Platten damit nach und nach abschwächen. Auch der sehr hochohmige Spannungsmesser oder der Eingang des Oszilloskops fördern diesen Effekt. Der Verlauf der Schwingung nimmt also stetig ab. Wir sprechen deshalb von einer *gedämpften Schwingung*.

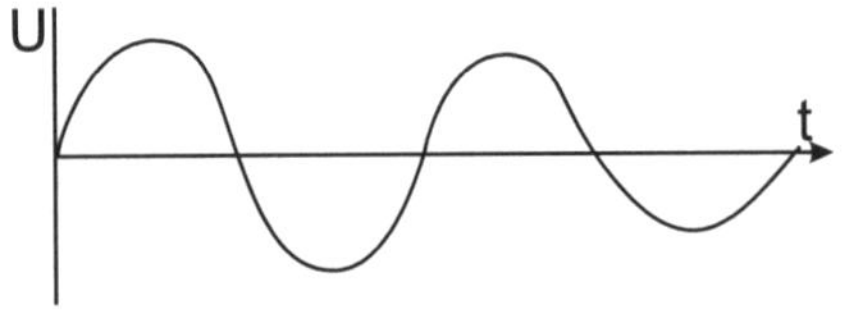

Abb. 2.17: Nach der einmalig angeregten Schwingung nimmt deren Amplitude stetig ab, wenn dem Kreis keine neue Energie zugeführt wird. Wir sprechen von einer gedämpften Schwingung.

Wegen der Eigenschaft einer solchen Schaltung aus Kondensator und Spule, eine elektrische Schwingung zu erzeugen, nennt man solche Schaltungen auch *Schwingkreise*. Es gibt generell zunächst einmal zwei verschiedene Arten von Schwingkreisen:

- *Parallelschwingkreis* (im Beispiel gezeigte Schaltung)
- Reihenschwingkreis

Wenn es darum geht, Informationen drahtlos zu übertragen, haben Schwingkreise eine herausragende Bedeutung. Sie dienen beispielsweise der Erzeugung der Übertragungsfrequenzen. Auch in RFID-Systemen kommen - sowohl auf der Seite des Readers als auch im Transponder - Schwingkreise zum Einsatz.

Nicht ganz uninteressant dürfte darüber hinaus sein, mit welcher Frequenz der Kreis schwingt. Um diese Zusammenhänge zu verstehen, soll im Folgenden zunächst einmal untersucht werden, wie sich Spulen und Kondensatoren generell in einem Wechselstromkreis verhalten.

2.3.1 Frequenzabhängiges Verhalten von Spulen und Kondensatoren

Sowohl Kondensatoren als auch Spulen zeigen bei Gleichströmen - abgesehen vom Einschaltvorgang - ein statisches Verhalten. Der Kondensator wirkt nach dem einmaligen Ladevorgang wie eine Stromkreisunterbrechung. Die Spule wirkt nach dem Aufbau des Magnetfeldes, das durch den weiterhin permanent fließenden Strom unverändert aufrechterhalten wird, wie ein Ohmscher Widerstand, der ausschließlich durch den Materialwiderstand des Drahtes dargestellt ist. Konkret bedeutet dies:

- Ein Kondensator ist in einem Gleichstromkreis ein nahezu unendlich großer Widerstand.
- Eine Spule ist in einem Gleichstromkreis ein sehr geringer Widerstand.

In einem Wechselstromkreis gelten andere Einflüsse, die wir bereits kennen gelernt haben. Hier stellen sowohl Kondensatoren (Kapazitäten) als auch Spulen (Induktivitäten) Widerstände mit greifbaren Werten zwischen Null und unendlich dar. Der Widerstand ist nach dem Ohmschen Gesetz definiert als:

$$R = \frac{U}{I}$$

(Widerstand = Spannung : Strom)

Nun muss berücksichtigt werden, dass weder in einer Spule noch in einem Kondensator die Verläufe von Strom und Spannung identisch sind. Unter idealisierten Betrachtungen (ideale Spule oder idealer Kondensator, bei denen so genannte „Ohmsche" Verluste vernachlässigt werden) haben die Ströme ihren Nulldurchgang, während die Spannungen ihr Maximum erreichen und umgekehrt.

2.3.1.1 *Sinusschwingungen*

Weiterhin ist zu beachten, dass Wechselströme und -spannungen periodische Verläufe haben. Natürlich gibt es prinzipiell verschiedene Möglichkeiten (Dreieck, Sägezahn, Rechtecksignale etc.), wie diese Wechselspannungen bzw. Wechselströme aussehen können, jedoch basieren sie alle auf der Sinusform. Diese Sinusform lässt sich durch Abbildung einer kreisförmigen Zeigerdrehung auf ein Diagramm über die Zeit erläutern.

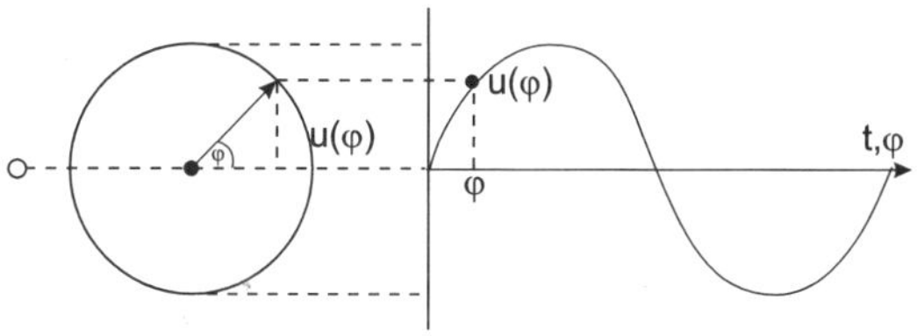

Abb. 2.18: Überträgt man die Position der Spitze eines rotierenden Zeigers auf ein Diagramm über die Zeit, so beschreibt diese eine sinusförmige Kurve.

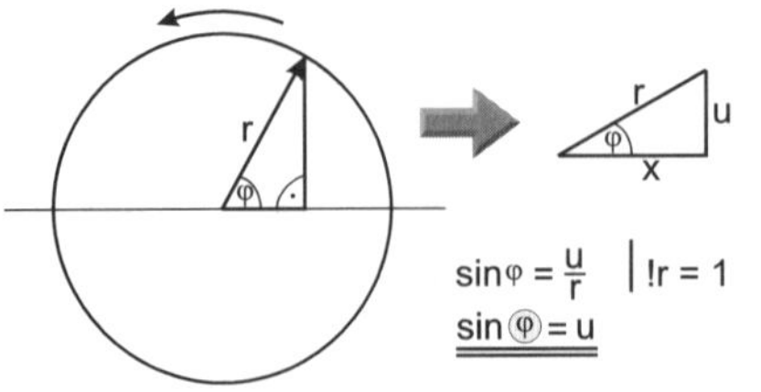

Abb. 2.19: Betrachtet man den rotierenden Zeiger im „Einheitskreis" (Radius r = 1), dann ist der Betrag von „u" gleich dem Sinus des Drehwinkels φ.

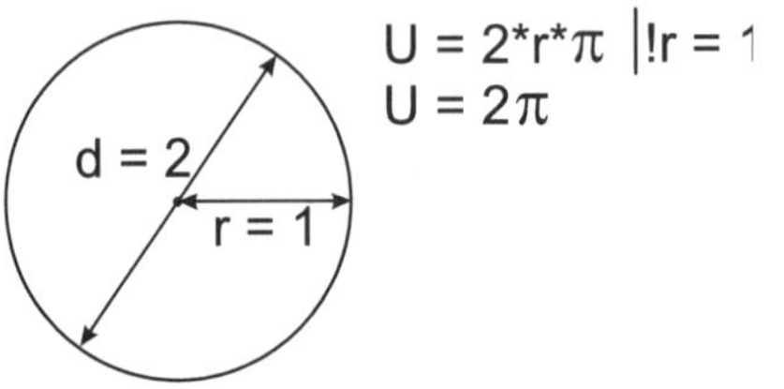

Abb. 2.20: Der Umfang des Kreises wird mit d*π bzw. 2rπ definiert. Da im Einheitskreis der Radius r = 1 ist, gilt für den Umfang des Einheitskreises U = 2π.

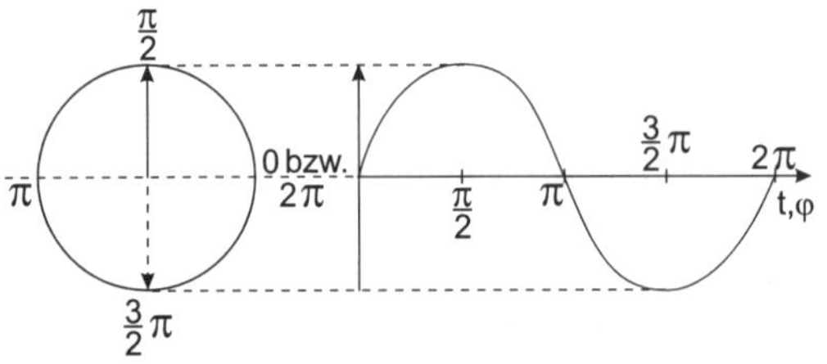

Abb. 2.21: Die „Bogenmaße" kann man äquivalent auf die Zeitachse übertragen. Der positive Nulldurchgang der Sinuskurve ist stets „0" bzw. 2π und der negative Nulldurchgang ist dann π. Die Maxima werden im positiven Bereich bei π/2 und im negativen Bereich bei 3π/2 erreicht.

Unter dem Sinus versteht man eine der vier Winkelfunktionen (Sinus, Cosinus, Tangens und Arcustangens), mit denen unter ausschließlicher Beachtung der Längen der Seiten eines Dreiecks dessen Winkel bestimmt werden können. Der Sinus eines Winkels ist definiert aus der Gegenkathete (die dem betreffenden Winkel gegenüberliegende Seite des rechtwinkligen Dreiecks) und der Hypotenuse (die dem rechten Winkel gegenüberliegende Seite).

Um den Zusammenhang der Sinuskurve mit der Drehung eines Zeigers zu verdeutlichen, wollen wir den so genannten Einheitskreis als Beispiel nehmen. Der Einheitskreis nimmt einen Radius von Eins an (keine Maßeinheit). Die Länge des rotierenden Zeigers ist somit stets - unabhängig von dessen Position - gleich Eins.

Wir wollen einen entgegen dem Uhrzeigersinn rotierenden Zeiger annehmen. Beginnend beim positiven Nulldurchgang soll der Winkel zur Nulllinie mit φ bezeichnet werden. Loten wir von der Pfeilspitze zur Nulllinie eine Gerade herunter, so stellt diese mit der

Nulllinie einen rechten Winkel dar. Weil die Länge des Zeigers, die dem so entstandenen rechtwinkligen Dreieck die Hypotenuse darstellt, gleich Eins ist, ist der Abstand der Pfeilspitze zur Nulllinie der Sinus des Drehwinkels φ (vgl. Kasten).

Dem aufmerksamen Leser wird in den Abbildungen aufgefallen sein, dass in den Grafiken sowohl die Zeit als auch der Winkel (Bogenmaß) auf einer Achse (x-Achse) angetragen wurden. Geht man von einer gleichmäßigen Drehung des Zeigers aus, dann ist dieser Zusammenhang auch logisch begründet, denn bei einer gleichmäßig schnellen Drehung steht die Position der Zeigerspitze auf dem Kreisumfang für einen bestimmten Zeitablauf. Nun hat ein Kreis die Eigenschaft, keinen Anfang und kein Ende zu besitzen. Wir haben lediglich den positiven Nulldurchgang durch die horizontale Linie, die das Zentrum schneidet bei einer Drehung entgegen dem Uhrzeigersinn als Startpunkt definiert. Das hindert einen realen Zeiger natürlich nicht daran, sich endlos weiter zu drehen. Ebenso würde sich eine Sinusschwingung endlos fortsetzen. Deren Zustände würden sich aber immer wieder in den gleichen Abständen (nämlich 2π) wiederholen. Es macht also Sinn, nur eine oder bis zu zwei Perioden in dem Diagramm darzustellen.

Nun kann sich ein Zeiger sehr schnell oder auch recht langsam drehen. Ein Maß für die Geschwindigkeit des Zeigers ist die Drehzahl pro Sekunde. Bezogen auf eine Schwingung spricht man jedoch nicht von der Drehzahl, sondern von der Frequenz (f). Die Maßeinheit der Frequenz ist 1/s (1 : Sekunde) bzw. - benannt nach dem deutschen Physiker Heinrich Hertz (1857 bis 1894) - das Hertz (Hz).

Möchte man nun die Rotation der Zeigerspitze pro Sekunde so ausdrücken, dass sie in der periodischen Abbildung in Form der Sinuskurve darstellbar ist, ergibt sich $f*2\pi$. Dieser Ausdruck wird auch als *Kreisfrequenz* (ω), symbolisiert mit dem griechischen Buchstaben Omega, bezeichnet.

2.3.1.2 Der induktive Widerstand

Wie wir gesehen haben, ist der Widerstand einer Spule bei Gleichstrom nahezu Null. Ändert sich der Stromfluss in der Spule dagegen, nimmt deren Widerstand mit der Geschwindigkeit der Änderungen - also mit der Frequenz - zu. Der induktive Widerstand einer Spule kann mit deren Induktivität und der Kreisfrequenz beschrieben werden. Es gilt:

$$X_L = \omega L$$

wobei X_L der *induktive Blindwiderstand* der Spule ist.

Der induktive Blindwiderstand ist nicht mit einem realen Ohmschen Widerstand zu verwechseln. Aufgrund der Phasenverschiebung zwischen der Spannung an der Spule und dem ihr nacheilenden Strom ist auch der induktive Blindwiderstand um $\pi/2$ (90°) nacheilend zu betrachten.

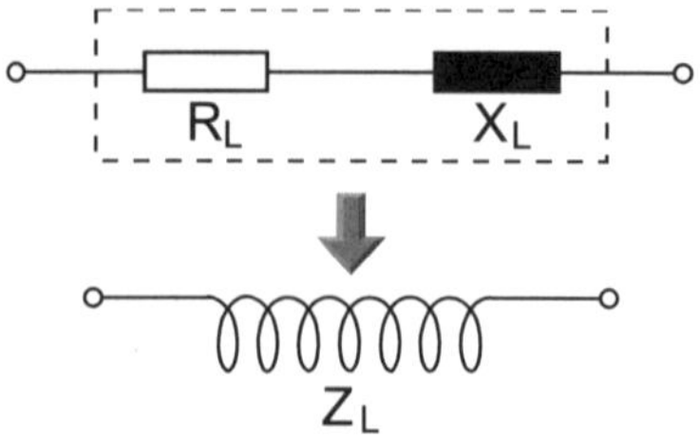

Abb. 2.22: Das Ersatzschaltbild einer Spule ist eine Reihenschaltung aus einem Ohmschen Widerstand (Drahtwiderstand) und dem induktiven Blindwiderstand. Letzterer ist die eigentliche frequenzabhängige Größe. Bei sehr hohen Frequenzen ist der Ohmsche Anteil vernachlässigbar.

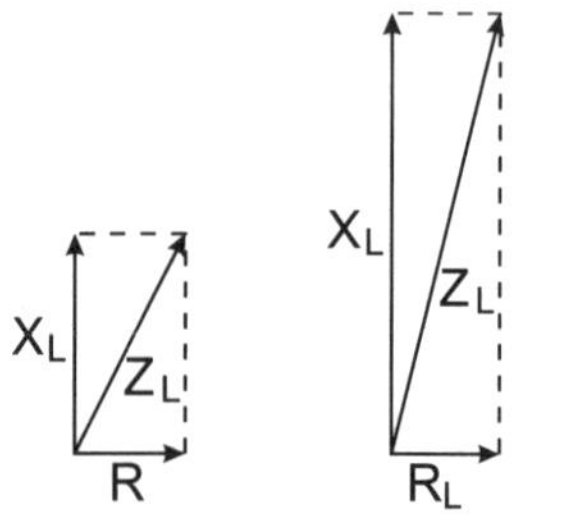

Abb. 2.23: Durch den Verlauf von Spannung und Strom entspricht die grafische Darstellung des induktiven Blindwiderstandes X_L und des realen Wirkwiderstandes zwei im rechten Winkel zueinander stehenden Zeigern. Der Gesamtwiderstand Z_L der Spule, der bei der betreffenden Frequenz messbar ist, ermittelt sich durch geometrische Addition. Je höher die Frequenz ist, desto geringer wird der Einfluss des Drahtwiderstandes R.

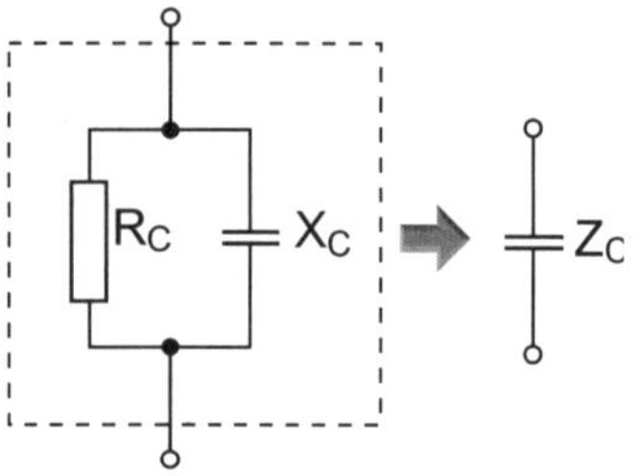

Abb. 2.24: Das Ersatzschaltbild eines Kondensators ist die Parallelschaltung eines idealen Kondensators mit einem sehr hohen Ohmschen Widerstand.

Neben dem Blindanteil der Spule, der bei höheren Frequenzen dominierend ist, gibt es auch einen realen Widerstandsanteil, der durch den Widerstand des Wicklungsdrahtes definiert ist. Im Ersatzschaltbild der Spule, die eine Reihenschaltung einer (idealen) Spule mit einem Ohmschen Widerstand darstellt, wird dies sehr deutlich. Allerdings dürfen die Ersatzwiderstände R_L und X_L nicht wie bei einer Reihenschaltung üblich direkt addiert werden. Es muss die Phasenlage beachtet werden. Die Addition der Ersatzwiderstände kann also nur geometrisch erfolgen.

Bei RFID-Systemen kann man davon ausgehen, dass mit vergleichsweise hohen Frequenzen gearbeitet wird. Weil der induktive Blindwiderstand der Spule mit der Frequenz zunimmt, der reale Anteil jedoch stets unverändert und darüber hinaus sehr klein bleibt, ist dieser Anteil in hochfrequenten Systemen meist zu vernachlässigen.

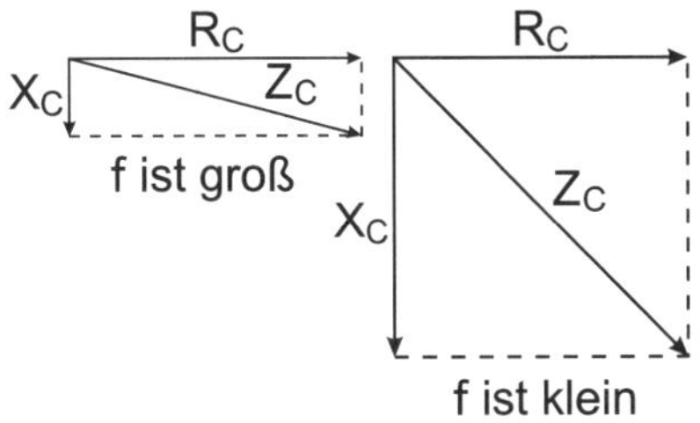

Abb. 2.25: Auch die Widerstandsverhältnisse eines Kondensators werden durch die verschiedenen zeitlichen Verläufe von Strom und Spannung beeinflusst. Auch hier muss eine geometrische Addition erfolgen, um den Gesamtwiderstand des Kondensators bei einer bestimmten Frequenz zu ermitteln.

2.3.1.3 *Der kapazitive Widerstand*

Auch der Kondensator verhält sich, wie wir wissen, frequenzabhängig. Der Einfluss der Frequenz macht sich jedoch genau entgegengesetzt zu dem bei einer Spule bemerkbar. Für einen Gleichstrom stellt der Kondensator - von sehr geringen Strömen über das Dielektrikum abgesehen - einen nahezu unendlich großen Widerstand dar. Wechselströme können jedoch fließen. Für sie wird der Widerstand des Kondensators mit wachsender Frequenz immer kleiner. Der *kapazitive Blindwiderstand* ist definiert durch:

$$X_C = \frac{1}{\omega C}$$

wobei X_C ausschließlich der kapazitive Blindwiderstand des Kondensators ist.

Wie angedeutet, fließen auch über das Dielektrikum geringe Ströme zwischen den Platten. Daraus ergibt sich die Tatsache, dass auch ein Kondensator einen geringen Ohmschen Wirkwiderstand hat, der jedoch anders zu interpretieren ist, als es bei der Induktivität der Fall ist. Das Ersatzschaltbild eines Kondensators ist die Parallelschaltung eines (recht hohen) Ohmschen Widerstandes mit dem kapazitiven Blindwiderstand. Der Ohmsche Anteil des Kondensatorwiderstandes ist natürlich unabhängig von der Frequenz stets konstant. Deshalb kann dessen Einfluss bei sehr hohen Frequenzen vernachlässigt werden.

2.3.2 Zeitkonstanten

Wenn wir von einem passiven RFID-Transponder sprechen, der mehr als ein Bit an Informationen speichern und auf Abruf übertragen können soll, dann müssen wir folgende Anforderungen beachten:

- Der Transponder muss in der Lage sein, aus dem ihn umgebenden Feld in kurzer Zeit ein Maximum an Energie aufzunehmen.

- Der Transponder muss die aufgenommene Energie möglichst lange speichern und nutzen können.

2.3.2.1 Zeitkonstante kapazitiver Schaltungen

Wir sprechen also von zeitlichen Abläufen, die wir bereits in den Ausführungen zum elektrischen Feld kennen gelernt haben. Zeitkonstanten geben also an, wie lange es dauert, bis unter dem Einfluss eines fließenden Stromes ein Feld (elektrisches oder magnetisches Feld) aufgebaut und wieder abgebaut wird. Nehmen wir also zunächst das bereits dargestellte Beispiel für den Ladevorgang eines Kondensators. Sie erinnern sich: Wir sind davon ausgegangen, dass wir einen Kondensator mit einer Kapazität von 10 µF über einen Widerstand von 470 kΩ aufladen wollen. Nach der bereits vorgestellten Formel zur Berechnung der Zeitkonstanten $\tau = R * C$ dauert es ungefähr 4,7 Sekunden, bis der Kondensator auf 63 % seiner Kapazität aufgeladen wurde. Aufgrund des nichtlinearen Verlaufs der Ladekurve verstreichen insgesamt ca. 25 Sekunden, bis der Kondensator vollends geladen ist.

Das liegt - wie ebenfalls bereits erläutert - daran, dass der Strom über den Kondensator mit steigendem Ladungspegel abnimmt und sich somit die Geschwindigkeit der Aufladung verlangsamt.

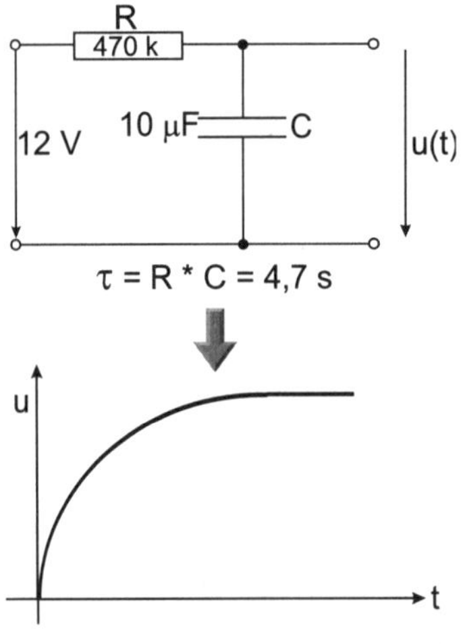

Abb. 2.26: An diese Reihenschaltung aus einem Kondensator und einem gewöhnlichen Ohmschen Widerstand wird eine Gleichspannung (hier: 12 V) angelegt. Am Kondensator selbst kann erst nach einer Zeit von fast fünf Sekunden eine Spannung von ca. 7,5 Volt gemessen werden.

Die Zeitkonstante hat auch einen Einfluss auf das Entladeverhalten des Kondensators. Begrenzt ein sehr großer Ohmscher Widerstand den Entladestrom, dann kann der Kondensator die Ladung sehr lange auf hohem Niveau halten. Sparsam dimensionierte Schaltungen können somit auch von einem Kondensator mit der erforderlichen Betriebsenergie versorgt werden.

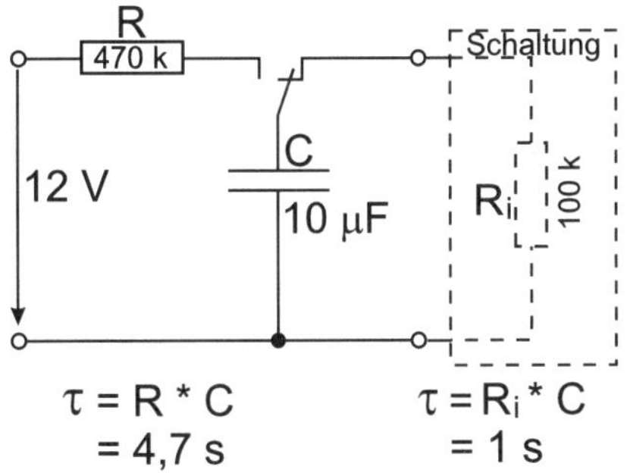

Abb. 2.27: In diesem Fall soll der Ersatzwiderstand der an dem Kondensator angeschlossenen Schaltung 100 Ω betragen. Sie arbeitet mit 63 % der maximalen Kondensatorspannung noch einwandfrei. Somit ist die Schaltung ca. eine Sekunde lang funktionsfähig. Für einen RFID-Transponder wäre das eine lange Zeit.

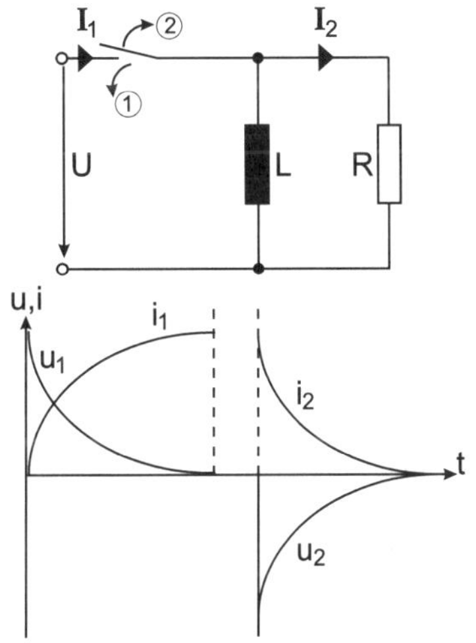

Abb. 2.28: Verläufe von Strom und Spannung durch eine Spule beim Anlegen und dem plötzlichem Abschalten einer Gleichspannung

2.3.2.2 Zeitkonstante induktiver Schaltungen

Betrachten wir nun die Verhältnisse einer Spule. Wir haben in den Ausführungen zu Beginn dieses Kapitels die magnetische Induktion erläutert. Ein wechselndes Magnetfeld induziert in der Spule eine Spannung. Speist die Spule eine geschlossene Schaltung, dann fließt infolge der induzierten Spannung ein Strom, der beispielsweise einen Kondensator aufladen kann. Fließt dieser Strom über einen Ohmschen Widerstand, dann ist die Zeitkonstante der Schaltung aus Induktivität und Kapazität definiert als

$$\tau = \frac{L}{R}$$

Wird an eine Spule, deren Anfang und Ende über einen Ohmschen Widerstand verbunden sind, eine Gleichspannung angelegt und diese Spannung plötzlich abgeschaltet, so fließt ein Strom, der nach Erreichen der Zeitkonstante auf 63 % seiner ursprünglichen Stärke abgefallen ist. Dies ist in der Selbstinduktion der Spule nach dem Zusammenbruch des Magnetfeldes begründet. Auch die Stromverhältnisse beim Aufbau des Magnetfeldes werden von der Zeitkonstanten bestimmt.

2.3.3 Kondensator und Spule in einem Stromkreis

Spule und Kondensator wirken bei steigenden Frequenzen - wie eben gesehen - völlig unterschiedlich. Während der induktive Widerstand mit der Frequenz zunimmt, sinkt der kapazitive Widerstand. Es scheint, als würde in einer Parallelschaltung eines der beiden Bauteile das jeweils andere kurzschließen - je nach Höhe der Frequenz entweder die Spule den Kondensator oder umgekehrt. Doch wo liegen die Grenzen zwischen diesen Zuständen, wenn es sie als solche geben sollte?

In diesem Fall muss man sich wieder verinnerlichen:

- In einem Kondensator eilt der Strom der Spannung um 90° bzw. π (im Bogenmaß) *voraus*.
- In einer Spule eilt der Strom der Spannung um 90° bzw. π (im Bogenmaß) *nach*.

Wir wissen bereits, dass wir die Widerstände der frequenzabhängigen Bauteile nur geometrisch erfassen können. Als Beispiel soll eine einfache Reihenschaltung aus einem Ohmschen Widerstand, einer Spule und einem Kondensator dienen. Durch diese Reihenschaltung fließt ein Wechselstrom mit einer Frequenz f (bzw. Kreisfrequenz ω). Während der Ohmsche Widerstand R unabhängig von der Frequenz ist, hängen die Werte für X_C (= 1 / ωC) und X_L (= ωL) maßgeblich von der Höhe der Frequenz ab. In Abb. 2.29 ist zu erkennen, dass der Zeiger für den kapazitiven Widerstand X_C deutlich kürzer ist als der für den induktiven Widerstand X_L. Das lässt darauf schließen, dass der Wechselstrom eine relativ hohe Frequenz hat. Diese Zusammenhänge werden uns im folgenden Abschnitt noch interessieren. Wären beide frequenzabhängigen Widerstände gleich groß, dann wären entsprechend deren Zeiger in den Diagrammen gleich lang. Da sie jedoch entgegengesetzt sind - was am zeitlichen Verhältnis des Stromes zur Spannung in den Bauteilen liegt - kompensieren sich deren Einflüsse. Die Schaltung wirkt nur noch wie ein rein Ohmscher Widerstand.

Die Frequenz, bei der sowohl der Betrag des induktiven wie auch der des kapazitiven Blindwiderstands genau gleich groß sind, wird als *Resonanzfrequenz* f_0 bezeichnet.

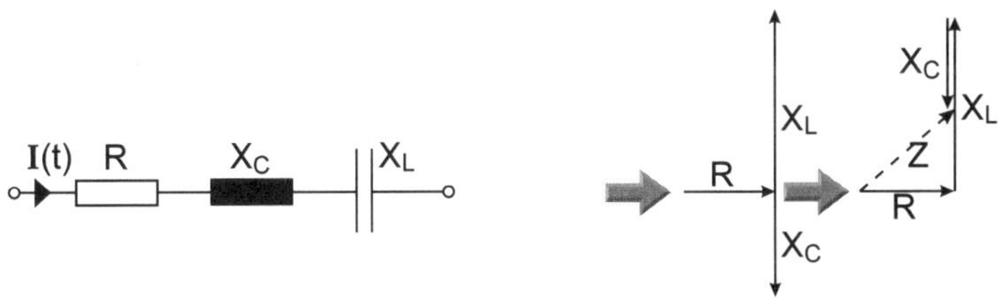

Abb. 2.29: Die Zeigerdiagramme machen deutlich, in welcher Form induktive und kapazitive Widerstände einander entgegen wirken. Ihre Länge hängt jeweils von der Frequenz des Stromes ab, der sie durchfließt. Bei der so genannten *Resonanzfrequenz* sind die Zeiger gleich lang. Die Schaltung wirkt dann wie ein Ohmscher Widerstand.

2.4 Schwingkreise

In diesem Kapitel haben Sie nun bereits zwei Beispiele für so genannte Schwingkreise kennen gelernt. Die Abb. 2.16 zeigt einen Parallelschwingkreis. Das vorangegangene Beispiel, anhand dessen wir die Wirkung der frequenzabhängigen Widerstände gemischter Schaltungen erläuterten, stellte einen so genannten Reihenschwingkreis dar. Beide Schaltungsvarianten haben jeweils spezifische Eigenschaften, die in den folgenden Abschnitten vorgestellt werden. Wir werden feststellen, wie die Resonanzfrequenzen ermittelt werden und was man unter der Güte eines Schwingkreises versteht.

2.4.1 Der Reihenschwingkreis

Die Eigenschaft einer Reihenschaltung ist es, dass alle Bauteile vom gleichen Strom durchflossen werden. Allerdings wirken in einer Reihenschaltung aus Kondensator und Spule die energiespeichernden Eigenschaften dieser Bauelemente. Misst man jedoch die einzelnen Spannungen direkt am Kondensator oder an der Spule, dann fällt auf, dass deren Werte über der von außen zugeführten Spannung liegen können. Dies wird durch die Phasenlage zwischen Strom und Spannung in den frequenzabhängigen Bauteilen ($+90°$ oder $+\pi/2$ bzw. $-90°$ oder $-\pi/2$) und der damit verbundenen Anforderung, die Teilspannungen geometrisch addieren zu müssen, erklärt. Das geometrische Verhältnis der Teilspannungen am Kondensator und an der Spule ist - wie wir wissen - genau entgegengesetzt. Sinngemäß gilt dies also nach dem Ohmschen Gesetz auch für die Widerstände, was in Abb. 2.29 dargestellt ist.

2.4.1.1 Resonanzverhalten des Reihenschwingkreises

In einem besonderen Fall - wenn die Frequenz des Wechselstromes der Resonanzfrequenz beider Bauteile entspricht - sind die beiden frequenzabhängigen Widerstände vom Betrag her gleich groß. Weil sie zueinander um 180° bzw. π phasenverschoben sind, neutralisiert sich ihr Einfluss bei Resonanz. Die Schaltung wirkt nach außen ausschließlich mit dem Ohmschen Widerstand.

Für den Resonanzfall gilt:

$$X = X_C = X_L$$

Man bezeichnet X auch als *Kennwiderstand* des Schwingkreises.

Interessant wird es, wenn man sich das Produkt der beiden frequenzabhängigen Widerstände im Resonanzfall näher betrachtet. Dann ist nämlich:

$$X^2 = X_C \cdot X_L$$

Stellt man die frequenzabhängigen Widerstände X_L (= ωL) und X_C (= 1/ωC) durch ihre Bauteilgrößen dar, dann folgt:

$$X^2 = \frac{\omega L}{\omega C}$$

Für X ergibt sich dann eine Beziehung, die ausschließlich auf die Bauteilparameter L und C zurückzuführen ist:

$$X = \sqrt{\frac{L}{C}}$$

Bei Resonanz hat der Reihenschwingkreis den kleinsten Widerstand, der ausschließlich durch die Ohmsche Größe bestimmt ist. Damit hat der Reihenschwingkreis bei Resonanz ein Strommaximum.

Weicht die Frequenz f von der Resonanzfrequenz f_0 ab, dann verschieben sich die Widerstandseigenschaften des Schwingkreises. Bei niedrigeren Frequenzen wirkt der Schwingkreis wie eine Kapazität, bei hohen Frequenzen dagegen wie eine Induktivität.

2.4.1.2 Güte des Reihenschwingkreises

In Abb. 2.29 wurde ein Reihenschwingkreis - bestehend aus drei Bauteilen, einem Ohmschen Widerstand, einer Spule und einem Kondensator - dargestellt. Hierbei symbolisiert der Ohmsche Widerstand den Leiterwiderstand des Spulendrahtes und streng genommen müsste auch noch der dem Kondensator im Ersatzschaltbild parallel liegende Ersatzwiderstand des Dielektrikums beachtet werden. Dessen Einfluss kann im Vergleich zum Widerstand des Spulendrahtes jedoch weitgehend und in guter Näherung vernachlässigt werden. Je größer der Leiterwiderstand des Spulendrahtes, desto größer ist also der Widerstand des Schwingkreises im Resonanzfall.

Die Verluste des Schwingkreises bestimmen die so genannte *Kreisgüte* (Q). Sie ist das Verhältnis der Blindleistung der innerhalb des Kreises schwingenden Energie bei Resonanz zur aufgenommenen Wirkleistung. Es gilt daher (nach dem Ohmschen Gesetz U = R*I und der Formel zur Berechnung der elektrischen Leistung P = U * I):

$$Q = \frac{P_X}{P_0} = \frac{I^2 \cdot X}{I^2 \cdot R}$$

Demnach ist Q für den Reihenschwingkreis:

$$Q = \frac{X}{R}$$

Bzw. nach $U_0 = X * I$ und $U = R * I$:

$$Q = \frac{U_0}{U}$$

Der Ohmsche Widerstandsanteil des Reihenschwingkreises hat für dessen Verhalten eine wichtige Bedeutung. Ist dieser Widerstand sehr klein, machen sich selbst kleine Abweichungen der Frequenz von der Resonanzfrequenz in einem sehr steilen Verlauf der Widerstandskurve hin zur kapazitiven ($f < f_0$) oder zur induktiven ($f > f_0$) Eigenschaften des Kreises bemerkbar. Bei einem hohen Ohmschen Widerstand verläuft diese Kurve deutlich flacher. Stellt man sich die gezeigten Zeigerdiagramme als Dreieck vor, dann wird der Zusammenhang deutlich. Es gilt nach dem mathematischen Satz des Pythagoras für den Scheinwiderstand Z des gesamten Kreises:

$$Z = \sqrt{R^2 + (X_L - X_C)^2}$$

Die frequenzabhängigen Widerstände sind in ihrer Phasenlage einander entgegen gerichtet. Das begründet die Schreibweise als Differenz der beiden Widerstände $X_L - X_C$.

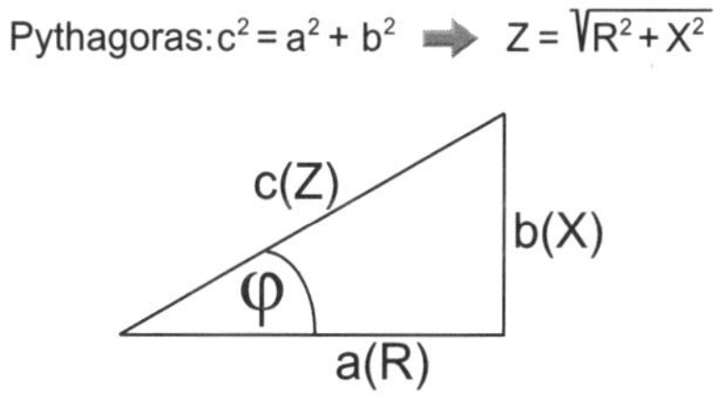

Abb. 2.30: Die Anordnung der Widerstandspfeile ergibt ein rechtwinkliges Dreieck, deren Seitenlänge (Betrag der jeweiligen Widerstände) nach dem Satz des Pythagoras ermittelt werden können.

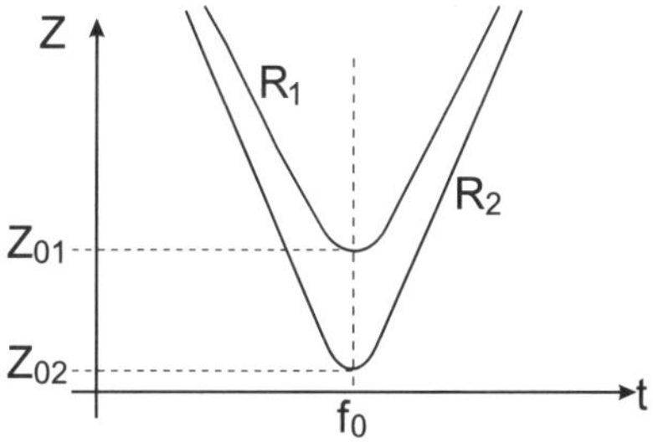

Abb. 2.31: Ist der Ohmsche Verlustwiderstand des Reihenschwingkreises sehr hoch (R_1, Z_{01}), dann ist der Verlauf der Widerstandskennlinie relativ flach. Ein sehr kleiner Verlustwiderstand (R_2, Z_{02}) hat eine sehr steil verlaufende Kurve zur Folge. Es handelt sich um einen Schwingkreis hoher Güte.

2.4.1.3 Bandbreite des Reihenschwingkreises

Der Verlauf einer Grafik ist zwar sehr aussagekräftig, jedoch in vielen Fällen viel zu abstrakt, um damit arbeiten zu können. Man hat deshalb eine andere Kenngröße für einen Schwingkreis definiert, die dessen Siebeigenschaften ausdrückt. So werden *Grenzfrequenzen* definiert, bei denen der Betrag des frequenzabhängigen Widerstandes exakt gleich dem des Ohmschen Verlustwiderstandes ist. Hier gibt es zwei Frequenzen, eine kleiner als f_0 mit kapazitivem X und eine größer f_0 mit induktivem X, die diese Bedingung erfüllen. Betrachtet man wieder das Widerstandsdreieck, dann fällt auf, dass der Winkel (φ) zwischen dem Ohmschen Widerstand (R) und dem Scheinwiderstand (Z) in beiden Fällen den Betrag von 45° bzw. π/2 hat.

Auch hier zeigt sich wieder recht schnell: Je kleiner der Ohmsche Widerstand und desto besser damit also die Güte des Schwingkreises ist, desto geringer sind auch die Toleranzen für die frequenzabhängigen Widerstände bis der Winkel φ den Betrag von 45° erreicht hat. Entsprechend kleiner ist auch die Toleranz im Frequenzbereich. Man bezeichnet die Frequenzen, bei denen der Winkel φ im Widerstandsdreieck 45° (sowohl induktiv als auch kapazitiv) annimmt, als Grenzfrequenzen. Wir wollen die untere Grenzfrequenz mit f_{gu} und die obere Grenzfrequenz mit f_{go} bezeichnen. Die Differenz zwischen der oberen und der unteren Grenzfrequenz des Schwingkreises bezeichnet man als dessen Bandbreite B.

Betrachtet man die Verläufe der Widerstands- oder der Stromkennlinie des Reihenschwingkreises, dann stehen diese Werte bei den Grenzfrequenzen immer im gleichen Verhältnis zu dem bei Resonanz des Kreises. Auch dieses Verhältnis ergibt sich aus der Geometrie des Widerstandsdreieckes bei den Grenzfrequenzen (φ = 45°). In diesem Fall ist nämlich:

$$R = X$$

So kann anstelle der folgenden Beziehung auch gesetzt werden:

$$Z^2 = R^2 + X^2$$

$$Z^2 = 2X^2$$

Für den Scheinwiderstand Z des Reihenschwingkreises gilt dann:

$$Z = X \cdot \sqrt{2}$$

Wenn wir nun dem Ohmschen Gesetz entsprechend (I = U / R) den Verlauf des Stromes betrachten, dann ergibt sich für den Scheinwiderstand Z_G an den Grenzfrequenzen ein Strom, der um den Faktor 1/sqrt(2) kleiner ist als der Strom im Resonanzfall. Es gilt also:

$$I_G = \frac{I_0}{\sqrt{2}}$$

Die markante Eigenschaft des Reihenschwingkreises ist das *Strommaximum* bei Resonanz. Er wird deshalb auch als *Saugkreis* bezeichnet.

Betrachten wir noch einmal die Güte des Reihenschwingkreises, die wir mit den Verhältnis Q = X /R bereits kennen gelernt haben. Dieses Verhältnis kann man auch über die Frequenzen ausdrücken, denn die Güte ist ebenfalls definiert aus dem Quotienten der Resonanzfrequenz und der Differenzfrequenz zwischen oberer und unterer Grenzfrequenz (Bandbreite B). Es gilt also auch:

$$Q = \frac{f_0}{(f_{go} - f_{gu})}$$

bzw.

$$Q = \frac{f_0}{B}$$

2.4.2 Der Parallelschwingkreis

Die zweite grundlegende Schwingkreisvariante ist der Parallelschwingkreis. Er unterscheidet sich im Wesentlichen dadurch vom Reihenschwingkreis, dass an beiden Bauteilen - Spule und Kondensator - stets die gleichen Spannungen anliegen. Wie bei Parallelschaltungen üblich, teilen sich die Ströme, so dass der Strom durch die Spule in der Regel ungleich dem durch den Kondensator ist. Auch beim Parallelschwingkreis hat eine Ohmsche Widerstandsgröße wieder eine Bedeutung: der Widerstand des Kondensator-Dielektrikums. Er ist - wie wir wissen - recht groß. Der ebenfalls vorhandene Leiterwiderstand der Spule ist in diesem Fall vernachlässigbar. Den Grund dafür werden wir gleich erkennen.

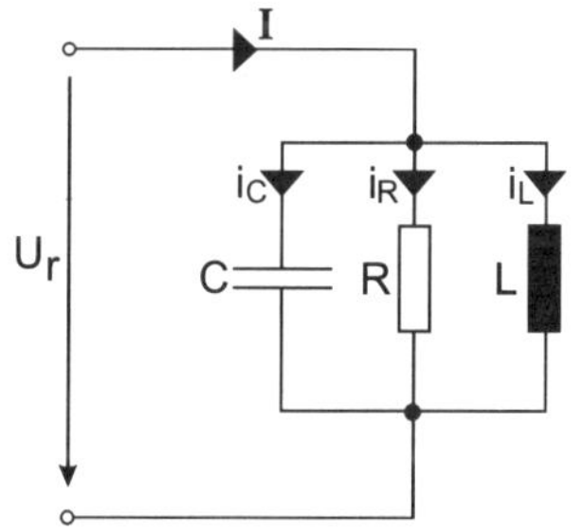

Abb. 2.32: Ersatzschaltbild eines Parallelschwingkreises.

Wie wir in den vorangegangenen Ausführungen schon gesehen haben, sind die Widerstandsverhältnisse bei frequenzabhängigen Widerständen nicht ganz einfach zu greifen. Am leichtesten ist es, sich deren Verhältnisse geometrisch in der Form von Zeigerdiagrammen vorzustellen. Berücksichtigt man darüber hinaus, dass die „Richtungen" dieser Zeiger für kapazitive und induktive Widerstände einander entgegenstehen, wird schnell deutlich, dass die Ströme innerhalb des Parallelschwingkreises, die durch diese Bauteile fließen, höher sein können als der außerhalb des Kreises messbare Gesamtstrom. Wir erinnern uns: Beim Reihenschwingkreis haben wir dieses Phänomen bezüglich der Teilspannungen bereits kennen gelernt.

2.4.2.1 Resonanzverhalten des Parallelschwingkreises

Wie bereits beim Reihenschwingkreis gesehen, zeigen die Spule und der Kondensator bei steigenden Frequenzen unterschiedliche Verhaltensmuster. Es gibt aber auch hier wieder eine Frequenz, bei welcher der induktive Widerstand gleich dem kapazitiven Pendant ist: die *Resonanzfrequenz* f_0. Diesen Begriff kennen Sie bereits, doch wie verhält sich der Parallelschwingkreis bei Resonanz?

Der Kennwiderstand des Parallelschwingkreises ist genau wie zuvor für den Reihenschwingkreis definiert:

$$X = \sqrt{\left(\frac{L}{C}\right)}$$

Allerdings müssen die Kirchhoffschen Sätze beachtet werden, die den Unterschied definieren: In einem Knoten ist die Summe aller Ströme gleich Null. Die einzelnen Teilströme sind also sehr verschieden. Der Einfachheit wegen wollen wir die Leitwerte für unsere Ausführungen betrachten.

Wie Sie wissen, ist der Kehrwert des Widerstandes der Leitwert. Zur Bestimmung des Gesamtwiderstandes einer Parallelschaltung werden die einzelnen Leitwerte addiert und aus dieser Summe (Gesamtleitwert) mit deren Kehrwert der Gesamtwiderstand ermittelt.

Es gelten:

- Y = 1 / Z (Scheinleitwert, geometrische Summe aus G und B)
- B = 1 / X (Blindleitwert des Kondensators - B_C - bzw. der Spule - B_L)
- G = 1 / R

Der Gesamtleitwert ergibt sich aus geometrischer Addition der drei Teilleitwerte (G, B_L und B_C):

$$Y = \sqrt{G^2 + (B_L + B_C)^2}$$

Sehen wir uns also einmal an, wie sich der Parallelschwingkreis bei niedrigen Frequenzen verhält:

Bei niedrigen Frequenzen ist der induktive Leitwert (B_L) sehr hoch (als Kehrwert des bei niedrigen Frequenzen kleinen induktiven Widerstandes). Daraus folgt, dass bei niedrigen Frequenzen ein sehr hoher Strom über die Gesamtschaltung fließen kann. Zum Vergleich: Beim Reihenschwingkreis wirkte der für niedrige Frequenzen hohe kapazitive Widerstand dem Stromfluss entgegen.

Wie sieht es nun bei sehr hohen Frequenzen aus? In diesem Fall ist der Leitwert des Kondensators sehr hoch und lässt einen großen Strom fließen, während die Induktivität hochohmig wird und über dieses Bauteil nur ein vernachlässigbarer Strom fließen kann.

Bei Resonanz sind die Leitwerte der frequenzabhängigen Elemente wieder gleich groß, jedoch sind ihre Ströme zueinander um 180° (π) phasenverschoben. Sie addieren sich also untereinander bereits innerhalb des Knoten zu Null. Bedeutung hat im Resonanzfall also nur noch der Ohmsche Anteil des Schwingkreises. Hierbei ist allerdings nur die hochohmige Komponente des Widerstandes im Kondensator-Dielektrikum von Bedeutung.

Bei niedrigen Frequenzen unterhalb von f_0 wirkt der Parallelschwingkreis also wie ein rein induktiver Leitwert. Bei hohen Frequenzen oberhalb von f_0 dagegen wie ein kapazitiver Leitwert.

Der Parallelschwingkreis hat bei Resonanz (f_0) den höchsten Widerstand. Man bezeichnet ihn daher auch als Sperrkreis.

2.4.2.2 Güte des Parallelschwingkreises

Die Güte des Parallelschwingkreises wird wie die des Reihenschwingkreises wieder durch das Verhältnis der im Kreis schwingenden Leistung zur Leistungsaufnahme des Parallelen Verlustwiderstandes gesetzt. Es gilt also:

$$Q_P = \frac{P_X}{P_0}$$

bzw.

$$Q_P = \frac{\frac{U^2}{X}}{\frac{U^2}{R}}$$

Daraus folgt:

$$Q_P = \frac{R}{X}$$

Der Kennwiderstand des Parallelschwingkreises ist wiederum $X = X_L = X_C$. Es ist der Betrag der frequenzabhängigen Widerstände im Resonanzfall.

2.4.2.3 Bandbreite des Parallelschwingkreises

Die Eigenschaft des Parallelschwingkreises ist es, die Resonanzfrequenz bestmöglich zu sperren. Entsprechend sind die Grenzfrequenzen zu interpretieren, wobei diesmal die Leitwerte betrachtet werden:

Für die Grenzfrequenzen ist der Fall definiert, an dem die geometrische Summe der Blindleitwerte (B) gleich dem Ohmschen Leitwert (G) ist.

$$Y^2 = G^2 + B^2$$

oder, weil G = B:

$$Y^2 = 2B^2$$

Für den Scheinleitwert (Y) gilt also:

$$Y = B \cdot \sqrt{2}$$

Der Sperrkreis macht einen Sinn, weil bei Resonanz eine sehr große Spannung an ihm abfällt. Entsprechend werden seine Grenzfrequenzen an den Stellen der Kurve definiert, an denen der frequenzabhängige Leitwert gleich dem Ohmschen Leitwert ist. Bei diesen Grenzfrequenzen ist die Spannung am Schwingkreis

$$u(f_g) = \frac{u_0}{\sqrt{2}}$$

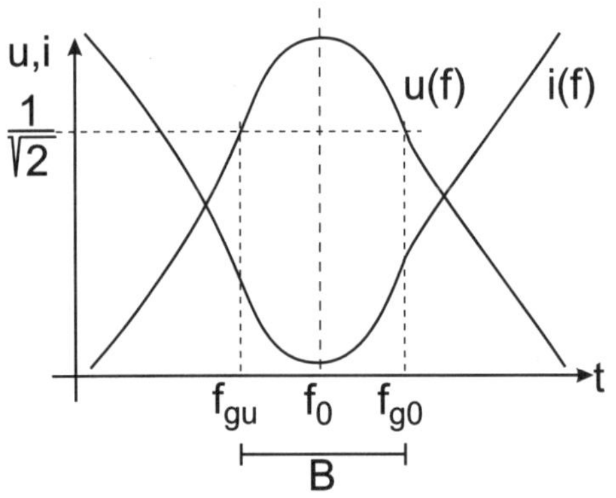

Abb. 2.33: Am Parallelschwingkreis herrscht bei Resonanz ein Spannungsmaximum. Der Stromverlauf ist durch den hohen Resonanzwiderstand des Kreises entgegengesetzt.

Die Bandbreite ergibt sich demnach wieder aus:

$$B = f_{go} - f_{gu}$$

Sie drückt den Bereich aus, bei dem die Spannung am Schwingkreis größer oder gleich dem Wert u_0/sqrt(2) ist. Der Wert u_0 entspricht natürlich wieder der Spannung im Resonanzfall.

2.4.3 Allgemeines zu Schwingkreisen

Schwingkreise sind die einfachsten und auch preiswertesten Schaltungen, um elektrische Schwingungen - beispielsweise für einen Sender oder in Empfängerschaltungen - zu erzeugen, sie also als Oszillatoren einzusetzen. Natürlich benötigt man in der modernen Nachrichtentechnik sehr hochwertige Oszillatoren, wie sie beispielsweise mit Quarzoszillatoren etc. realisiert werden können. Schwingkreise lassen sich auch kombinieren, um die nach außen wirksame Kreisgüte zu optimieren. Generell muss natürlich erkannt werden, dass es in der Praxis keine idealen - also reine - Reihen- oder Parallelschwingkreise gibt. Wie wir wissen, ist jeder Leiter für sich genommen bereits eine Induktivität, die durchaus bei sehr hohen Frequenzen auf den Schwingkreis einwirken kann. Auch stellen beispielsweise Leiterbahnen auf den Platinen zueinander Kapazitäten dar, die streng genommen mit berücksichtigt werden müssen. Ein Schwingkreis wird zudem niemals für sich selbst betrachtet in einer Schaltung betrieben. Sowohl die Schaltung am Kreiseingang als auch die am Kreisausgang beeinträchtigen das Verhalten des Kreises. Man kann diese - oft unerwünschten - Effekte durch Verwendung von abstimmbaren Kapazitäten und Induktivitäten kompensieren, was natürlich für die Serienproduktion recht aufwändig und teuer ist. Darüber hinaus gibt es die Möglichkeit, die Schaltungen so zu dimensionieren, dass sie mit einer sehr großen Bandbreite arbeiten können, also eine hohe Toleranz für Frequenzabweichungen zeigen. Das macht die Schaltung zwar bedeutend billiger, führt aber dazu, dass zwangsweise in „fremden Teichen gefischt" wird, weil die Schaltung andere - möglicherweise reservierte - Frequenzbereiche schneidet und dort arbeitende Geräte stört.

Generell ist der Schwingkreis jedoch für die RFID-Technologie, wo es speziell beim Design der Transponder auf Miniaturisierung und geringe Kosten ankommt, eine sehr wichtige Grundschaltung. Mit Hilfe von Schwingkreisen lassen sich aber nicht nur Oszillatoren herstellen, sondern - das wurde in den vorangegangenen Ausführungen besonders deutlich - auch Filterkreise. Während Reihenschwingkreise den Strom bei Resonanz optimal fließen lassen, blockieren ihn Parallelschwingkreise. Aus der Zusammenschaltung mehrerer Reihen- oder Parallelschwingkreise lassen sich sehr steilflankige *Bandpässe* und *Bandfilter* herstellen.

2.5 Filterschaltungen

Wir bemerken es nicht, doch um uns herum schwingt und strahlt es im ganz großen Stil. Die verschiedensten elektromagnetischen Funkwellen umgeben uns und die elektronischen Geräte, die wir tagtäglich nutzen. Geräte, die auf bestimmten Frequenzen Informationen übertragen möchten, müssen also dafür sorgen, dass sie im Frequenzdschungel stets nur die für sie wichtigen Signale aussenden, empfangen und intern verarbeiten. Alle unnötigen Signale stören die eigene Funktion und sie kosten Energie. Gerade für die kleinen passiven RFID-Transponder, die möglicherweise nur eine geringe Energiemenge aus einem sie umgebenden magnetischen Feld aufnehmen und dennoch eine klare Information zurück an den Reader übertragen sollen, ist es von großer Wichtigkeit, die entscheidenden Frequenzen aus dem riesigen Gemisch elektromagnetischer Wellen herausfiltern und nutzen zu können. Hierzu dienen *Filterschaltungen.*

Filter können auf vielfältige Weise hergestellt werden. Es ist immer ein Kompromiss zwischen der Trennschärfe und den Kosten zu suchen. So werden ausschließlich aus frequenzabhängigen Bauteilen realisierte Filterschaltungen eine wesentlich höhere Trennschärfe haben, dafür jedoch meist auch deutlich teurer sein, als solche Filter, die teilweise mit Ohmschen Komponenten arbeiten.

2.5.1 Preiswerte RC-/RL-Filterschaltungen

Mit Hilfe eines frequenzabhängigen und eines Ohmschen Widerstandes lassen sich einfache Spannungsteiler gestalten, deren Wirkung von der Signalfrequenz abhängig sind. Je nachdem, von welchem Bauteil der Signalausgang abgegriffen wird, sprechen wir von einem Hoch- oder einem Tiefpass. Ein Hochpass ist eine Schaltung, die Signale hoher Frequenzen möglichst verlustfrei passieren lässt, während niedrigere Frequenzen so stark gedämpft werden, dass sie in den weiteren Schaltungen am Ausgang des Filters keine Rolle mehr spielen. Bei einem Tiefpass verhält es sich entsprechend umgekehrt.

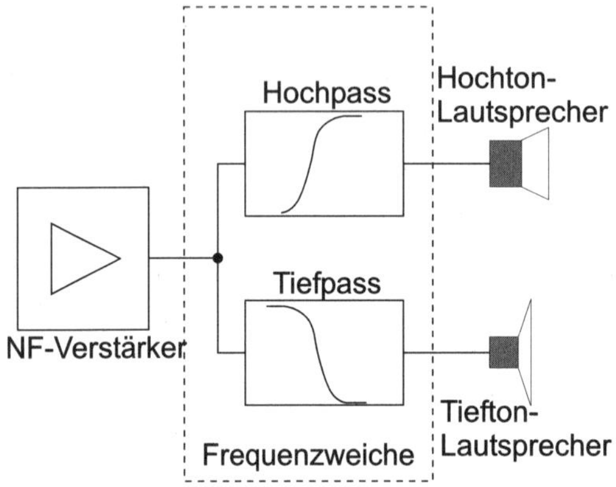

Abb. 2.34: Prinzip von Hoch- und Tiefpassschaltungen am Beispiel eines einfachen Zwei-Wege-Lautsprechersystems.

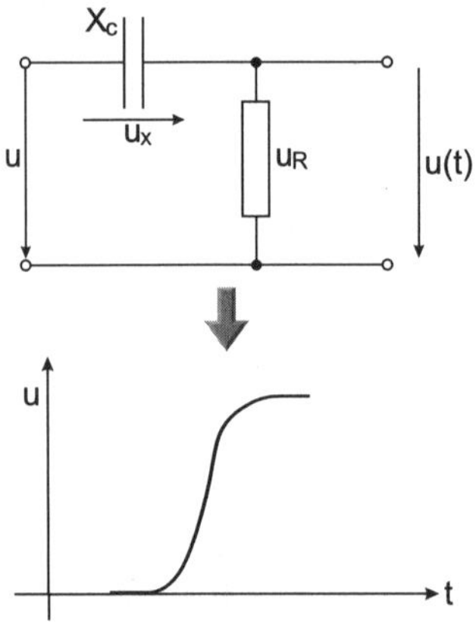

Abb. 2.35: Schaltung eines RC-Hochpasses.

Die Wirkungsweise von Hoch- und Tiefpass kann man sich am besten beim Design von Lautsprecherboxen ansehen: Um die Energien des Verstärkerausgangs möglichst effektiv nutzen zu können, filtert man die Tonfrequenzsignale so, dass tiefe Töne ausschließlich auf den dafür dimensionierten Lautsprecher geleitet werden. Hohe Töne erreichen ihrerseits - über einen Hochpass - den für die Wiedergabe hoher Tonfrequenzen ausgelegten Lautsprecher.

Die nachfolgend gezeigten Beispiele für Hoch- und Tiefpassschaltungen sind als frequenzabhängige Spannungsteiler zu verstehen. Bei einer Dimensionierung dieser Schaltungen ist immer der Unterschied zwischen einem unbelasteten und dem belasteten Spannungsteiler zu beachten. In der Praxis müssen also die Impedanzen der am Ausgang dieser Filter betriebenen Schaltungen beachtet werden.

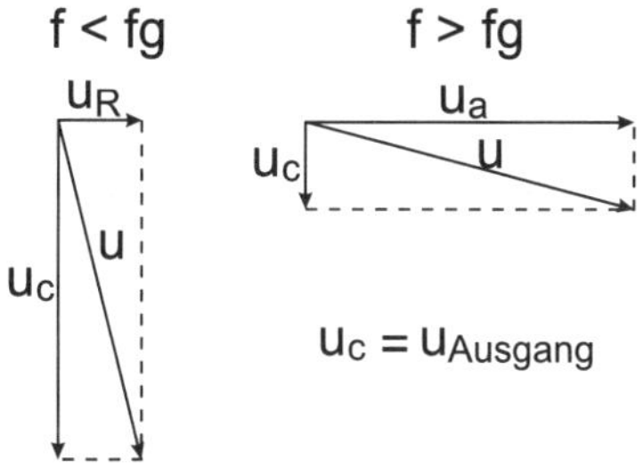

Abb. 2.36: Bei niedrigen Frequenzen ist der kapazitive Widerstand im Verhältnis zum Ohmschen Widerstand sehr groß. Hohe Frequenzen reduzieren den kapazitiven Widerstand, so dass dieser im Verhältnis zum Ohmschen Widerstand klein wird. Die Ausgangsspannung steigt also. Wegen der Verhältnisse von Strom und Spannung innerhalb des Kondensators eilt die Ausgangsspannung in der Phasenlage der Eingangsspannung voraus.

2.5.1.1 RC- und RL-Hochpass

Ein Spannungsteiler aus einer Kapazität (Kondensator) und einem Ohmschen Widerstand wirkt wie ein Hochpass, wenn die Ausgangsspannung am Ohmschen Widerstand abgegriffen wird. Bei hohen Frequenzen ist der Widerstand des Kondensators sehr gering ($X_C = 1/\omega C$). Entsprechend gering ist auch der Spannungsabfall am Kondensator. Der Ohmsche Widerstand ist über das gesamte Frequenzspektrum konstant. Im Verhältnis zum kapazitiven Widerstand bei hohen Frequenzen ist dieser nun aber ein vergleichsweise hoher Widerstand, an dem deshalb die größere Teilspannung abfällt.

Die gleiche Schaltung wirkt für niedrige Frequenzen stark dämpfend, denn der Kondensator stellt für diese Frequenzen einen sehr hohen Widerstand dar. Obwohl der Wert des Ohmschen Widerstandes nach wie vor unverändert ist, haben sich durch den gestiegenen kapazitiven Widerstand die Verhältnisse des Spannungsteilers geändert. Der Einfluss des kapazitiven Widerstandes und damit verbunden der Spannungsabfall am Kondensator ist größer geworden. Am Ohmschen Widerstand fällt entsprechend nur noch ein geringer Anteil der Eingangsspannung ab.

Anstelle eines Kondensators kann eine Hochpassschaltung auch mit einer Spule realisiert werden, jedoch ist die Spule in diesem Fall das Bauteil, an dem die Ausgangsspannung des Hochpasses abgegriffen werden muss. Die Spule ist für Gleichströme gewissermaßen ein Kurzschluss und stellt entsprechend für Ströme mit niedrigen Frequenzen einen geringen Widerstand dar. Für hohe Frequenzen ist der induktive Widerstand der Spule dagegen sehr groß.

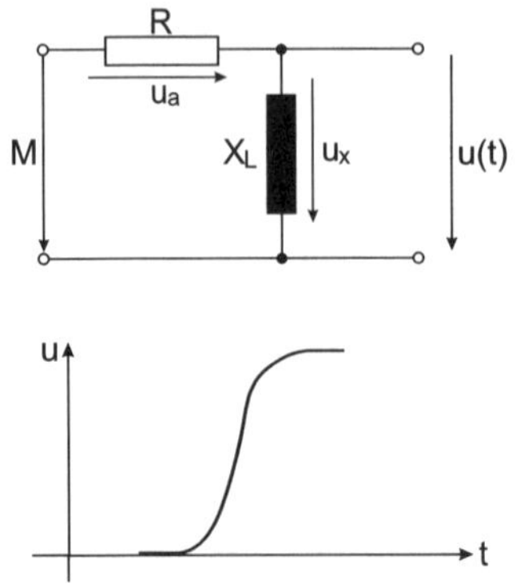

Abb. 2.37: Schaltung eines RL-Hochpasses.

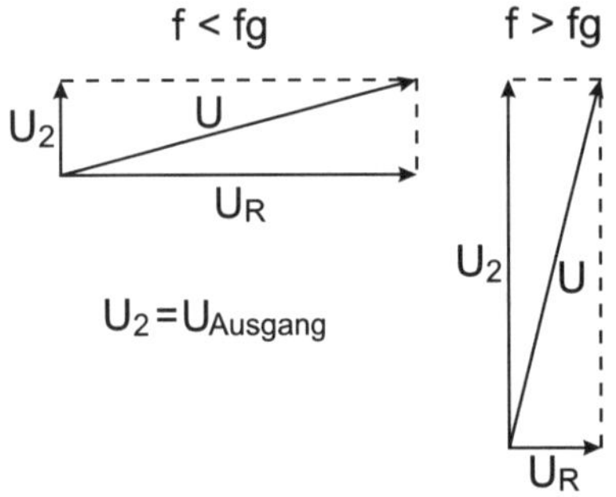

Abb. 2.38: Die Zeigerdiagramme verdeutlichen das Prinzip: Bei niedrigen Frequenzen ist der Spannungsabfall an der Spule gering. Am Ausgang des Hochpasses ist dieses Signal vernachlässigbar klein. Erst mit steigender Frequenz nimmt der Spannungsabfall an der Spule zu. Wegen der Verhältnisse von Strom und Spannung innerhalb der Spule eilt die Ausgangsspannung in der Phasenlage der Eingangsspannung voraus.

Die Ausführungen zeigen, dass es nicht direkt auf die absoluten Werte der einzelnen Bauteile, sondern vielmehr auf deren Verhältnisse zueinander ankommt. Als Grenzfrequenz des Hochpasses wird die Frequenz definiert, bei welcher der Ohmsche und der frequenzabhängige Widerstand jeweils vom Betrag her gleich groß sind. Wie wir wissen, stehen die frequenzabhängigen Widerstände in einer grafischen Darstellung mit Zeigern senkrecht zur Ohmschen Größe, was sich aus den unterschiedlichen zeitlichen Verläufen von Strom und Spannung erklären lässt. Auch der Begriff der Grenzfrequenz (f_g) ist nicht neu. Sie haben ihn bereits im Zusammenhang mit den Schwingkreisen in den vorangegangenen Abschnitten kennen gelernt. Wir verzichten daher an dieser Stelle auf eine detaillierte Herleitung und wollen lediglich die Zusammenhänge darstellen.

Sind beide Widerstände (induktiver bzw. kapazitiver Widerstand und der Ohmsche Widerstand) gleich groß, was bei der Grenzfrequenz der Fall ist, dann sind auch die Spannungsabfälle an ihnen jeweils gleich groß. Allerdings müssen diese wie schon dargestellt geometrisch addiert werden, was letztlich dazu führt, dass die Höhe der Ausgangsspannung ca. 70 % der Eingangsspannung beträgt. Es gilt:

$$u_0 = u \cdot 0,707$$

Der Faktor 0,707 entspricht dem Kehrwert der Wurzel aus 2. Dieser Faktor entsteht aus der Auflösung der geometrischen Beziehung der Größen nach dem Satz des Phytagoras. Beachten Sie dazu auch die Ausführungen ab Seite 57.

Für die Widerstände gilt entsprechend bei der Grenzfrequenz:

$R = X_C$ bzw. $R = X_L$

Für den RC-Hochpass bedeutet dies:

$$R = \frac{1}{\omega C}$$

mit

$$\omega = 2\pi f_g$$

Aufgelöst nach der Grenzfrequenz ergibt sich daraus:

$$f_g = \frac{1}{2\pi RC}$$

Analog dazu sieht es beim RL-Hochpass aus. Hier gilt:

$$R = \omega L$$

mit

$$\omega = 2\pi f_g$$

Auch diese Beziehung lässt sich nach der Grenzfrequenz auflösen:

$$f_g = \frac{R}{2\pi L}$$

2.5.1.2 RC- und RL-Tiefpass

Sollen vorzugsweise Signale mit tiefen Frequenzen die Schaltung passieren können, dann wird ein so genannter Tiefpass verwendet. Auch hier haben wir es wieder mit einem frequenzabhängigen Spannungsteiler zu tun. Im Gegensatz zu den vorangehend beschriebenen Schaltungen wird der Ausgang beim Tiefpass an dem Widerstand abgegriffen, der für hohe Frequenzen den relativ großen Widerstand darstellt. Sehen wir uns zunächst einmal den RC-Tiefpass an.

Der kapazitive Widerstand des Kondensators ist speziell bei niedrigen Frequenzen sehr hoch. Für hohe Frequenzen stellt er dagegen nahezu einen Kurzschluss dar. Deshalb wird der Ausgang eines RC-Tiefpasses direkt am Kondensator abgegriffen, der bei Frequenzen unterhalb der Grenzfrequenz im Verhältnis zum stets konstanten Ohmschen Widerstand den größeren Spannungsabfall verursacht.

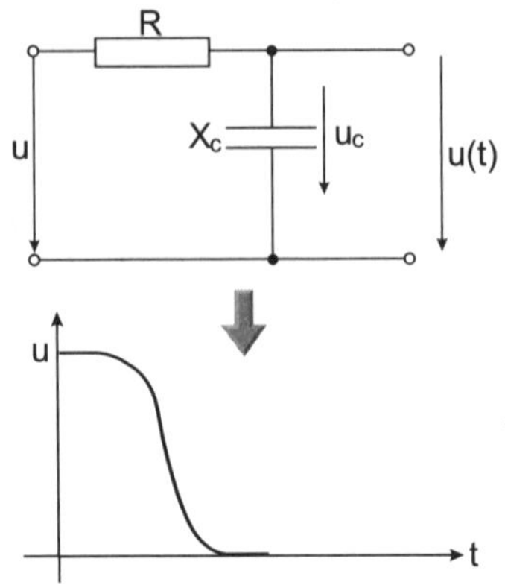

Abb. 2.39: Prinzip des RC-Tiefpasses.

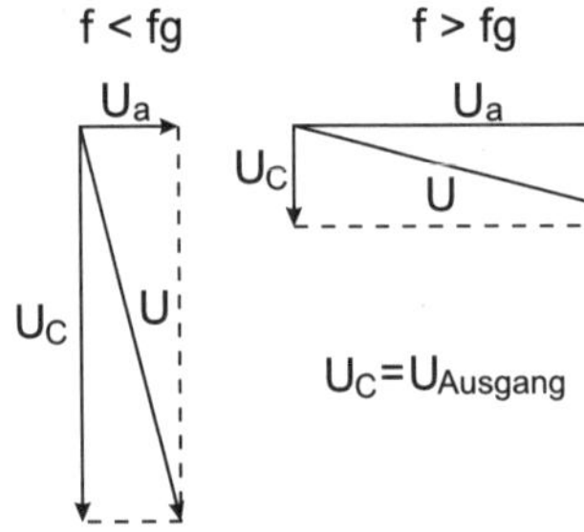

Abb. 2.40: Spannungsverhältnisse am RC-Tiefpass: Bei niedrigen Frequenzen fällt am Kondensator eine große Spannung ab. Die Ausgangsspannung eilt aufgrund der Verhältnisse von Strom und Spannung innerhalb des Kondensators der Eingangsspannung nach.

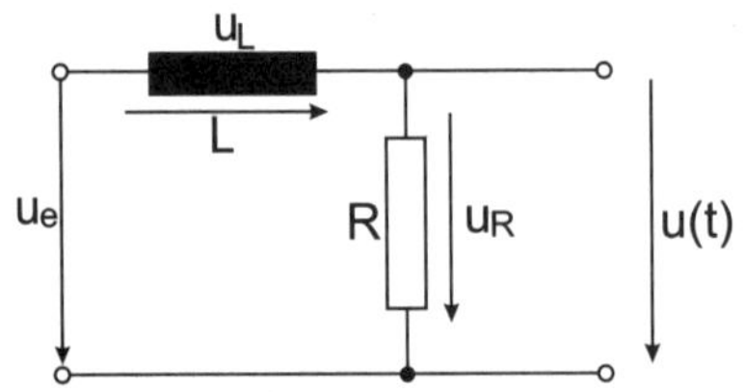

Abb. 2.41: Schaltung eines RL-Tiefpasses.

Auch mit einer Schaltung aus einer Spule und einem Ohmschen Widerstand lässt sich ein Tiefpass realisieren. Hier muss berücksichtigt werden, dass der induktive Widerstand der Spule bei niedrigen Frequenzen sehr klein ist. Sollen gerade diese niedrigen Frequenzen am Ausgang verfügbar sein, so muss dementsprechend der Abgriff am Ohmschen Widerstand erfolgen.

Bei hohen Frequenzen nimmt der Widerstand der Spule deutlich zu, was - sobald der induktive Widerstand größer ist als der Ohmsche Widerstand - einen hohen Spannungsabfall zur Folge hat. Die Spannung am Ausgang sinkt bei hohen Frequenzen deutlich ab.

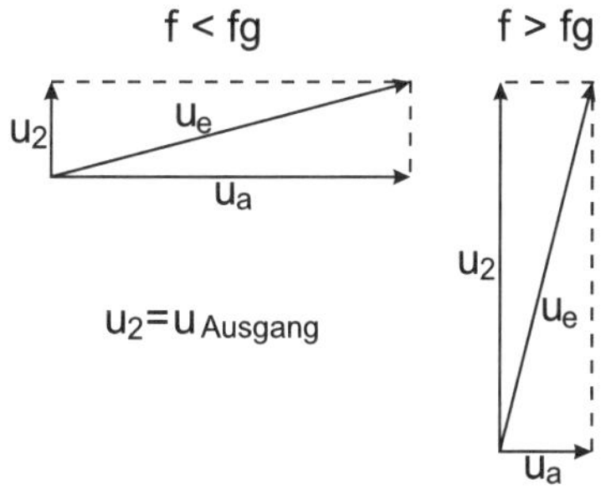

Abb. 2.42: Spannungsverhältnisse am RL-Tiefpass. Für niedrige Frequenzen stellt die Spule keinen nennenswerten Widerstand dar. Der größere (geometrische) Anteil der Eingangsspannung fällt also am Ohmschen Widerstand (R) ab. Bei hohen Frequenzen steigt der induktive Widerstand jedoch deutlich an, so dass der Spannungsabfall an R sinkt. Wegen der zeitlichen Verhältnisse von Strom und Spannung innerhalb der Spule eilt die Ausgangsspannung der Eingangsspannung in der Phasenlage nach.

Die Definition der Grenzfrequenzen entspricht bei den RC- und RL-Tiefpässen der, wie sie bereits im Zusammenhang mit den Hochpassschaltungen erläutert wurde. Die Ausgangsspannung beträgt auch hier wieder bei der Grenzfrequenz ca. 70 % der Eingangsspannung des Tiefpasses.

2.5.2 LC-Filterschaltungen

Wie wir bereits im Zusammenhang mit den Schwingkreisen gesehen haben, führen Ohmsche Widerstandseinflüsse zu einer deutlichen Abflachung der Strom- und Spannungsverläufe am Ausgang der Schaltung. Kommt es aber auf eine hohe Trennschärfe zwischen dem niedrigen und dem hohen Frequenzbereich an, sind RC- bzw. RL-Schaltungen nicht mehr geeignet, um diese Anforderungen zu erfüllen. Man verwendet stattdessen Filterschaltungen, die ausschließlich - von den bekannten Verlustwiderständen des Spulendrahtes und des Kondensator-Dielektrikums abgesehen - aus Induktivitäten und Kapazitäten bestehen.

Theoretisch könnte man sehr einfache Spannungsteiler aus Spulen und Kondensatoren konstruieren. Man beschreitet jedoch bei LC-Filtern einen anderen Weg und setzt auf die Kombination zweier LC-Halbglieder. Entsprechend der Anordnung der Bauteile spricht man von T- und π-Filterschaltungen.

Die Bezeichnungen leiten sich von der optischen Form des Schaltbildes ab. Die π-Schaltung besitzt jeweils ein frequenzabhängiges Bauteil (gleicher Art) parallel am Ein- und am Ausgang. Dazwischen wird das jeweilige Pendant in Reihe zum Ein- bzw. Ausgang geschaltet. Bei der T-Schaltung ist die schaltungstechnische Anordnung genau umgekehrt: An den Ein- und Ausgängen werden die frequenzabhängigen Bauteile in Reihe zum Stromfluss geschaltet. In der Mitte wird das jeweilige Pendant parallel zum Ein- bzw. Ausgang gesetzt.

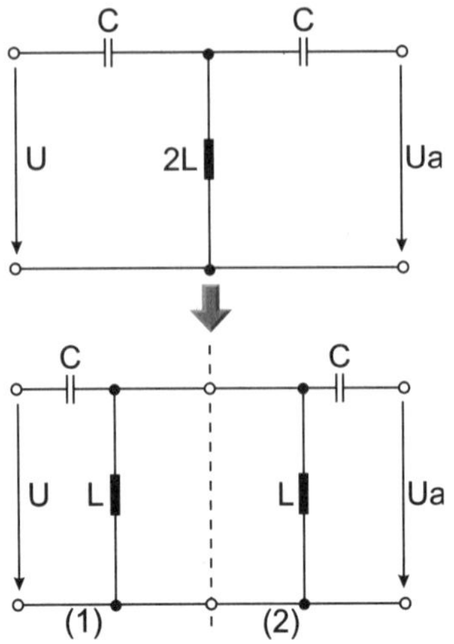

Abb. 2.43: LC-Hochpass in der so genannten T-Schaltung: Sie muss als Zusammenschluss zweier Halbglieder (1) und (2) verstanden werden, die jeweils spiegelbildliche LC-Hochpassschaltungen aus L und C darstellen.

2.5.2.1 LC-Hochpassschaltungen

Markantes Beispiel einer Hochpassschaltung ist die Anordnung des Kondensators bzw. der Kondensatoren direkt zwischen dem Ein- und dem Ausgang des Filters. Bei hohen Frequenzen ist der kapazitive Widerstand sehr gering und verursacht damit nur vergleichsweise geringe Verluste für die Signalenergie. Die Induktivitäten wirken bei hohen Frequenzen jedoch sehr hochohmig. Das kennen wir alles schon von den RC- bzw. RL-Hochpassschaltungen. Allerdings hatten wir es dabei mit einer stets konstanten Widerstandsgröße, nämlich dem Ohmschen Widerstand, zu tun. In einer LC-Schaltung sind beide Elemente - sowohl der kapazitive als auch der induktive Widerstand - von der Frequenz abhängig. Mehr noch: Ihre Verhaltensweisen ergänzen einander. Während der kapazitive Widerstand mit steigender Frequenz fällt, steigt gleichzeitig der induktive Widerstand. Damit wird der Übergang aus dem Sperr- in den Durchlassbereich des Filters in der Nähe der Grenzfrequenz wesentlich steiler. Es wird eine bedeutend größere Trennschärfe zwischen den Frequenzbereichen erreicht, als dies mit einfachen RC-Schaltungen möglich wäre.

2.5.2.2 LC-Tiefpassschaltungen

Analog zu den LC-Hochpassschaltungen gibt es auch Tiefpässe, die aus reinen LC-Schaltungen realisiert werden. Auch hier gibt es wieder die zwei Alternativen der T- und der π-Schaltung. Beide Schaltungsanordnungen profitieren davon, dass sich die Einflüsse der Frequenz auf die Widerstände der Bauteile ergänzen. Ein fallender Widerstand der Spule bei niedrigen Frequenzen wird vom steigenden Widerstand des Kondensators begleitet.

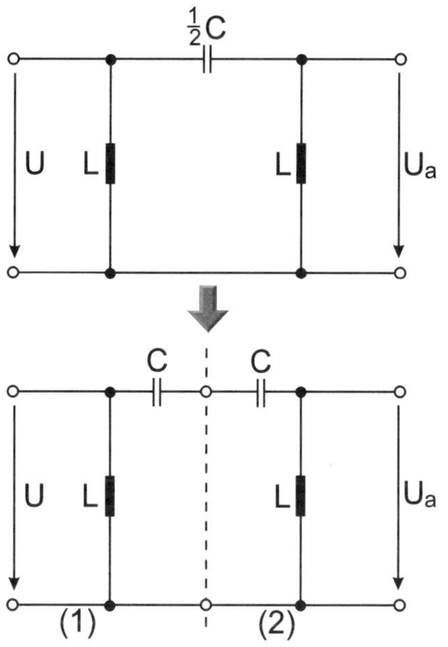

Abb. 2.44: LC-Hochpass in der so genannten π-Schaltung. Auch diese Schaltung stellt einen Zusammenschluss zweier LC-Hochpass-Halbglieder dar, jedoch liegt direkt am Ein- und am Ausgang der Schaltung die Spule.

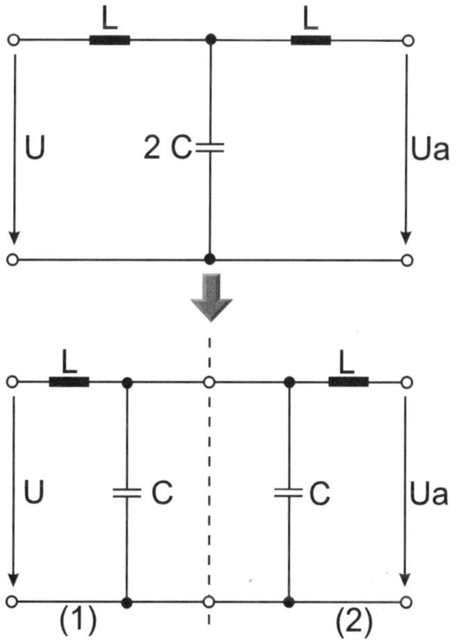

Abb. 2.45: LC-Tiefpass in der so genannten T-Schaltung.

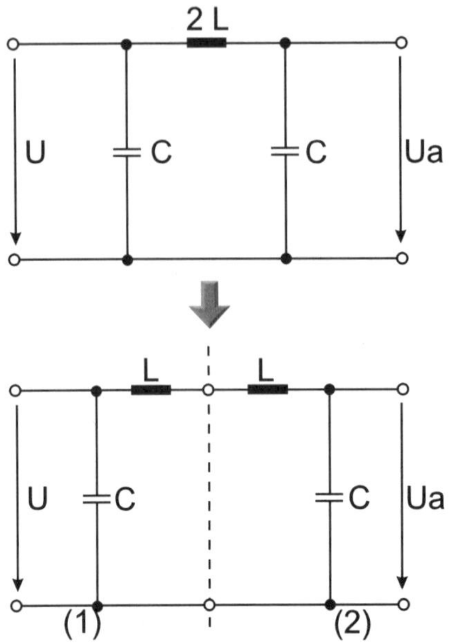

Abb. 2.46: LC-Tiefpass in der so genannten π-Schaltung.

2.5.2.3 Anpassung von Ein- und Ausgangsimpedanz

Wir haben bereits im Zusammenhang mit den RC- bzw. RL-Schaltungen gesehen, dass sowohl Hoch- und Tiefpässe im Grunde genommen nichts anderes sind als Spannungsteiler. Auch die LC-Schaltungen sind ausgesprochen sensibel hinsichtlich der am Ausgang und am Eingang herrschenden Widerstandsverhältnisse. Nur dann, wenn die Anpassung der Schaltung an die Ein- und Ausgangsimpedanz möglichst ideal ist, zeigen die Schaltungen ihre steilflankigen Filtereigenschaften.

Nun ist Ihnen sicher aufgefallen, dass wir in den vorangegangenen Abschnitten noch keine Ausführungen zur Dimensionierung der Filterschaltungen gemacht haben. Das wollen wir an dieser Stelle nachholen. Eine wesentliche Größe kennen Sie bereits aus den Betrachtungen der Schwingkreise: den *Kennwiderstand* (X). Er errechnet sich aus:

$$X = \sqrt{\frac{L}{C}}$$

Um die Schaltungen optimal abzuschließen, müßte also ein Eingangswiderstand Ri = X und ein Lastwiderstand Ra = X gewählt werden. Allerdings sind LC-Filter recht steilflankig. Leichte Abweichungen von der Grenzfrequenz können also bereits dazu führen, dass das Filter gewünschte Signale blockiert. Man nimmt deshalb gewisse Fehlanpassungen in Kauf, um die Kosten der Schaltungen nicht durch extreme Präzision unnötig zu verteuern. Am Ausgang des T-Filters bleibt man deshalb mit dem Lastwiderstand der nachfolgenden

Schaltung ca. 15 % bis 20 % unterhalb des Kennwiderstandes. Bei einem π-Filter dimensioniert man die Schaltung so, dass der Lastwiderstand ca. 20 % bis 25 % über dem Kennwiderstand liegt.

Die Grenzfrequenzen müssen ebenfalls entsprechend auf der sicheren Seite kalkuliert werden: So dimensioniert man das Filter bei Tiefpässen so, dass die Grenzfrequenz noch ca. 10 % über der maximal zu übertragenen Signalfrequenz liegt. Je nach Präzision der angeschlossenen Schaltungen kann man diese Toleranz natürlich auch enger setzen.

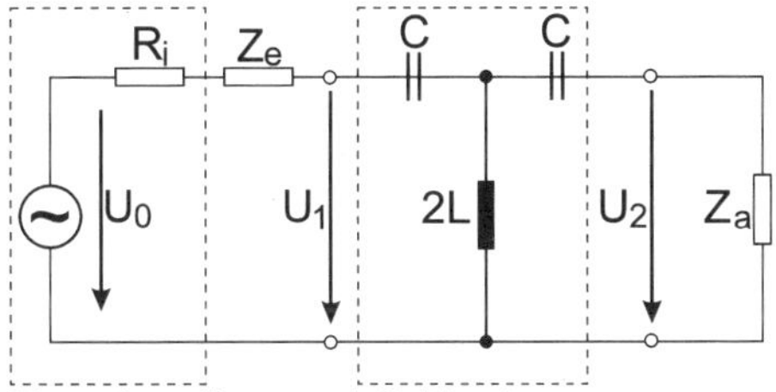

Abb. 2.47: Ideal angepasst ist dieser LC-Hochpass, wenn sowohl die Eingangsimpedanz (R_i + Z_e) als auch die Ausgangsimpedanz (Z_a) dem Betrag des Kennwiderstandes (X = sqrt(L/C)) entsprechen. Um die Funktion der Schaltung jedoch auch bei Frequenzschwankungen zu garantieren, werden gewisse Abweichungen von der idealen Anpassung kalkuliert.

Bei LC-Hochpassschaltungen wird die Grenzfrequenz entsprechend 10 % unter der noch zu übertragenden minimalen Signalfrequenz festgelegt. Ebenso gilt auch hier, dass diese Toleranz natürlich im Wesentlichen durch die Güte und die Frequenzstabilität der gesamten Schaltung beeinflusst wird und bei einem sehr hochwertigen Schaltungsdesign entsprechend knapper gewählt werden kann.

2.5.3 Schwingkreise für Bandpässe und Bandsperren

Den Abschluss dieses Kapitels wollen wir mit einem kurzen Einblick in die Technik der LC-Bandsperren und Bandfilter setzen. Sie erinnern sich an unsere Ausführungen zu den Schwingkreisen. Der Reihenschwingkreis wirkt bei Resonanz niederohmig und der Parallelschwingkreis entsprechend hochohmig. Diese Eigenschaften kann man sich zunutze machen, um Filter zu bauen, die ausschließlich Signale bestimmter Frequenzen bzw. in genau definierten Frequenzbändern passieren lassen oder diese gezielt sperren.

2.5.3.1 LC-Bandpässe und -Bandsperren

Einfache Bandsperren bzw. Bandfilter lassen sich aus zwei Schwingkreisen realisieren. Dabei gelten allgemein folgende Regeln:

- Eine Bandsperre wird mit einem Parallelschwingkreis im Längspfad und einem Reihenschwingkreis im Querpfad der Schaltung realisiert.

- Ein Bandpass wird entsprechend umgekehrt durch einen Reihenschwingkreis im Längspfad und einen Parallelschwingkreis im Querpfad gebaut.

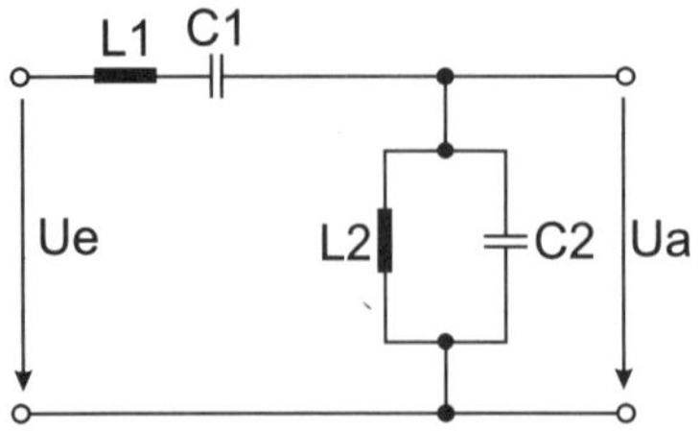

Abb. 2.48: Einfacher Bandpass aus zwei Schwingkreisen: Der Reihenschwingkreis befindet sich im Längspfad der Schaltung, während im Querpfad ein Parallelschwingkreis dafür sorgt, dass im Resonanzbereich eine hohe Signalspannung am Ausgang abgegriffen werden kann.

Die Berechnung eines Schwingkreises haben Sie bereits kennen gelernt, doch bei welcher Frequenz arbeitet nun eine Bandsperre oder ein Bandpass aus zwei Schwingkreisen? Das ist eine durchaus berechtigte Frage, denn in der Regel werden die verwendeten Schwingkreise nicht auf eine gemeinsame Resonanzfrequenz abgeglichen, sondern es werden verschiedene - nahe beieinander liegende Frequenzen gewählt. Die den Bandpass oder die Bandsperre kennzeichnende Frequenz ist die so genannte *Mittenfrequenz* (f_m).

Die Resonanzfrequenz eines Schwingkreises errechnet sich aus:

$$f_0 = \frac{1}{2\pi \cdot \sqrt{LC}}$$

Es gelten demnach für jeden einzelnen Schwingkreis:

$$f_{01} = \frac{1}{2\pi\sqrt{L_1 C_1}}$$

und

$$f_{02} = \frac{1}{2\pi\sqrt{L_2 C_2}}$$

Die Mittenfrequenz wird wiederum als geometrisches Mittel aus f_{01} und f_{02} ermittelt. Es gilt:

$$f_m = \sqrt{f_{01} \cdot f_{02}}$$

Komplexere Bandsperren und Bandpässe werden mit mehreren Schwingkreisen realisiert. Hier begegnen uns wieder bekannte Schaltungsmuster wie die T- und die π-Schaltung. Derartige Bandpässe und Bandsperren sind sehr steilflankig und bieten damit eine sehr gute Trennschärfe. Die eben gezeigten Beziehungen zur Ermittlung der Mittenfrequenz behalten ihre Gültigkeit, wenn die Halbglieder der Schaltungen identisch aufgebaut sind.

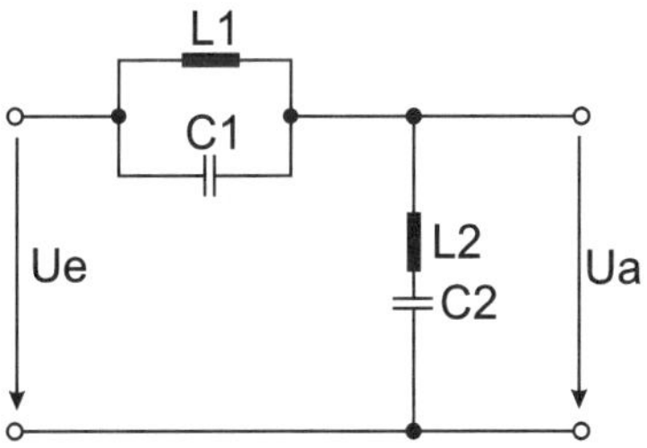

Abb. 2.49: Einfache Bandsperre aus zwei Schwingkreisen: Der Parallelschwingkreis im Längspfad sperrt Signale mit seiner Resonanzfrequenz. Zusätzlich wirkt der Reihenschwingkreis im Querpfad für diesen Frequenzbereich wie ein Kurzschluss des Ausgangs.

2.5.3.2 Lose gekoppelte Bandfilter

Während die zuvor dargestellten Bandpässe und Bandsperren möglichst präzise ein- und ausgangsseitig mit Impedanzen gleich oder nahe dem Kennwiderstand der Schaltung abgeschlossen werden müssen, arbeiten die nachfolgend beschriebenen Schaltungen am besten, wenn an deren Ein- und Ausgängen möglichst hochohmige Impedanzen angeschlossen werden. Gerade für passive RFID-Transponder, die möglichst energiesparend realisiert werden müssen, ist dies von großem Vorteil.

Diese Bandfilterschaltungen bestehen in der Regel aus zwei Schwingkreisen, die lose - entweder induktiv oder kapazitiv - miteinander gekoppelt werden. Die Schwingkreise werden meist identisch dimensioniert und haben somit auch die gleiche Resonanzfrequenz. Deren Berechnung wurde bereits in diesem Kapitel erläutert. Die entscheidende Größe dieser Schaltungen ist der Kopplungsfaktor (k). Er gibt an, welcher Energieanteil vom Primärkreis auf den Sekundärkreis übertragen wird. Von der Kopplung hängt darüber hinaus die Form der Durchlasskurve ab. Sie bestimmt letztlich u. a. die Bandbreite der Schaltung. Wie Sie bereits von den Ausführungen zu den Schwingkreisen wissen, hängt die Bandbreite maßgeblich mit der Güte (Q) zusammen. Diese spielt auch in der Realisation zum Kopplungsfaktor eine Rolle. Man bezeichnet das Verhältnis

$$k = \frac{1}{Q}$$

auch als *normierte Kopplung.*

Für die Kopplung der Schwingkreise kommen drei Methoden in Betracht:

- die induktive Kopplung
- die kapazitive Spannungskopplung
- die Stromkopplung.

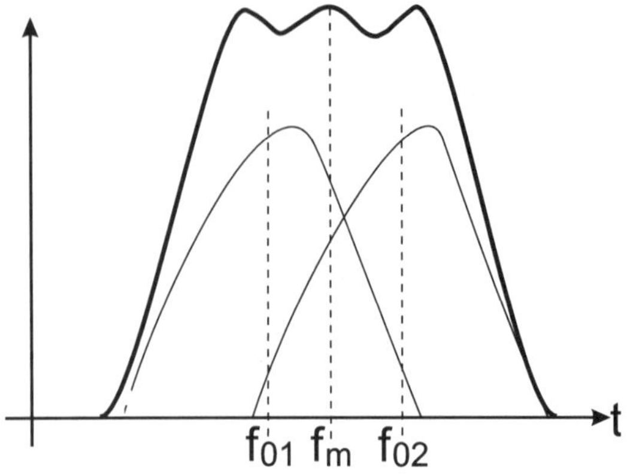

Abb. 2.50: Die Widerstandsverläufe des Saug- und des Sperrkreises ergänzen sich, wenn ihre Anordnung in der gezeigten Form einer Filterschaltung erfolgt. Weichen ihre Resonanzfrequenzen voneinander ab, so entsteht ein breiter Durchlassbereich bei relativ steilen Flanken außerhalb dieses Frequenzbereiches.

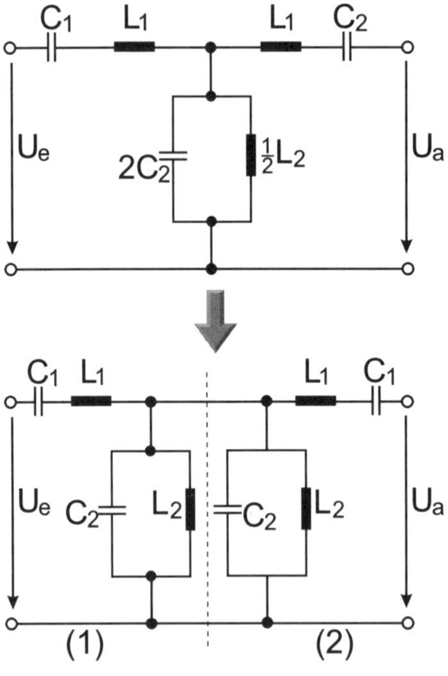

Abb. 2.51: Beispiel eines LC-Bandpasses in T-Schaltung: Der Parallelschwingkreis im Querpfad muss als Parallelschaltung zweier gleichartiger Schwingkreise betrachtet werden. Bei der gedanklichen Zerlegung der Schaltung in zwei Halbglieder wird der Bezug zu den vorangehenden Gleichungen deutlich.

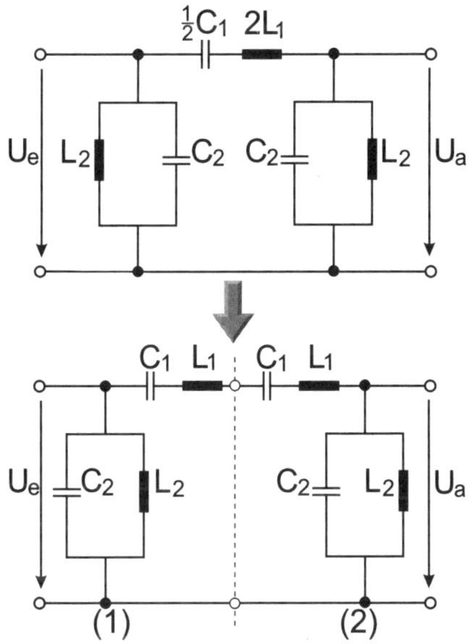

Abb. 2.52: Beispiel eines LC-Bandpasses in π-Schaltung: Auch hier muss der Saugkreis im Längspfad wieder als Reihenschaltung zweier gleichartiger Schwingkreise verstanden werden.

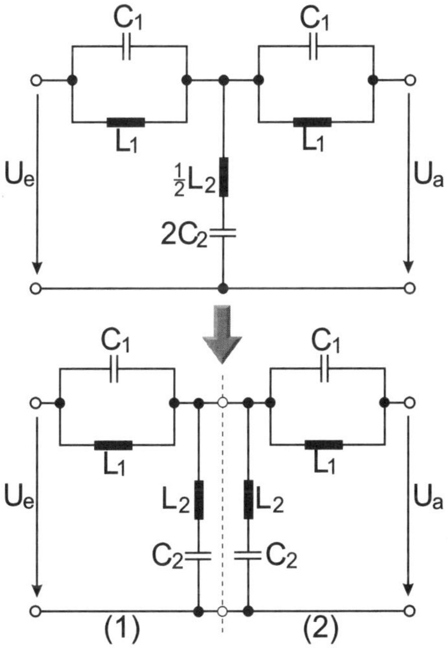

Abb. 2.53: Beispiel einer LC-Bandsperre in T-Schaltung.

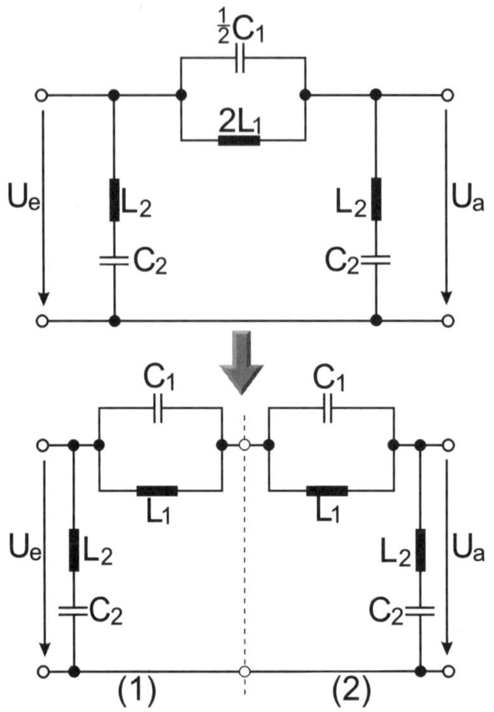

Abb. 2.54: Beispiel einer LC-Bandsperre in π-Schaltung.

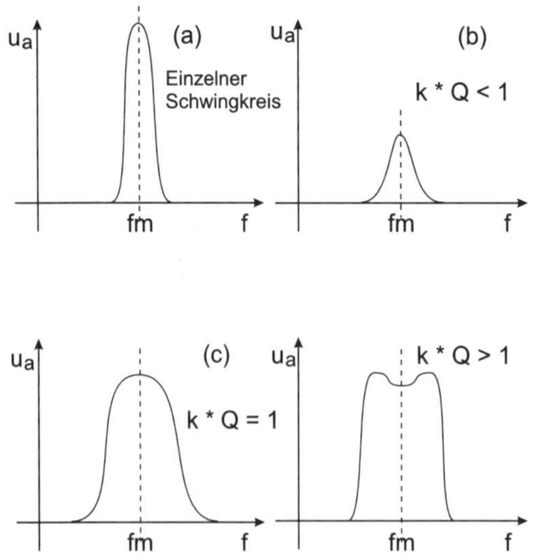

Abb. 2.55: Die Skizzen zeigen die Verläufe der Ausgangsspannungen eines einfachen Schwingkreises (a), sowie eines Filters mit unterkritischer Kopplung (b), kritischer Kopplung (c) und überkritischer Kopplung (d).

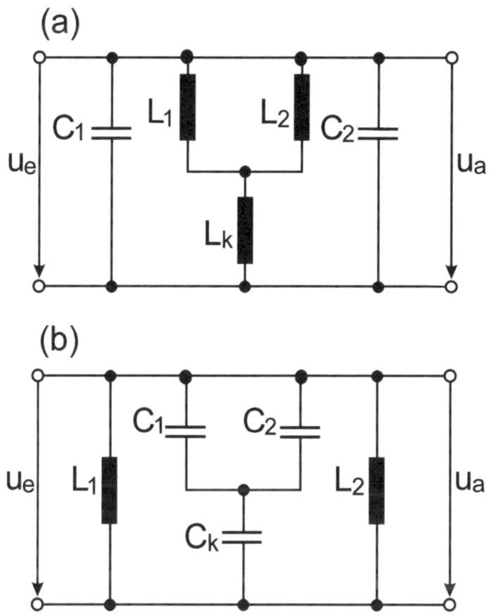

Abb. 2.56: Bei Filterschaltungen mit Stromkopplung unterscheidet man die induktive Stromkopplung (a) und kapazitive Stromkopplung (b).

Letztere kann sowohl als kapazitive als auch als induktive Stromkopplung dargestellt werden. Die kapazitive Stromkopplung erfolgt über einen Koppelkondensator, der zu beiden Kondensatoren des Ein- und des Ausgangsschwingkreises in Reihe geschaltet wird. Schaltungstechnisch ähnlich sieht die induktive Stromkopplung aus, bei der jedoch eine Koppelspule zu beiden Hauptspulen der jeweiligen Schwingkreise in Reihe geschaltet wird. Um eine hier unerwünschte induktive Kopplung zu vermeiden, werden die Hauptspulen jeweils individuell gegen Masse abgeschirmt.

Die *induktive Kopplung* kennen Sie bereits aus dem ersten Teil dieses Kapitels. Deren Kopplungsfaktor errechnet sich aus den beiden Hauptinduktivitäten (L_1 und L_2) und der Gegeninduktivität (M). Es gilt:

$$k = \frac{M}{\sqrt{L_1 \cdot L_2}}$$

Bei der *kapazitiven Spannungskopplung* wird der Kopplungsfaktor aus dem Verhältnis des Koppelkondensators (C_K) und dem Produkt der Kreiskapazitäten (C_1 und C_2) gebildet. Es gilt:

$$k = \frac{C_K}{\sqrt{C_1 \cdot C_2}}$$

Bleiben noch die Stromkopplungen. Die Berechnung des Kopplungsfaktors der *kapazitiven Stromkopplung* ist der vorangegangenen Formel sehr ähnlich, aber nicht mit ihr zu verwechseln:

$$k = \sqrt{\frac{C_1 \cdot C_2}{C_K}}$$

Der Kopplungsfaktor der induktive Stromkopplung ist etwas umfangreicher zu berechnen. Für ihn gilt:

$$k = \frac{L_K}{\sqrt{(L_1 + L_K) \cdot (L_2 + L_K)}}$$

Hier ist zu beachten, dass die induktive Kopplung der Hauptinduktivitäten L_1 und L_2 durch eine geeignete Abschirmung der Spule verhindert werden muss, um definierbare Ergebnisse mit der Schaltung zu erreichen.

Die Ausgangsspannung eines solchen Filters kann nach der folgenden Beziehung ermittelt werden:

$$u_a = \frac{I \cdot Z_0}{k \cdot Q + \frac{1}{k \cdot Q}}$$

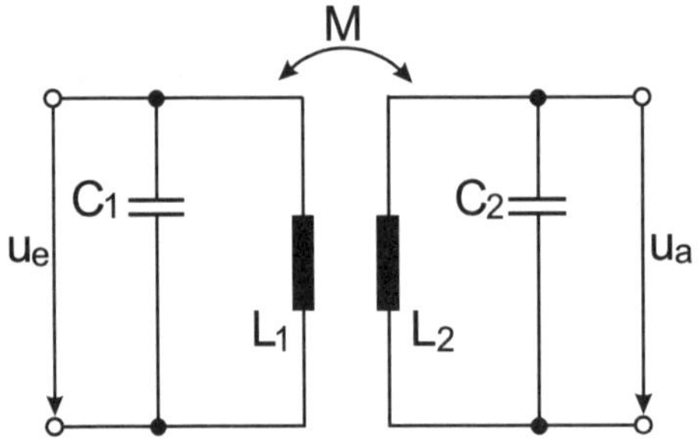

Abb. 2.57: Die induktive Kopplung wirkt wie eine Transformatorschaltung. Sie wird daher auch als transformatorische Kopplung bezeichnet.

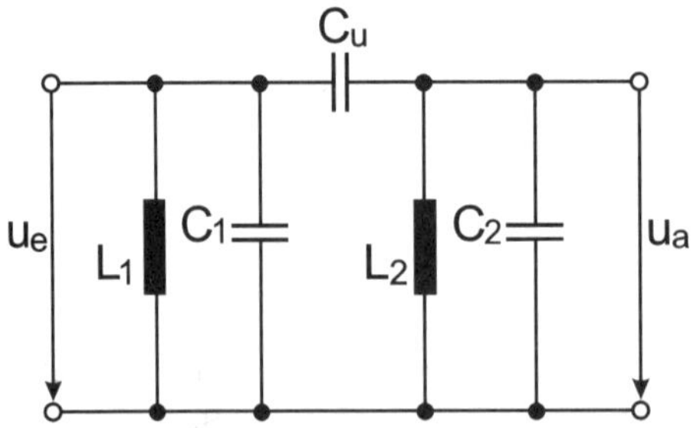

Abb. 2.58: Die kapazitive Spannungskopplung erfolgt über einen Kondensator, der die Schwingkreise im Längspfad miteinander verbindet.

3 Modulations- und Codierungsverfahren

Wenn wir Informationen - seien es analoge Bild- oder Tonfrequenzinformationen oder binäre Daten - über ein Funkmedium übertragen möchten, dann müssen wir uns dazu einer Trägerfrequenz bedienen, auf die wir die zu übermittelnden Informationen *aufmodulieren.* Bei RFID-Systemen werden ausschließlich binäre Informationen übertragen und hierbei kommen derzeit nur recht einfache Modulationsverfahren in Betracht. Wir werden uns also in diesem Kapitel nicht mit hoch spezialisierten Verfahren befassen, die beispielsweise schnelle analoge Modem verwenden oder wie sie in der WLAN-Technologie zum Einsatz kommen, sondern uns auf drei elementare Verfahren beschränken:

- Amplitudenmodulation
- Frequenzmodulation und
- Phasenmodulation

Können wir ausschließen, dass künftig auch Systeme mit dem Bedarf zur Übertragung sehr großer Datenmengen und damit auch mit komplexeren Modulationsverfahren eingesetzt werden? - Nein, das können wir natürlich nicht. Es würde jedoch den Rahmen dieses Buches sprengen, würden wir neben den drei oben genannten Verfahren auch Kombinationen dieser grundlegenden Modulationsarten wie beispielsweise die Quadraturamplitudenmodulation etc. behandeln.

3.1 Modulation als Begriff

Der Begriff *Modulation* kommt aus dem Lateinischen und bedeutet *Rhythmus* oder *Takt.* In der Nachrichtentechnik steht dieser Begriff sinngemäß für die Veränderung einer Trägerwelle im Rhythmus der zu übertragenden Information. Dabei darf Modulation keinesfalls mit einer Überlagerung verwechselt werden. Die beiden folgenden Abschnitte sollen dies verdeutlichen.

3.1.1 Einfache Signalüberlagerung

Man stelle sich folgende Schaltung vor: Zwei Oszillatoren, die jeweils eine bestimmte, nicht jedoch die gleiche Frequenz erzeugen, werden auf einen gemeinsamen Ausgang geschaltet. Einer der Oszillatoren erzeugt eine sehr hohe Frequenz, die im Bereich gängiger Trägerfrequenzen liegt. Der zweite Oszillator erzeugt ein Signal mit einer wesentlich niedrigeren Frequenz. Unumstritten werden wir am Ausgang ein Signal erkennen, das die

Summe beider Eingangssignale darstellen wird. Es ist aber kein moduliertes Signal! Geben wir diesen Ausgang auf eine Sendestufe mit angeschlossener Antenne, dann empfangen wir mit einem geeigneten Empfänger lediglich das Trägerfrequenzsignal. Die niedrigere Frequenz, die das Trägersignal am Ausgang des Senders noch überlagerte, ist verschwunden. Was also ist passiert? Warum wurde dieses Signal nicht mit dem Träger zum Empfänger übertragen?

Die Antwort liegt darin, dass die Überlagerung eben nur eine Addition der Signalamplituden am Ausgang bewirkt und sich damit die Signalamplitude des Trägers lediglich um den Betrag des niederfrequenten Signals im Verhältnis zum Null-Volt-Potenzial verschiebt. Dieses ist allerdings ein Gleichspannungspotenzial, was ausschließlich durch die Gegebenheiten der Schaltung definiert wird. Elektromagnetische Wellen, wie sie von der Antenne abgestrahlt werden und sich im Raum ausbreiten, kennen dieses Bezugspotenzial jedoch nicht mehr. Die vom niederfrequenten Signal verursachte Schwankung hat also keine Bedeutung mehr.

Eine Überlagerung ist keine Modulation!

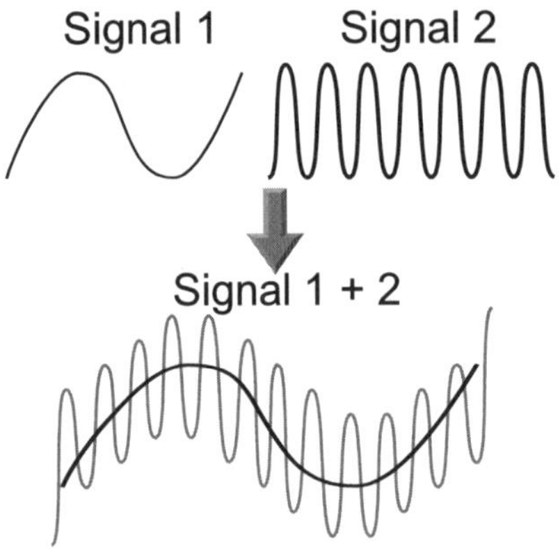

Abb. 3.1: Zwei Signale werden überlagert. Das Ergebnis ist ein Signal, das die Summe beider Teilsignale darstellt.

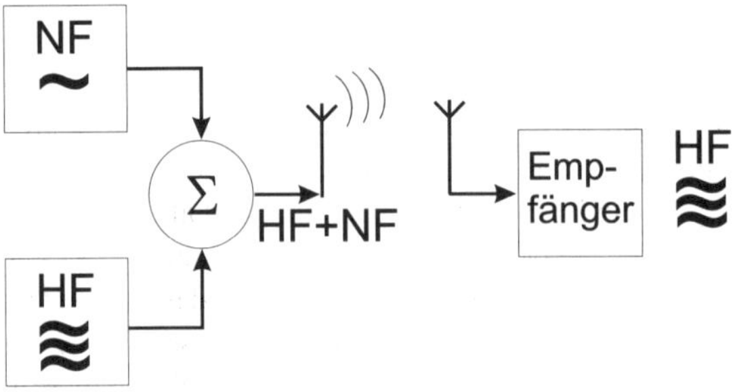

Abb. 3.2: Die Summe zweier überlagerter Signale wird auf einer Antenne abgestrahlt. Am Empfänger kommt jedoch nur das hochfrequente Trägersignal an.

Das durch Überlagerung entstandene Signalgemisch wird nicht nur bei der Abstrahlung im Raum wieder voneinander getrennt, es kann nicht einmal die frequenzabhängigen Filter-Baugruppen eines Senders durchdringen. Jeder einfache Hochpass wird das Signalgemisch so filtern, dass an dessen Ausgang lediglich das hochfrequente Trägersignal zu messen ist.

Durch Überlagerung entstandene Signalsummen sind also in der Nachrichtentechnik für die Übertragung von Informationen per Funkwellen völlig ungeeignet.

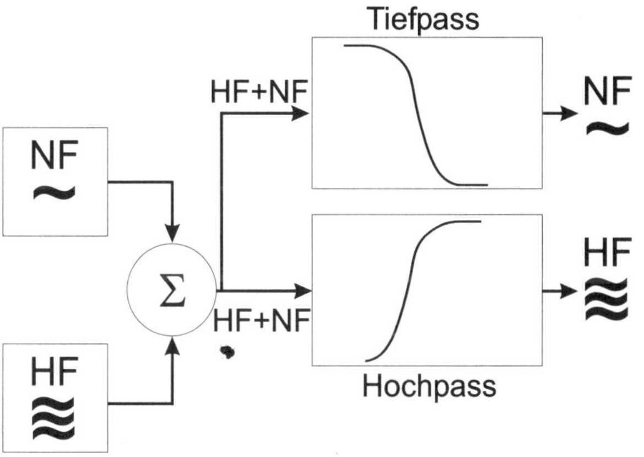

Abb. 3.3: Aus dem Ergebnis der Überlagerung zweier Signale lassen sich mit einfachen Hoch- und Tiefpassschaltungen die ursprünglichen Signale wieder voneinander trennen.

3.1.2 Moduliertes Signal

Von einem modulierten Signal sprechen wir, wenn die dem Trägersignal hinzugefügte Information selbst dann nicht verloren geht, wenn es gefiltert oder auf einer Funkstrecke übertragen wird. Dabei ist es durchaus möglich, ein Signal auch in der Amplitude zu modulieren, ohne die Nachteile der Überlagerung zu haben. Allerdings darf die Wirkung auf die Amplidude nicht nur eine Verschiebung des Potenzials bedeuten, sondern muss sich als Veränderung der Signalstärke im Takt der aufzumodulierenden Information darstellen. Dazu lesen Sie im nächsten Abschnitt mehr. Eine Modulation kann auch dadurch erfolgen, dass die Frequenz des Trägersignals verändert wird. Auch dieses Signal wird nach wie vor übertragen und bei entsprechender Bandbreite der Filterschaltungen auch diese ungestört passieren können. Dennoch bleibt die Information im Signal erhalten. Nicht zuletzt ist die Veränderung der Phasenlage, also die Verschiebung des Nulldurchgangs des Signals, eine gute Modulationsart, denn hier bleibt das Signal sowohl in der Amplitude als auch in der Frequenz vollkommen unverändert. Es ist einfach zu übertragen, ohne Informationen zu verlieren und es passiert problemlos die entsprechenden Filterschaltungen.

Es gibt also unterschiedliche Wege, um eine Information auf eine Trägerfrequenz aufzumodulieren, die hoch genug ist, um über eine Antenne abgestrahlt und an einem anderen Ort wieder von einer Antenne empfangen zu werden. Sehen wir uns die drei elementaren Modulationsmöglichkeiten einmal näher an und beginnen wir mit dem Klassiker: die Amplitudenmodulation (AM).

3.2 Amplitudenmodulation

Wie bereits angedeutet wurde, kann ein hochfrequentes Signal über eine Antenne gesendet und über eine andere Antenne auch wieder empfangen werden. Als Beispiel soll angenommen werden, dass ein permanentes Signal mit einer Frequenz von 135 kHz (Langwellenbereich, etabliert bei verschiedenen RFID-Systemen) auf eine Antenne geleitet wird. Schließt man an die Eingangsstufe des Empfängers ein Oszilloskop an, so kann man ein konstantes Signal mit 135 kHz nachweisen. Die Höhe des Signals hängt von verschiedenen Einflussgrößen ab und ist an dieser Stelle erst einmal uninteressant.

Nun schalten wir das Signal am Sender ab und beobachten wieder das Oszilloskop. Es ist jetzt kein Signal mehr messbar. Im Prinzip haben wir eben eine Information übertragen. Es handelt sich um eine binäre Information (0 = kein Signal, 1 = Signal). Das ist natürlich der Extremfall und in der Praxis nicht mehr üblich. Früher funkte man aber durchaus auf diese Weise mit Morsezeichen. Das Problem einer solchen Methode der Nachrichtenübertragung ist jedoch, dass ein nicht vorhandenes Signal kein definiertes Signal darstellt. Es ist schwierig, die Störungssicherheit zu gewährleisten.

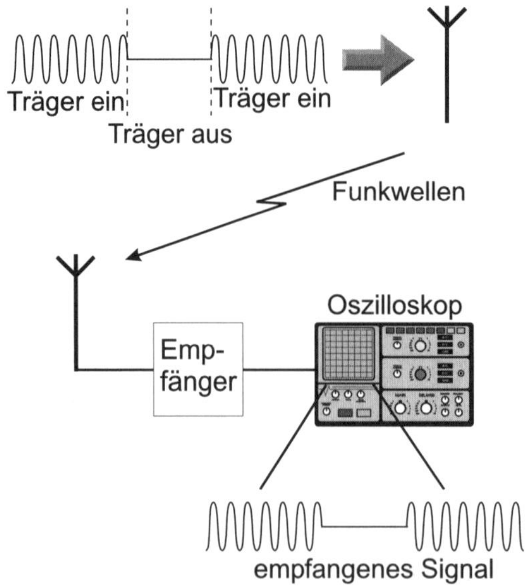

Abb. 3.4: Einfache Methode zur Modulation einer einzigen Information (ein Bit) auf ein Trägersignal: Das Ein- und Ausschalten des Trägers kann von einem Empfänger erkannt und interpretiert werden.

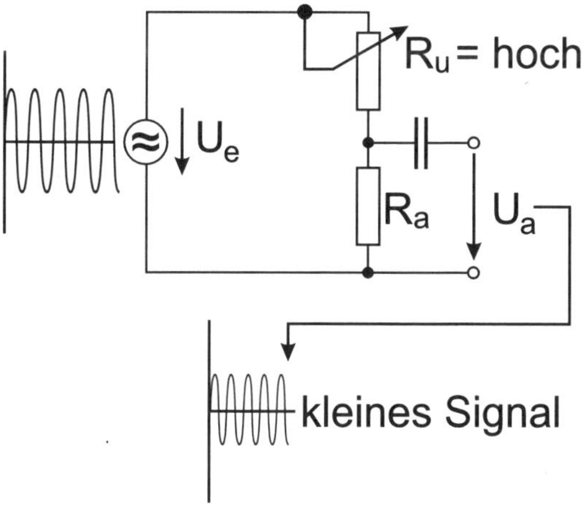

Abb. 3.5: Der verstellbare Widerstand (R_v) ist auf einen hohen Wert eingestellt und hat deshalb einen großen Spannungsabfall zur Folge. Am Ausgangswiderstand (R_a) kommt nur ein geringer Anteil der Signalspannung an, die - von Gleichspannungsanteilen entkoppelt - über den Kondensator an den Ausgang gelegt wird.

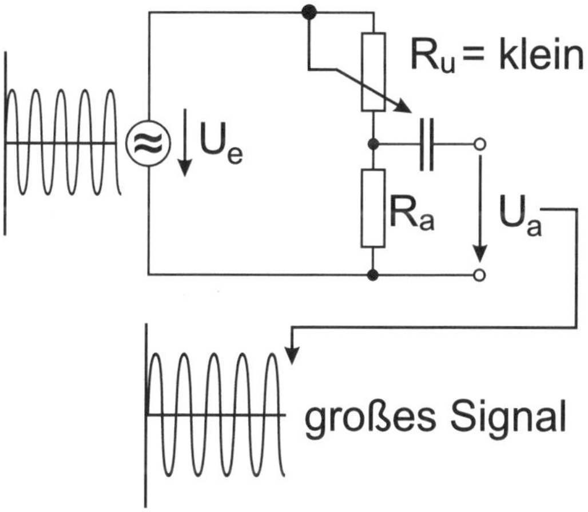

Abb. 3.6: In diesem Fall ist der verstellbare Widerstand (R_v) sehr klein eingestellt, so dass ein großer Anteil der Signalspannung an R_a abfallen kann.

3.2.1 Der Amplitudenmodulator

Zwischen dem eingeschalteten und ausgeschaltetem Trägersignal gibt es natürlich auch eine Menge Möglichkeiten zwischen den Extremen. So lassen sich Informationen auch in der Stärke des Signals transportieren. Wird das Trägersignal beispielsweise im Takt eines Tonfrequenzsignals in seiner Stärke verändert, dann kann man dieses Tonfrequenzsignal am Empfänger wieder zurückgewinnen, es verstärken und am Lautsprecher wiedergeben.

Amplitudenmodulation ist schaltungstechnisch sehr einfach zu realisieren. Ein einfaches Beispiel soll dies wieder erläutern: Mit Hilfe eines Spannungsteilers aus einem veränderlichen Widerstand und eines Ohmschen Widerstandes soll die Modulation realisiert werden. Am veränderlichen Widerstand wird die Stärke des Trägersignals variiert. Das eigentliche modulierte Signal wird am konstanten Widerstand abgegriffen. Theoretisch kann ein Ausgangskondensator noch zusätzlich dafür sorgen, dass Gleichspannungsanteile abgeblockt werden. Vergrößert man den veränderlichen Widerstand, dann fällt am konstanten Widerstand nur eine sehr kleine Spannung ab. Verkleinert man dagegen den Widerstand, so ist der Spannungsabfall am veränderlichen Widerstand sehr hoch. Am Ausgang liegt also ein starkes Signal an.

Eine andere Möglichkeit, ein amplitudenmoduliertes Signal zu erzeugen, besteht darin, zuerst das Trägersignal mit dem Nutzsignal zu überlagern. Wie wir bereits wissen, bringt das als solches allein nicht viel. Aus diesem Grunde wird das überlagerte Signal einem Einweg-Gleichrichter - eine Diode - zugeführt, die lediglich eine Halbwelle des Signals passieren lässt. Die zweite Halbwelle wird einfach abgeschnitten. Der so erzeugte "schwingende Gleichstrom" wird einem Übertrager, einem kleinen Transformator, zugeführt. Dieser Übertrager hat beispielsweise ein Übertragungsverhältnis von 1:1 (die Wahl des Übertragungsverhältnisses hängt vom kompletten Schaltungsdesign ab). Er ist neben der Diode das wichtigste Bauteil des Modulators, denn das im Takt der Trägerfrequenz schwingende gleichgerichtete Überlagerungssignal erzeugt im gleichen Takt ein magnetisches Feld, das in der Sekundärspule wiederum eine Spannung mit der gleichen Frequenz induziert. Allerdings hängt die Stärke dieses Signals davon ab, wie stark das Eingangssignal ist. Es entsteht ein moduliertes Ausgangssignal.

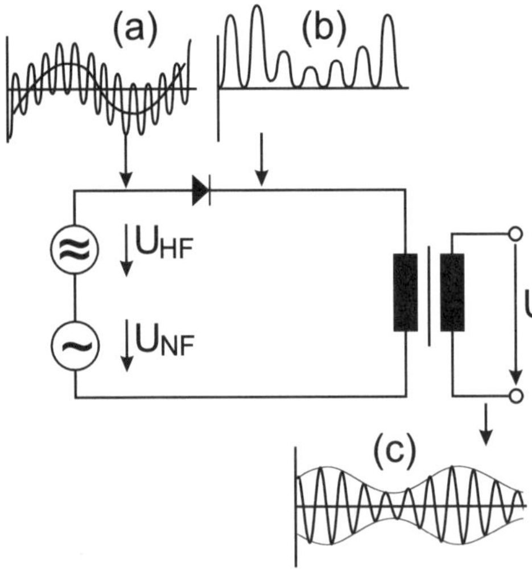

Abb. 3.7: Prinzip des additiven Modulators: Das Trägersignal und das Nutzsignal werden einander überlagert (addiert). Das Ergebnis zeigt die Kurve (a). Nach der Einweg-Gleichrichtung durch die Diode fehlt die komplette zweite Halbwelle des Signals (b). Dieses Teilsignal wird nun auf den Übertrager gegeben, an dessen Sekundärseite das amplitudenmodulierte Signal mit seiner typischen Hüllkurvenform vorliegt (c).

Kommen wir noch einmal auf die Diode, also auf die Einweg-Gleichrichtung, zu sprechen. Was würde passieren, wenn es diese Diode nicht gäbe? In diesem Fall würde der Übertrager zwar einen schwankenden Spannungspegel am Eingang erkennen, aber es würde an der Sekundärspule kein moduliertes Signal erkennbar sein. Lediglich ebenfalls ein überlagertes Signal, wenn es sich bei beiden Grundsignalen um Wechselspannungen handelt, wird messbar sein. Sollen binäre Zustände (0 oder 1) auf das Signal aufmoduliert werden, wären diese - weil eine relativ lange Periode mit einer Gleichspannungsüberlagerung stattfindet - nicht erkennbar.

Das typische Kennzeichen der Amplitudenmodulation ist die *Hüllkurve* des modulierten Trägersignals. Es erscheint, als würde sowohl im Bereich der positiven als auch im Bereich der negativen Halbwelle das aufzumodulierende Nutzsignal den Pegel des Trägersignals begrenzen. Die Verläufe des Nutzsignals wirken spiegelbildlich (vgl. Abb. 3.7 (c)).

In RFID-Systemen werden ausschließlich digitale Informationen übertragen. Selbst die einfachsten 1-Bit-Transponder enthalten schließlich eine digitale Information (Bit gesetzt oder Bit nicht gesetzt). Hier wäre das additive Verfahren zu aufwändig, um die Information auf den Träger zu modulieren. Man bleibt deshalb beim *multiplikativen Verfahren* durch Widerstandsveränderung. Anstelle eines veränderlichen Widerstandes kann hier beispielsweise ein stromsparender Feldeffekt-Transistor verwendet werden, der entweder leitend ist und damit einen hohen Signalspannungsabfall am Ausgang zulässt oder der gesperrt ist und damit auch das Trägersignal am Ausgang unterdrückt.

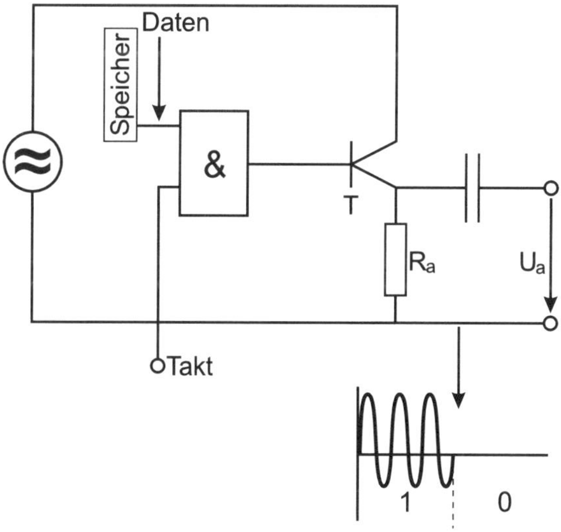

Abb. 3.8: Beispiel für die multiplikative Amplitudenmodulation binärer Informationen auf eine Trägerfrequenz. Der Transistor T1 wird vom Gatter angesteuert. Liegt am Ausgang des Gatters eine logische 1, dann leitet der Transistor und dem Ausgang wird die volle Trägerleistung zugeführt.

3.2.2 Demodulation eines AM-Signals

Als besonders einfach erweist sich die Demodulation eines amplitudenmodulierten Signals. Eine Antenne empfängt das modulierte Trägersignal, wobei die Antenne die Primärwicklung eines Übertragers speist. Die Sekundärseite dieses Übertragers wird mit einem Kondensator parallel geschaltet. Diese Kombination aus Sekundärwicklung und Kondensator bildet einen Parallelschwingkreis, dessen Resonanzfrequenz auf die der Trägerschwingung eingestellt wird. Dieser Parallelschwingkreits stellt nun sicher, dass lediglich Signale dieser Trägerschwingung an der weiteren Schaltung anliegen. Bezogen auf unser moduliertes Signal bedeutet dies, dass dieses Signal mal stärker und mal schwächer am Eingangs-Parallelschwingkreis anliegt. Die Stärke des Signals schwankt im Takt der Modulation.

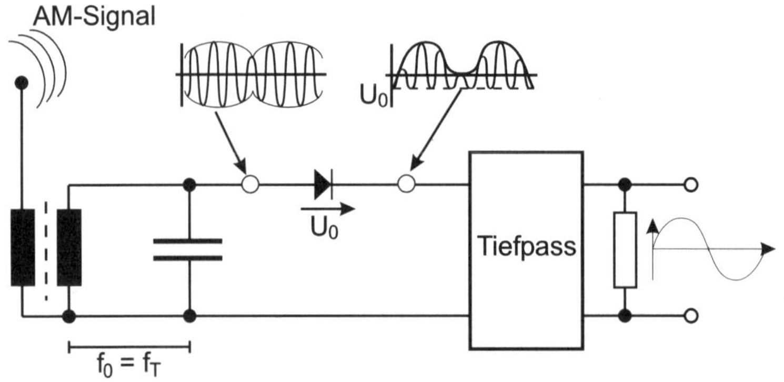

Abb. 3.9: Prinzip eines so genannten Detektorempfängers. Die Demodulation erfolgt durch die Einweg-Gleichrichtung des Signals mittels einer Diode.

Die Kombination aus Antenne und Parallelschwingkreis hat also das modulierte Trägersignal empfangen. Dieses muss nun demoduliert werden, was im einfachsten Fall durch die Einweg-Gleichrichtung des Signals erreicht wird. Hier kommt wieder eine Diode zum Einsatz. Die Diode schneidet eine Halbwelle des modulierten Signals ab. Das Ergbnis ist eine im Takt der zu übertragenden Information schwingende Gleichspannung. Genau genommen haben wir es mit einem überlagerten Signal zu tun, das aus drei Komponenten besteht:

- Gleichspannungsanteil: Bedingt durch die Eigenschaften der Diode wird das Potenzial um deren Durchlassspannung angehoben. Dieser Gleichspannungsanteil ist also bei einer Siliziumdiode mit 0,7 V anzusetzen. Germaniumdioden haben eine niedrigere Durchlassspannung von nur 0,3 V. Erstrebenswert wäre es, diesen Anteil völlig zu eliminieren.
- HF-Anteil: Dieser ist durch das Trägersignal definiert.
- NF-Anteil: Hier handelt es sich um die eigentlich gewünschte Information, mit der ursprünglich das Trägersignal moduliert wurde. Dieses Signal gilt es wieder aus dem gesamten Frequenzgemisch herauszufiltern.

Um das gewünschte NF-Signal zu erhalten, wird es mit Hilfe von Filterschaltungen aus dem Signalgemisch selektiert. Nun kann es verstärkt und weiter verarbeitet werden. Im Falle eines analogen Signals könnte beispielsweise die Ausgabe des Tonfrequenzsignals über einen Lautsprecher erfolgen. Bei binären Informationen wird das Signal an einen Pegel angepasst, welcher der verwendeten Technologie der digitalen Bauelemente entspricht.

Bitte beachten Sie: An dieser Stelle haben wir als Beispiel ausschließlich einen so genannten *Geradeausempfänger* beschrieben. In der modernen Rundfunktechnik verwendet man natürlich Schaltungen mit einer weitaus größerer Trennschärfe und Präzision. Hier soll es uns nur um das allgemeine Prinzip gehen.

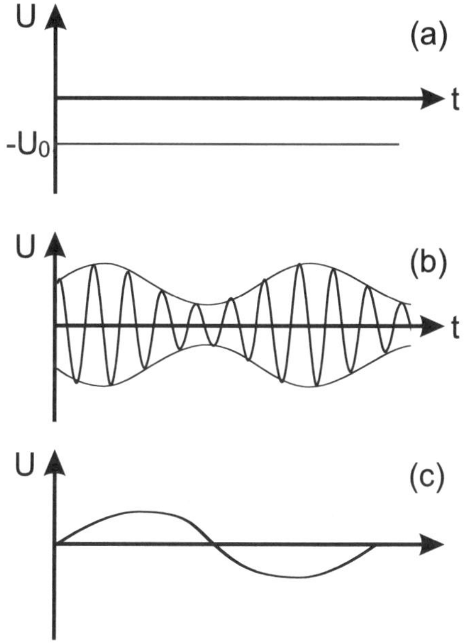

Abb. 3.10: Wird zur Demodulation eines AM-Signals ein Einweg-Gleichrichter eingesetzt, so wird nach der Diode ein Signalgemisch aus drei Komponenten - ein Hochfrequenzsignal , ein Niederfrequenzsignal und ein Gleichspannungsanteil (a) gemessen.

3.2.3 Modulationsgrad

Das Grundprinzip der Amplitudenmodulation haben Sie nun an einfachen Beispielen kennen gelernt. Sie haben gesehen, dass ein Trägersignal im Endergebnis auf der positiven wie auf der negativen Seite gleichermaßen - wenn auch spiegelbildlich - in der Amplitude verändert wird. Das geschieht in der Form des aufzumodulierenden Nutzsignals. Diese Betrachtung setzt natürlich voraus, dass die Signalamplitude dieses Nutzsignals niemals größer ist als die des Trägersignals, weil sonst unerwünschte Verzerrungen des Signals entstehen. Im Klartext: Die Hüllkurve würde quasi die Nulllinie überschreiten.

Auf der anderen Seite sollte die Amplitude des Nutzsignals auch nicht zu klein sein, weil es sonst dem Empfänger kaum möglich ist, die übertragenen Informationen vollständig zurückzugewinnen. Um die Nutzinformation sauber übertragen zu können, muss also ein möglichst optimales Verhältnis zwischen der Nutzsignal- und der Trägersignalamplitude eingehalten werden. Dieses Verhältnis wird als *Modulationsgrad* m bezeichnet. In der Praxis werden die Schaltungen so dimensioniert, dass der Modulationsgrad von 90 % nicht überschritten wird.

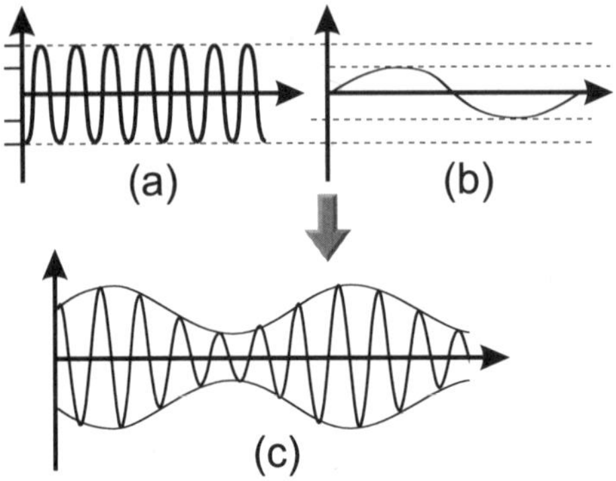

Abb. 3.11: Definition des Modulationsgrades bei der Amplitudenmodulation: Der Modulationsgrad m ist das Verhältnis der Nutzsignalamplitude (b) zur Amplitude des Trägersignals (a). In diesem Beispiel ist die Nutzsignalamplitude halb so groß wie die des Trägersignals. Dementsprechend ist der Modulationsgrad 50 %.

3.2.4 Spektrum der Amplitudenmodulation

Generell gilt: Bei der Amplitudenmodulation wird die Frequenz des Trägersignals nicht verändert, sondern nur dessen Signalstärke. So weit so gut. Dennoch sprechen Experten im Zusammenhang mit der Amplitudenmodulation von *Seitenbändern*. Was meint man damit? - Stellen wir uns einen Spektrum-Analyzer vor. Ein solches Gerät stellt die Signalstärken über einen breiten Frequenzbereich dar. Eine solche Anzeige kennen viele von Ihnen möglicherweise von der Stereoanlage. Senden wir nun ausschließlich einen unmodulierten Träger, dann wird lediglich ein einziger *Peek* an der Stelle des Spektrums angezeigt, die der Trägerfrequenz (f_T) entspricht. Modulieren wir den Träger nun jedoch - der Einfacheilt wegen stellen wir uns vor, dass dies mit einer reinen Sinusschwingung mit einer Frequenz f_S geschieht - dann erkennen wir plötzlich drei Signalspitzen in der Anzeige des Spektrum-Analyzers. Die Peeks befinden sich exakt an den folgenden Positionen:

- bei $f = f_T$, Trägerfrequenz (wie beim unmodulierten Träger),
- bei $f = f_T - f_S$, Trägerfrequenz - Signalfrequenz
- bei $f = f_T + F_S$, Trägerfrequenz + Signalfrequenz

Nun, wir wollen dieses Buch nicht mit hochmathematischen Ausführungen zur Fourier-Analyse sprengen, jedoch wollen wir nicht versäumen, die Ursache dieses Phänomens zu erklären. Jede Signalform - egal, ob wir von Sinusschwingungen, Dreieck- oder Rechtecksignalen oder einfach nur einem Signalimpuls beliebiger Form sprechen - kann durch eine Summe von Sinusschwingungen verschiedener Frequenzen dargestellt werden. Man unterscheidet also bei der Betrachtung der Abläufe zwei Bereiche:

- den *Zeitbereich* und
- den *Frequenzbereich.*

Die Darstellung des Trägersignals als eine "Sinusschwingung", deren Amplitude von einer Hüllkurve begrenzt wird, entspricht dem Zeitbereich. Hier wird die Signalstärke in Abhängigkeit vom zeitlichen Fortschritt dargestellt. Sie erinnern sich sicher an den "rotierenden Zeiger" aus dem vorangegangenen Kapitel. Dessen Position ist zu jeder Zeit eine andere.

Nun haben wir im vorangegangenen Absatz das Wort *Sinusschwingung* in Anführungszeichen gesetzt. Das hat einen Grund, denn von einer Sinusschwingung sprechen wir ja nur, wenn es sich um eine saubere periodische Schwingung mit stets gleicher Amplitude handelt. Wir sprechen also von einer Kurvenform, die den Verlauf einer rotierenden Zeigerspitze über der Zeit abbildet. Das ist aber bei einem amplitudenmodulierten Signal nicht mehr der Fall, denn die Amplitude des Trägersignals ist ja eben nicht mehr konstant. Das Signal setzt sich also aus der Summe verschiedener - echter - Sinusschwingungen zusammen. Würde man also einen Empfänger bauen, der mit ausgezeichneter Trennschärfe in der Lage wäre, ausschließlich die Frequenz f_T - f_S oder f_T + f_S zu selektieren, so würde dieses Signal selbst wie ein unmodulierter Träger erscheinen.

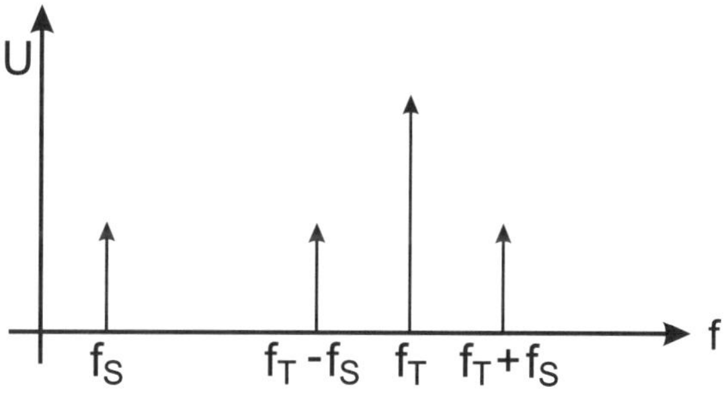

Abb. 3.12: Darstellung des Spektrums eines rein mit einer Sinusschwingung modulierten Trägersignals. Die Nutzsignalfrequenz f_S ist wesentlich geringer als die Trägerfrequenz f_T. Beide Frequenzen können an der jeweiligen Stelle im Spektrum dargestellt werden. Infolge der Modulation tauchen im Spektrum allerdings noch zwei weitere Signalspitzen bei den Frequenzen f_T + f_S und f_T - f_S auf. Wir sprechen von den Seitenbändern.

Es leuchtet ein, dass die Übertragung dieser zusätzlichen Frequenzen mit einem erhöhten Energieaufwand verbunden ist. In der Tat ist es reine Energieverschwendung beide Seitenbänder zu übertragen, weshalb man in der Nachrichtentechnik meist nur eines der beiden

Seitenbänder sendet, das andere jedoch - je nachdem, ob es sich um das obere oder untere Seitenband handelt - mit einem Tief- oder Hochpass unterdrückt. Unterdrücken kann man auch das eigentliche Trägersignal, das ja selbst - im Frequenzbereich betrachtet - keine Nutzinformationen enthält. Allerdings muss dieses Trägersignal im Empfänger wieder künstlich erzeugt werden, was einen gewissen schaltungstechnischen Aufwand bedeutet. Die Unterdrückung eines der beiden Seitenbänder ist dagegen unkritisch, weil die komplette Nutzsignalinformation in jedem der beiden Seitenbänder gleichermaßen enthalten ist.

3.3 Frequenzmodulation

Die Veränderung der Signalamplitude im Takt der zu übertragenden Information ist in der RFID-Technologie eines der wichtigsten Modulationsverfahren. Es gibt aber auch andere Möglichkeiten, um eine Information auf dem Funkweg zu übermitteln. Eine weitere Modulationsart ist die Frequenzmodulation. Hierbei bleibt die Amplitude des Trägersignals unverändert, jedoch schwankt dessen Frequenz in Abhängigkeit vom zu übertragenen Informationsinhalt. Damit ist ein großer Vorteil verbunden, denn die Modulation der Amplitude ist generell sehr störanfällig, was schnell zu Übertragungsfehlern führen kann. Ein frequenzmoduliertes Signal ist auch dann noch eindeutig zu identifizieren, wenn es starken Schwankungen in der Signalstärke unterworfen ist.

Betrachtet man klassische Rundfunkempfänger, dann fällt auf, dass die Frequenzmodulation ausschließlich im UHF-Band, dagegen die Amplitudenmodulation in den Lang- und Mittelwellenbändern verwendet werden. Der Grund wird deutlich, wenn man das Prinzip der Frequenzmodulation kennt: Die Veränderungen der Trägerfrequenz werden von der Amplitude der zu übertragenden Information abhängig gemacht. Soll nun beispielsweise ein *Frequenzhub* von bis zu 20 kHz und ein Träger von 120 kHz verwendet werden, so bedeutet dies, dass ein Frequenzband von 105 kHz bis 145 kHz nur von diesem einen Kanal belegt wird. Man verwendet die Frequenzmodulation deshalb nur im Bereich höherer Trägerfrequenzen.

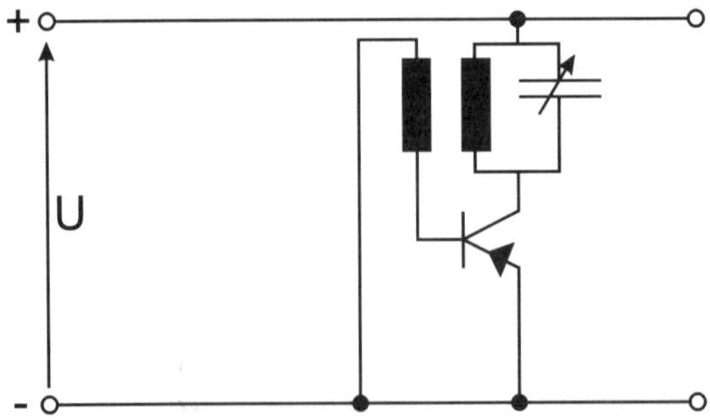

Abb. 3.13: Eine einfache Oszillatorschaltung: Die Resonanzfrequenz des Schwingkreises im Kollektorkreis bestimmt die Schwingungsfrequenz des Oszillators. Ein einfacher Weg, um diese Frequenz zu verändern besteht darin, die Kapazität oder die Induktivität zu verändern, wobei meist ein veränderbarer Kondensator verwendet wird.

3.3.1 Beispiel eines Frequenzmodulators

Wie angedeutet, wird die Frequenz in Abhängigkeit der Höhe der aktuellen Spannung des zu übertragenden Signals verändert. So verschiebt eine höhere Spannung die Trägerfrequenz nach oben, eine niedrigere Signalspannung die Trägerfrequenz nach unten. Man kann dies schaltungstechnisch sehr einfach erreichen, indem man einen Schwingkreis, der Bestandteil einer Oszillatorschaltung ist, in seiner Resonanzfrequenz verändert. Eine sehr simple Methode ist der Einsatz einer Kapazitätsdiode. In der Praxis wird man selbstverständlich professionellere und stabilere Verfahren anwenden, doch soll dieses Beispiel genügen, um das Prinzip zu veranschaulichen.

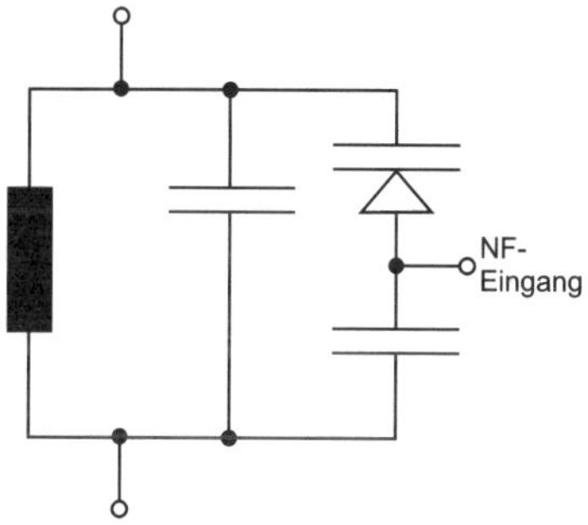

Abb. 3.14: An Stelle eines einstellbaren Kondensators kann auch eine Kapazitätsdiode zum Einsatz kommen. Sie wird in Sperrrichtung betrieben. Ihre charakteristische Eigenschaft ist die Veränderung der Sperrschicht mit der Spannung. Eine höhere Spannung führt zur Vergrößerung der Sperrschicht und damit zur Verringerung der Kapazität.

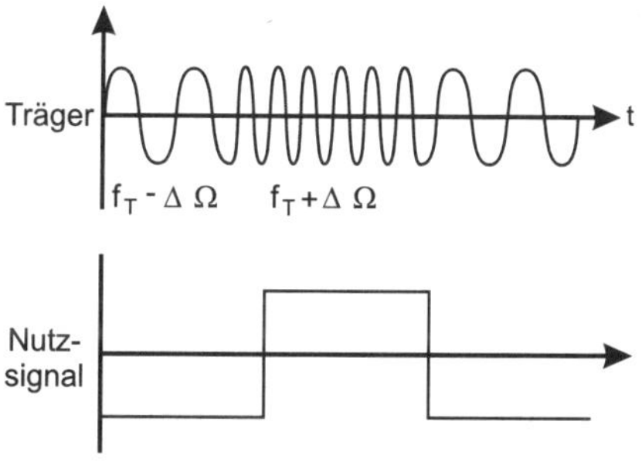

Abb. 3.15: Beispiel eines frequenzmodulierten Signals. Das zu übertragende Nutzsignal ist hier ein binärer Datenstrom.

Das Beispiel zeigt einen sehr einfachen Meißner-Oszillator, der nach Alexander Meißner (1883 bis 1960) benannt wurde. Die Rückkopplung der Schwingung des im Kollektorkreis befindlichen Schwingkreises auf den Verstärker erfolgt bei diesem Oszillator induktiv. In der Regel wird ein solcher Kondensator mit einem Drehkondensator auf die gewünschte Frequenz eingestellt. Anstelle dieser manuell zu verändernden Kapazität kann aber auch eine Kapazitätsdiode eingesetzt werden, die durch eine externe Spannung beeinflusst wird. Mit Veränderung der anliegenden Spannung ändert sich die Kapazität der Sperrschicht in der Diode, was sich auf die Gesamtkapazität des Schwingkreises und damit letztlich auch auf dessen Resonanzfrequenz auswirkt. Die Schwingungsfrequenz des Oszillators verändert sich also in Abhängigkeit von der anliegenden Steuerspannung der Diode.

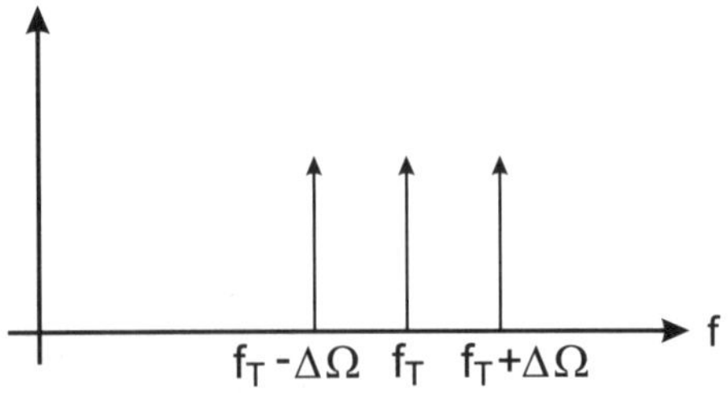

Abb. 3.16: Die Darstellung zeigt die frequenzmodulierte Übertragung der binären Daten im Spektrum.

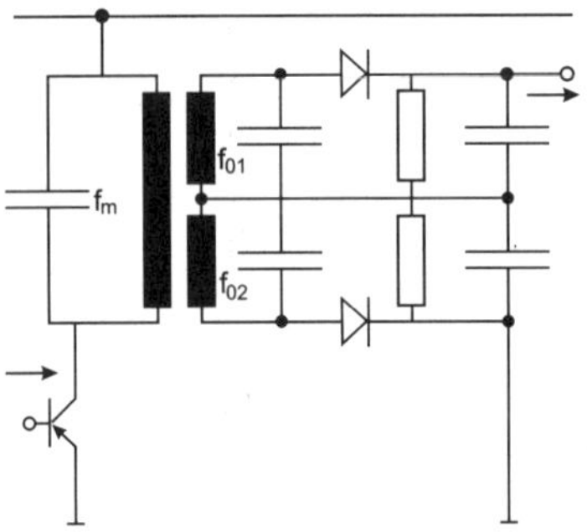

Abb. 3.17: Prinzip des FM-Gegentaktdemodulators.

3.3.2 Demodulation eines FM-Signals

Die Rückgewinnung des Nutzsignals ist bei einer frequenzmodulierten Übertragung etwas aufwändiger. Denkbar wäre es - zumindest bei der Übertragung digitaler Informationen - zwei Bandfilter mit sehr hoher Trennschärfe zu verwenden, um die Information zurückzugewinnen. Doch das ist sehr aufwändig. Man beschreitet den Weg der Umwandlung der Frequenzdifferenzen in eine Spannung. Dafür wird ein frequenzabhängiger Widerstand benötigt, der beispielsweise mit einem Schwingkreis dargestellt werden kann. Sie wissen bereits, dass der Schwingkreis - je nachdem, ob es sich um einen Parallel- oder Reihenschwingkreis handelt - bei der Resonanzfrequenz den höchsten (Sperrkreis) oder den geringsten Widerstand (Saugkreis) hat. Weicht die Frequenz von der Resonanz ab, dann ist der Widerstand für das empfangene Signal plötzlich ein anderer. Je nach der Güte des Schwingkreises ist der Verlauf der Widerstandskurve mehr oder minder steil. Wichtig ist jedoch, dass ausschließlich der lineare Bereich dieser Kurve für die Demodulation eines FM-Signals interessant ist, weil ein nicht linearer Verlauf zu Verzerrungen führen würde, durch welche die empfangene Information nicht mehr zu deuten wäre. Dieser lineare Bereich ist allerdings sehr klein, so dass man eine Alternative finden muss.

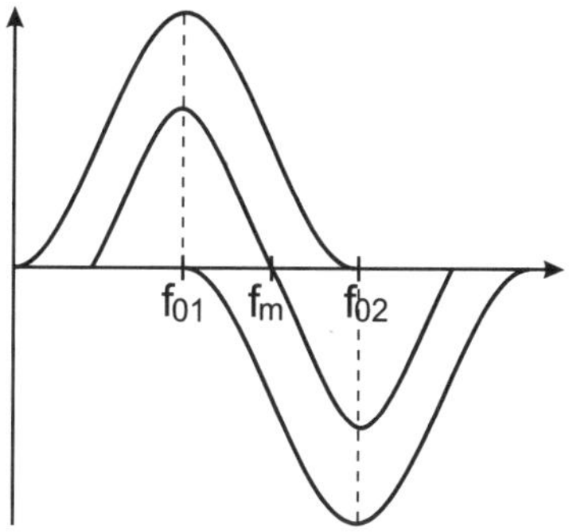

Abb. 3.18: Durch die gegenläufige Überlagerung der unterschiedlich abgestimmten Durchlassbereiche der beiden Sekundärschwingkreise entsteht ein breiter linearer Bereich in der resultierenden Durchlasskurve. Sie beschreibt einen frequenzabhängigen Widerstand mit ausreichend großer Dynamik.

Eine Möglichkeit stellt der Gegentaktdemodulator dar. Er basiert auf einer induktiven Kopplung eines Primärschwingkreises und zweier Sekundärschwingkreise. Die Sekundärkreise werden um exakt die gleiche Differenz von der Mittenfrequenz des Primärkreises verstimmt. Zu betonen ist, dass die beiden Sekundärschwingkreise so geschaltet sind, dass ihre Ausgangssignale einander entgegengerichtet sind. Diese werden zudem über jeweils eine Diode gleichgerichtet.

Am Ausgang der Schaltung wird nun solange keine Spannung messbar sein, wie die Trägerfrequenz unmoduliert ist. Das rührt daher, dass die Abweichungen der Resonanzfrequenzen beider Sekundärschwingkreise zur Mittenfrequenz vom Betrag her exakt gleich groß sind. Die Schwingkreise und die anschließenden Gleichrichtungen sind jedoch einander entgegengesetzt. Die Teilspannungen kompensieren sich also bei einem unmodulierten Signal.

Wird der Träger nun jedoch moduliert, weicht dessen Frequenz also vom Soll ab, dann führt dies an den beiden Sekundärschwingkreisen zu einem völlig unterschiedlichen Verhalten. Es fallen unterschiedliche Spannungen an ihnen ab, die in Summe am Ausgang deutlich messbar sind. Solange die Frequenzen innerhalb des durch den linearen Kurvenverlauf definierten Bereichs liegen, wird das ursprüngliche Nutzsignal wieder verzerrungsfrei zurückgewonnen.

3.4 Phasenmodulation

Die dritte elementare Modulationsart ist schließlich die Phasenmodulation. Sie ist insbesondere im Bereich der digitalen Datenübertragung von großer Bedeutung. Sowohl die Frequenz als auch die Amplitude des Trägersignals bleiben unverändert. Die Information wird in der Veränderung der Phasenlage des Trägersignals, also in einer zeitlichen Verschiebung dessen Nulldurchgangs dargestellt.

Erinnern wir uns an die Darstellung des rotierenden Zeigers: Die Position von dessen Spitze über die Zeit dargestellt, beschreibt einen sinusförmigen Kurvenverlauf. Würde man den Zeiger plötzlich und ohne Zeitverlust über das Zentrum spiegeln, würde er also plötzlich genau in die entgegengesetzte Richtung weisen, dann hätte dies auch Auswirkungen auf die beschriebene Kurvenform. Der Nulldurchgang wäre plötzlich um 180° *phasenverschoben.*

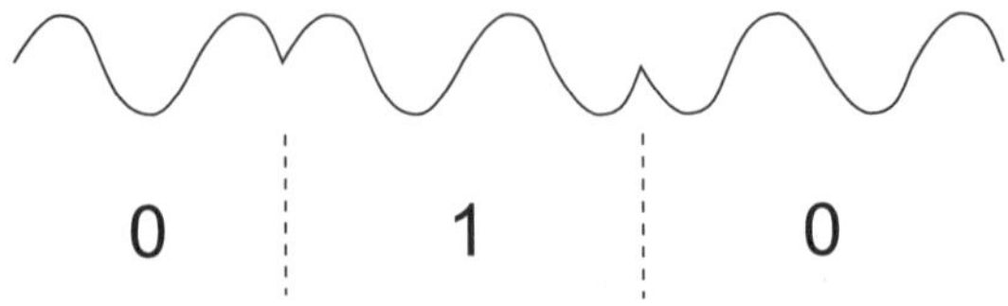

Abb. 3.19:: Bei der Phasenmodulation wird die Information in die plötzliche Umschaltung der Phasenlage des Trägersignals „versteckt".

3.5 Digitale Modulationsverfahren

Die bisweilen beschriebenen Modulationsverfahren - mit Ausnahme der Phasenmodulation - sind Verfahren zur Übertragung analoger Informationen, beispielsweise über Funkwellen. Auf diesen Grundlagen basieren spezielle Verfahren der digitalen Übertragungstechnik. Der Unterschied liegt darin, dass keine wert- und zeitkontinuierlichen Informationen übertragen werden müssen, sondern dass es sich ausschließlich um wert- und zeitdiskrete Informationen handelt. Die modulierten Signale haben also sehr eindeutig definierte Formen. In der Digitaltechnik sind bekannt:

- Amplitude Shift Keying (ASK) - „digitale" Variante der Amplitudenmodulation
- Frequency Shift Keying (FSK) - „digitale" Variante der Frequenzmodulation und
- Phase Shift Keying (PSK).

Bei der Phasenmodulation (PSK) wissen wir, dass diese für die Übertragung digitaler Informationen zum Einsatz kommt. PSK in analogen Übertragungssystemen zu verwenden, wäre viel zu aufwändig.

3.5.1 Amplitude Shift Keying

Wird ein Träger mit einer digitalen Information in seiner Amplitude moduliert, dann spricht man auch von der Amplitudenumtastung bzw. vom Amplitude Shift Keying (ASK). In einem einfachen Fall soll dies dargestellt werden: Wir nehmen dabei an, dass lediglich die Information eines einzigen Bits pro Schritt übertragen werden soll. In diesem Fall werden dem Wert Eins und dem Wert Null jeweils feste Signalstärken zugewiesen. Je nachdem, welcher Zustand des Bit gerade gesendet werden soll, wird zwischen den einzelnen Pegeln umgeschaltet.

Sollen die Informationen mehrerer Bit pro Sendeschritt übertragen werden, müssen entsprechend mehr Signalpegel definiert werden. In der Theorie könnte man hier nahezu unendliche Werte annehmen, jedoch liegen die Grenzen in der Praxis bereits bei einer sehr geringen Anzahl vom Empfänger noch relativ sicher zu unterscheidender Signalpegel.

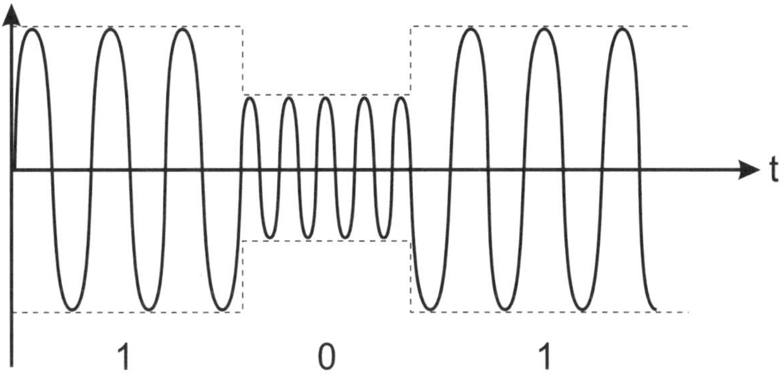

Abb. 3.20: Das Signal ist klar amplitudenmoduliert, jedoch sind lediglich zwei Zustände für die zu übertragenden Werte Null und Eins definiert. Es handelt sich also um den einfachsten Fall der Amplitudenumtastung bzw. des Amplitude Shift Keyings (ASK).

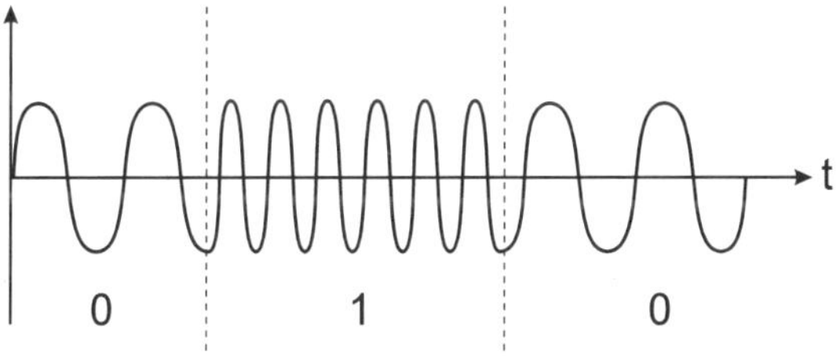

Abb. 3.21: Bei der Frequenzumtastung wird jedem der beiden Zustände eines Bits eine Frequenz zugewiesen. Für die Übermittlung mehrerer Bit in einem Sendeschritt müssen entsprechend mehr Frequenzen definiert sein.

3.5.2 Frequency Shift Keying

Das gleiche Prinzip wie beim Amplitude Shift Keying ist auch beim Frequency Shift Keying (FSK) gegeben, jedoch wird hier nicht die Amplitude des Trägers, sondern dessen Frequenz umgetastet. In dem Beispiel sind zwei Frequenzen definiert, die für jeweils einen Zustand des zu übertragenden Bits stehen. Sollen mehrere Bit pro Sendeschritt übermittelt werden, so sind entsprechend weitere Frequenzpaare zu definieren.

Auch hier muss natürlich der Unterschied zwischen der Theorie und der Praxis beachtet werden, denn theoretisch könnten beliebig viele Frequenzen definiert und damit nahezu unendlich viele Bit gleichzeitig übertragen werden. Doch die Praxis sieht auch hier wieder völlig anders aus, denn Frequenzen sind knapp und die Bandbreite der verfügbaren

Kanäle entsprechend gering. Zudem muss zwischen den einzelnen Signalfrequenzen ein ausreichender Abstand bestehen, damit diese im Hinblick auf die Toleranzen der Bandfilter und deren nicht idealen Flanken noch sauber vom Empfänger selektiert werden können.

3.5.3 Phase Shift Keying

Bei der Phasenumtastung bzw. beim Phase Shift Keying (PSK) bleiben - wie bereits ausgeführt - Frequenz und Amplitude des Trägers unverändert. Die Information wird durch Umschaltung des Sinussignals auf eine andere Phasenlage übermittelt. In der Abb. 3.19 ist ein PSK-Beispiel für ein System zur Übertragung eines Bit pro Sendeschritt dargestellt worden.

Sollen mehrere Bit in einem Sendeschritt übermittelt werden, so müssen weitere Phasenwinkel definiert werden. Die Möglichkeiten zur Modulation der Phasenlage sind allerdings nicht endlos. Zwar ist PSK heute ein wichtiges Verfahren in modernen Datenübertragungssystemen, jedoch wird dieses Verfahren meist noch mit der Amplitudenmodulation kombiniert. Im Bereich der RFID-Systeme soll uns dies jedoch bisweilen nicht interessieren.

3.6 Codierung binärer Informationen

Wir haben nun verschiedene Modulationsverfahren einschließlich deren Variationen in der digitalen Übertragungstechnik kennen gelernt. Theoretisch könnten nun mit diesen Verfahren digitale Informationen übertragen werden, doch reicht dies allein noch nicht aus. Es werden weitere Anforderungen gestellt, um zu gewährleisten, dass die Daten vom Empfänger wieder korrekt interpretiert werden können und dass beispielsweise Übertragungsfehler während der Übermittlung möglichst frühzeitig erkannt werden.

Zu beachten ist auch - wir haben dies im Zusammenhang mit der Amplitudenmodulation bereits erwähnt -, dass die Modulation eines Trägersignals stets eine Abweichung von der reinen Sinusform darstellt. Es ist dabei ganz gleich, ob wir von der Amplituden-, der Frequenz- oder Phasenmodulation sprechen. Stets hat die Modulation des Trägers zur Folge, dass zusätzliche Frequenzanteile im Spektrum entstehen. Dies ist ein unumgängliches und obendrein unerwünschtes Begleitphänomen. Es kann dazu führen, dass andere Systeme gestört werden. Man ist also darauf bedacht, auch die infolge der Modulation belegte Bandbreite so klein wie möglich zu halten.

Wichtig ist außerdem, dass aus den empfangenen Datenströmen nicht nur die Informationen als solche, sondern auch der Systemtakt zurückgewonnen werden muss. Nicht zu vergessen ist, dass eine Übertragung von Gleichstromanteilen unmöglich ist. Diese können aber gerade bei langen Null- und Eins-Folgen entstehen und damit das Signal am Empfänger uninterpretierbar machen. Auch aus diesem Grunde werden spezielle Übertragungscodes eingesetzt.

3.6.1 Non Return to Zero (NRZ)

Beim regulären NRZ-Code kann man nicht von einem Übertragungscode im eigentlichen Sinne sprechen. Vielmehr handelt es sich um die Abbildung der binären Informationen auf definierten Spannungspegenl. So wird eine logische Null auf einem negativen und eine logische Eins auf einem positiven Pegel abgebildet. Den Null-Volt-Pegel vermeidet man in der Regel zur Reduzierung des Gleichspannungsanteils. Allerdings kann bei NRZ keineswegs von einem gleichspannungsfreien Code gesprochen werden, wenn lange Null- oder Eins-Folgen übertragen werden. Hier liegt auch das große Risiko eines Taktverlustes. Kommt der NRZ-Code zum Einsatz, müssen also Sender und Empfänger bereits vollkommen taktsynchron laufen, damit die übertragenen Informationen überhaupt zurückgewonnen werden können. In Systemen, wo es insbesondere auf die Taktrückgewinnung aus dem übertragenen Signal sowie auf Gleichspannungsfreiheit ankommt, ist der reine NRZ-Code nicht geeignet.

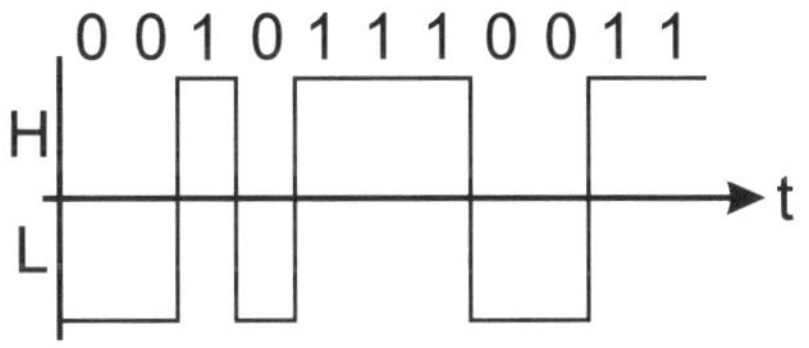

Abb. 3.22: Prinzip des Non Return to Zero-Codes (NRZ)

3.6.1.1 Non Return to Zero Inverted (NRZ-I)

Beim NRZ-I-Code wird nicht einem bestimmten binären Wert ein Spannungspotenzial zugeordnet, sondern festgelegt, dass bei einem Eins-Bit der Spannungspegel wechselt. Auch diese Variante des NRZ-Codes hat die bereits beschriebenen Nachteile. So ist nicht auszuschließen, dass ein hoher Gleichspannungsanteil im Signal enthalten ist. Darüber hinaus ist die Rückgewinnbarkeit des Systemtaktes nicht zu garantieren. Aufeinanderfolgende Eins-Bit haben zwar einen Potenzialwechsel zur Folge und liefern damit Taktinformationen, jedoch ist der aktuelle Pegel bei einem Null-Bit stets unverändert. Die Rückgewinnung des Taktes wird schwierig, bei sehr langen Nullfolgen sogar unmöglich. Auch bei NRZ-I ist deshalb die Taktsynchronisation zwischen Sender und Empfänger auf anderem Wege herzustellen.

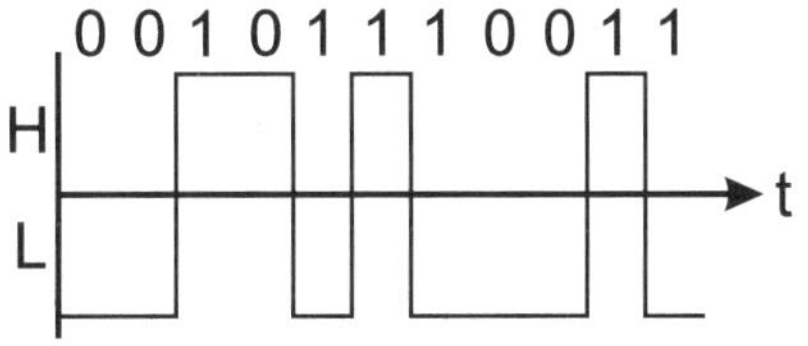

Abb. 3.23: Der Non Return to Zero-Inverted-Code sieht vor, dass ein Polaritätswechsel bei jedem Eins-Bit erfolgt. Lange Null-Folgen haben dagegen keinerlei Veränderung zur Folge und sind ohne weitere Maßnahmen vom Empfänger nicht mehr korrekt zu interpretieren.

3.6.1.2 Non Return to Zero Spaced (NRZ-S)

Das Gegenstück zu NRZ-I ist NRZ-S. Hier werden Potenzialänderungen vorgenommen, wenn ein Null-Bit übertragen werden soll. Im Übrigen gelten die gleichen Aussagen wie zu NRZ-I. Auch hier kann die Rückgewinnung des Systemtaktes aus dem Datenstrom bei langen Eins-Folgen nicht mehr gewährleistet werden. Darüber hinaus ist - wie generell bei allen NRZ-Varianten - keine Gleichstromfreiheit des Signals gegeben.

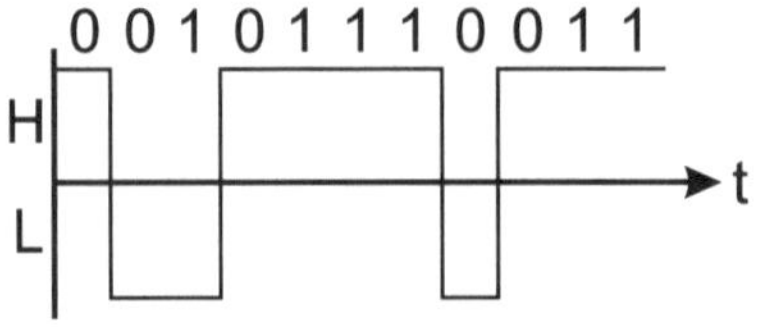

Abb. 3.24: Das Gegenstück zu NRZ-I ist NRZ-S. Der Unterschied liegt darin, dass anstelle der Eins-Bit in diesem Fall die Null-Bit den Zustandswechsel verursachen.

3.6.2 Manchester-Codierung

Gegenüber dem NRZ-Codes löst der Manchester-Code zwei wesentliche Probleme:

- Der Manchester-Code kennt keine Gleichstromüberlagerung.
- Der Systemtakt kann aus dem übertragenen Datenstrom zurückgewonnen werden.

3.6.2.1 Manchester- bzw. Biphase-Code

Der Trick des Manchester-Codes ist: Jeder binäre Wert wird durch einen Flankenwechsel dargestellt. Praktisch muss man sich das in der Verdoppelung der Informationsmenge vorstellen. Jedem binären Wert werden zwei neue Werte zugewiesen:

- Eine Eins wird durch „01" verkörpert.
- Der Wert Null wird mit „10" dargestellt.

Eine Null wird also elektrisch mit einer fallenden Flanke (vom höheren Pegel - 1 - auf das niedrigere Potenzial - 0) dargestellt, eine Eins dagegen mit einer ansteigenden Flanke (niedriges Potenzial - 0 - zum höheren Potenzial - 1). Der Nachteil des Manchester-Codes ist die Verdoppelung der Bandbreite, die zur Übertragung benötigt wird. Dafür ist der Systemtakt aber auch dann problemlos aus dem Datenstrom abzuleiten, wenn eine nahezu endlose Übertragung hintereinander gesendeter Eins- oder Null-Bit erfolgt.

Der Manchester-Code ist ein idealer Übertragungscode für RFID-Systeme und wird häufig verwendet. Er ist schaltungstechnisch einfach zu realisieren und in den Übertragungseigenschaften sehr zuverlässig. Ob letztlich eine steigende oder fallende Flanke den Wert Eins abbildet, hängt im Wesentlichen davon ab, wie das System als solches in der Entwicklung definiert wird.

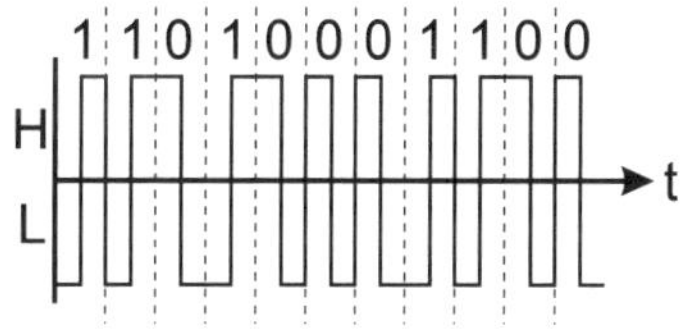

Abb. 3.25: Jedes Bit - egal welchen Wert es hat - verursacht beim Manchester-Code einen Zustandswechsel.

3.6.2.2 Differential Manchester-Code

Der Differential Manchester-Code ist eine kleine Abwandlung des vorangehend beschriebenen Manchester-Codes, der insbesondere im Hinblick auf den Einsatz in Token-Ring-Netzwerken entwickelt wurde. Die den Token begrenzenden Delimiter (Start- und End-Delimiter) verwenden die so genannten „J-" und „K-Bit". Diese dienen der Erkennbarkeit des Token und sehen keinen Flankenwechsel innerhalb der Bildmitte vor. Genau dies ist jedoch die Eigenschaft des klassischen Manchester- (Biphase)-Codes, was entsprechend zu Problemen beim Einsatz in Token-Ring-Netzen führen würde. Man hat deshalb eine Code-Verletzung definiert:

Ein Eins-Bit wird nach wie vor durch einen Phasenwechsel in der Mitte des Bit dargestellt. Für ein Nullbit gilt jedoch, dass der Phasenwechsel bereits zu Beginn des Bits stattfindet. Das hat allerdings Konsequenzen für die Interpretation des codierten Signalstroms, so dass ein direkter Vergleich mit dem Manchester-Code nicht mehr möglich ist. Beispielsweise kann ein Eins-Bit nicht mehr pauschal einer steigenden oder fallenden Flanke zugewiesen werden. Es ist der Zeitpunkt des Flankenwechsels (Eins: in der Mitte des Bit, Null am Anfang) entscheidend.

Nach wie vor gilt aber auch für den Differential Manchester-Code: Der Signalstrom ist gleichstromfrei und die Taktinformationen lassen sich direkt aus ihm am Empfänger zurückgewinnen.

3.6.3 Miller-Codierung

Ähnlich dem Manchester-Code arbeitet auch die Miller-Codierung mit Flankenwechseln. So verursacht generell jedes Eins-Bit einen Flankenwechsel in der zeitlichen Mitte der zu übertragenden Information. Anders als beim Manchester-Code werden bei Miller jedoch keine „Bitpaare" definiert, aus denen die zu übertragende Information interpretiert werden kann.

3.6.4 Prinzip der Miller-Codierung

Es gelten die folgenden Regeln:

- Eine Eins wird durch einen Flankenwechsel (je nach vorangehendem Signalzustand positiv oder negativ) in der zeitlichen Mitte des Bit dargestellt.

- Eine dem Eins-Bit folgende Null verursacht keinen Flankenwechsel.
- Aufeinanderfolgende Nullen werden mit einem Flankenwechsel zum zeitlichen Beginn der Information dargestellt.

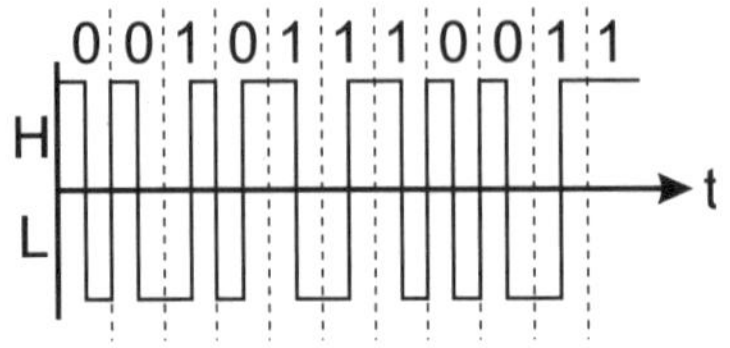

Abb. 3.26: Markantes Merkmal des Differential Manchester-Codes: Die Interpretation der Informationen wird aus dem Zeitpunkt des Flankenwechsels abgeleitet.

Der Nachteil dieser Codierung ist, dass ein gewisser Gleichstromanteil nicht zu vermeiden ist, weil das Verhältnis der Pulse asymmetrisch ist. Auch die Decodierung ist deshalb nicht ganz unkompliziert zu bewerkstelligen. Positiv zeigt sich dieser Code jedoch gegenüber Manchester bei der spektralen Betrachtung. Es lassen sich mit dem Miller-Code mehr Informationen bei gleicher Bandbreite übertragen.

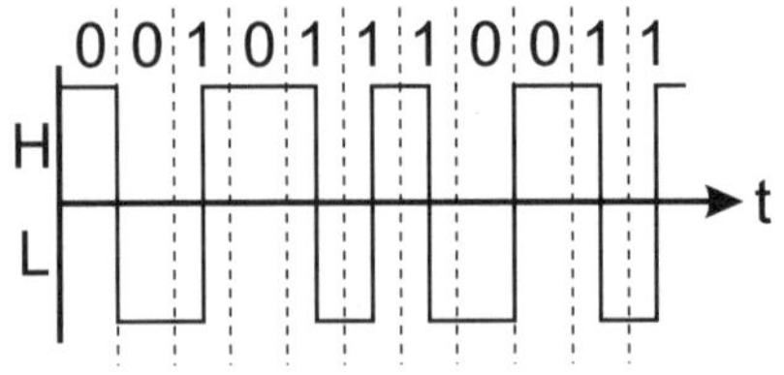

Abb. 3.27: Beispiel eines Datenstroms nach der Miller-Codierung.

3.6.4.1 Modifizierter Miller-Code

Betrachtet man die Gleichstromanteile des modifizierten Miller-Codes, dann sind diese sehr hoch. Theoretisch ist dieser Übertragungscode also sehr ungünstig gestaltet und kommt deshalb nicht in der Netzwerktechnik zum Einsatz. Für passive RFID-Systeme ist der modifizierte Miller-Code jedoch eine gute Lösung, denn die Informationen werden nur mit kurzen Impulsen gesendet. In der Ruhezeit bindet diese Codierung also keine Energie.

Wie auch bei den bereits vorangehend beschriebenen Codes (Miller und Differential Manchester) werden die Informationen im Verhältnis des Pulses zur zeitlichen Darstellung der Information übertragen. Ein Eins-Bit wird beispielsweise durch einen Impuls in der zeitlichen Mitte des Bit dargestellt. Bei einem Null-Bit, das direkt auf einer Eins folgt, wird kein Impuls gesendet. Ein auf einer Null folgendes Null-Bit wird wiederum mit einem Puls am zeitlichen Beginn der Information dargestellt. Diese Regeln decken sich also mit denen des Miller-Codes.

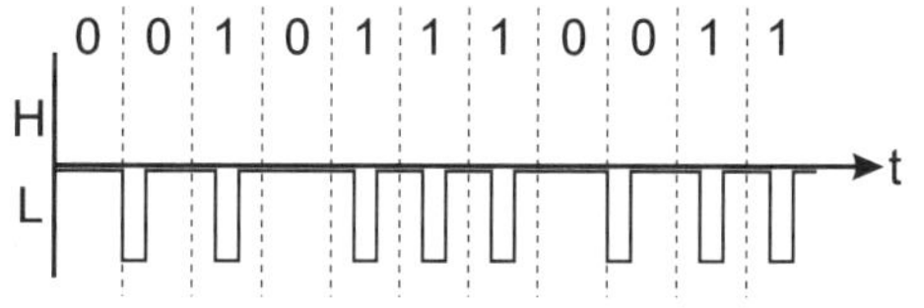

Abb. 3.28: Der modifizierte Miller-Code kann für eine sehr energiesparende Übertragung verwendet werden.

3.6.5 Puls-Pausen-Codierung

Die bisher vorgestellten Signal-Codierungen kommen zum Teil in der professionellen Netzwerktechnik und auch in RFID-Systemen zum Einsatz. Aus Gründen des sparsamen Umgangs mit der verfügbaren Energie, die insbesondere bei passiven RFID-Transpondern eher knapp bemessen ist, wäre eigentlich der modifizierte Miller-Code prädestiniert. Allerdings ist dieser schaltungstechnisch vergleichsweise aufwändig zu realisieren. Ziel bei passiven RFID-Systemen ist es allerdings, nicht nur die Sendeenergie, sondern auch die Energieaufnahme des Transponderchips so gering wie möglich zu halten. Jedes einzelne Gatter, das zur Codierung des Datenstromes benötigt wird, ist jedoch ein potenzieller Energieschlucker und so erweisen sich Codes als ideal, die sowohl wenig Sendeleistung beanspruchen als auch möglichst simpel schaltungstechnisch zu realisieren sind. Hier kommt die Puls-Pausen-Codierung ins Spiel.

Wie beim modifizierten Miller-Code werden die Informationen nur in der Form kurzer Impulse ausgesendet. Allerdings muss bei der Verwendung dieses Codes nicht ermittelt werden, ob der Impuls in der zeitlichen Mitte oder zum Beginn des Bits gesendet wird. Statt dessen wird die Information in der Pausenzeit zwischen den Pulsen dargestellt. Eine lange Pause steht für den Wert Null, eine kurze Pause für eine Eins. In der Regel wird die Sequenz mit einem Start- und einem Synchronimpuls eingeleitet, wobei Letzterer die Pausenlänge eines Null-Bits führt.

Der Nachteil der Puls-Pausen-Codierung ist auch hier wieder ein hoher Gleichstromanteil, jedoch spricht die extreme Ersparnis bei der Sendeenergie sowie die einfache Decodierbarkeit für den Einsatz in RFID-Systemen, wobei hier insbesondere passive Systeme zu nennen sind.

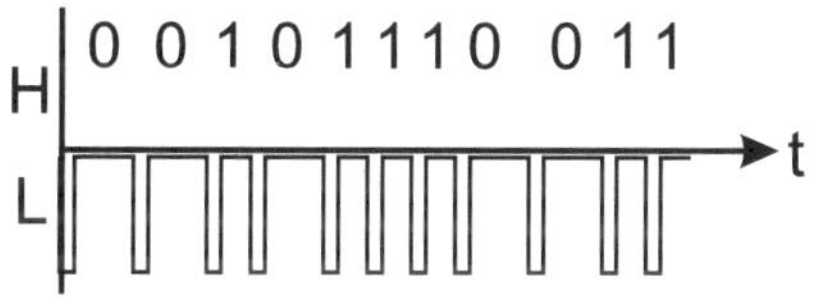

Abb. 3.29: Simpel, energiesparend und deshalb insbesondere für passive RFID-Systeme gut geeignet: die einfache Puls-Pausen-Codierung.

3.6.6 Andere Formen der Informationsübermittlung

Die hier gezeigten Übertragungscodes können durchaus in RFID-Systemen zum Einsatz kommen, allerdings wird es sich in diesen Fällen um hochwertige Systeme handeln, die größere Informationsmengen in den Transpondern speichern. Für die einfachen Ein-Bit-Transponder greift man meist auf andere Verfahren zurück, die zu gegebener Zeit im Rahmen der verschiedenen RFID-Systeme vorgestellt werden.

Denkbar sind beispielsweise einfache Feldveränderungen durch Ausnutzung der Reflexionen eines in Resonanz zum Reader-Feld befindlichen Transponders. Auch die Auswertung reflektierter Oberflächenwellen wird in passiven RFID-Systemen angewendet.

4 Elektromagnetische Wellen

Um Informationen drahtlos übertragen zu können, benötigt man elektromagnetische Wellen. "Falsch!", mögen nun einige einwenden und auf optische Übertragungstechnologien verweisen. Doch auch Licht ist gewissermaßen nichts anderes als eine elektromagnetische Welle (Physiker mögen diese Aussage verzeihen, denn es wird eifrig diskutiert, ob Licht Materie - Photonenteilchen - oder eine elektromagnetische Welle ist). Bleiben wir aber in für die RFID-Technologie interessanten Bereichen. Hier können wir eindeutig von einer Kommunikation über elektromagnetische Wellen sprechen. Allein dieses Thema bietet genug Raum für ein eigenes Buch, für wissenschaftliche Abhandlungen bis zur Dissertation. Dennoch wollen wir versuchen, die Zusammenhänge möglichst verständlich zu veranschaulichen.

4.1 Entstehung elektromagnetischer Wellen

Führen wir uns noch einmal kurz die Eigenschaften eines Schwingkreises, bestehend aus einer Spule (Induktivität) und einem Kondensator (Kapazität) vor Augen. Während sich der Kondensator des Schwingkreises auflädt, fließt ein immer geringerer Strom durch die Spule, in Folge dessen deren Magnetfeld schwächer wird. Durch Aufladung des Kondensators bildet sich zwischen dessen Platten jedoch ein elektrisches Feld aus. Die Potenziale der Platten sind unterschiedlich und schließlich lässt die zwischen ihnen bestehende Spannung einen Strom in die entgegengesetzte Richtung fließen, der wiederum in der Spule ein magnetisches Feld erzeugt. Der Kreis schwingt.

Das Beispiel zeigt aber auch, dass das elektrische und das magnetische Feld niemals zeitgleich ihr Maximum erreichen können. Sie sind in ihrer Phase verschoben.

4.1.1 Von der Schwingung zur Strahlung

Berücksichtigt man nun, dass auch ein einzelner gestreckter Leiter eine Induktivität darstellt und ein Stromfluss in ihm ein magnetisches Feld erzeugt, dann wird die folgende Darstellung plausibel: Wir wollen uns vorstellen, dass wir einen eben beschriebenen Schwingkreis (vgl. auch die vorangegangenen Kapitel) am Kondensator „auseinander reißen". Wir strecken also den Leiter, der die Spule und die Kondensatorplatten miteinander verbindet, so dass die Kondensatorplatten diesen Leiter begrenzen. Dabei nehmen wir an, dass das elektrische Feld nach wie vor zwischen beiden Platten besteht und der während des Schwingungsprozesses alternierend fließende Strom um den Leiter ein magnetisches Feld erzeugt.

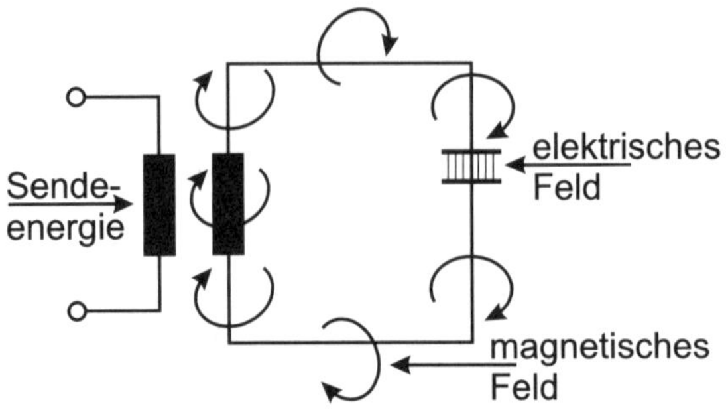

Abb. 4.1: Prinzip eines Schwingkreises: Zwischen den Kondensatorplatten besteht ein elektrisches Feld. Die dieses Feld bewirkende Spannung lässt durch den Leiter und die Spule einen Strom fließen, der ein magnetisches Feld um diese Bauelemente verursacht. In der zweiten Phase - wenn der Kondensator entladen ist und das Magnetfeld zusammenzubrechen beginnt - laufen die Vorgänge entsprechend umgekehrt ab.

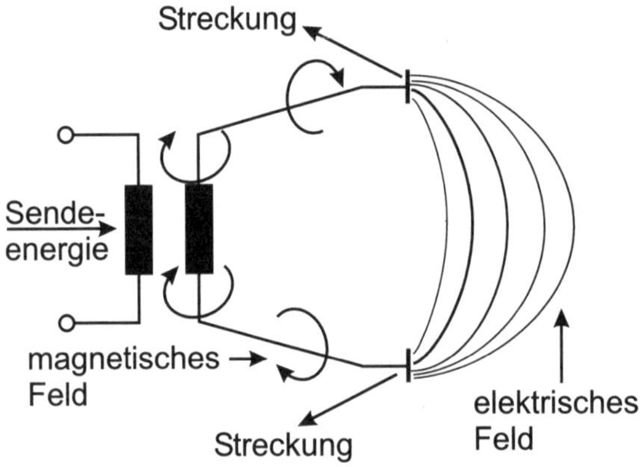

Abb. 4.2: Der Kondensator wird in diesem gedanklichen Beispiel geweitet und der Leiter gestreckt. Auch das elektrische Feld weitet sich entsprechend.

Betrachten wir diesen „geöffneten" Schwingkreis einmal unter Berücksichtigung der zeitlichen Verläufe. Wir wissen, dass die Maxima der elektrischen und magnetischen Felder einander abwechseln. Auch wissen wir, dass die Ausbreitungsgeschwindigkeit generell nicht größer werden kann als die „Lichtgeschwindigkeit". Sie ist also endlich.

Von dieser Tatsache lassen sich jedoch die Feldlinien nicht beeindrucken. Sie reichen weit in den Raum hinein. Das wiederum führt dazu, dass ein beachtlicher Teil des Feldes nicht aufgebaut werden kann, bevor die nächste - dem Feld entgegengesetzte - Halbperiode der Schwingung beginnt. Auch diese Vorgänge erzeugen ein Feld (wenn sich zuvor das elektrische Feld ausgebildet hat, handelt es sich nun um ein magnetisches Feld und umgekehrt), das jedoch in seiner Wirkung dem vorangehenden Feld entgegensteht. Es entsteht eine Abdrängung des vorangehend ausgebildeten Feldes vom „geöffneten" Schwingkreis in den freien Raum. Wir erkennen den Beginn der *Strahlung*.

Nehmen wir nun an, es handle sich um die elektrische Feldkomponente, die in diesem Beispiel von der Wirkung des nachfolgend entstandenen magnetischen Feldes in den Raum gedrängt wurde: Das Feld drängt auch im freien Raum darauf, sich auszugleichen. Es entsteht ein geschlossener Kreis, um dem herum sich wiederum ein magnetisches Feld bildet. Dieses wiederum lässt nach den bekannten Grundlagen ein elektrisches Feld - diesmal wieder im freien Raum - entstehen und immer so weiter. Es pflanzt sich also infolge der sich gegenseitig aufbauenden *Wirbelfelder* eine elektromagnetische Welle im freien Raum fort.

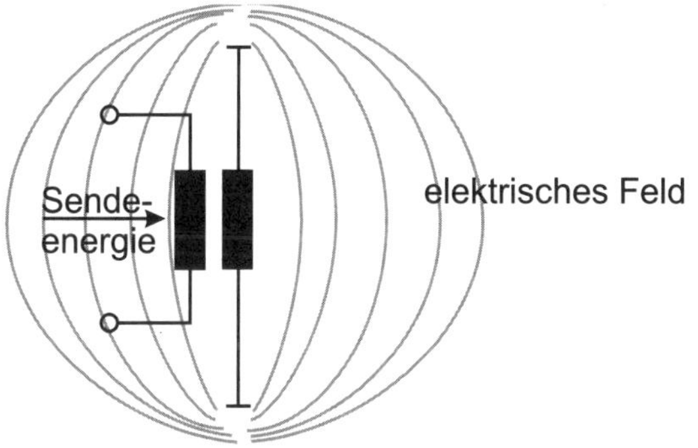

Abb. 4.3: Erste Phase: Zwischen den Endpunkten des gestreckten Leiters bildet sich ein elektrisches Feld aus. Dies entspricht dem Zustand eines Schwingkreises, in dem der Kondensator voll geladen ist.

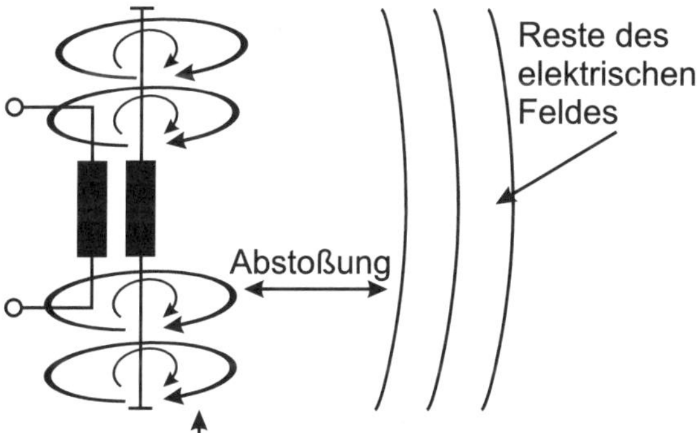

Abb. 4.4: Zweite Phase: Das elektrische Feld bricht zusammen. Der infolgedessen fließende Strom erzeugt ein magnetisches Feld um den Leiter, das dem elektrischen Feld entgegenwirkt. Ein Teil der im elektrischen Feld gespeicherten Energie wird in den freien Raum abgedrängt.

Das in diesem Beispiel als „geöffneter" Schwingkreis bezeichnete schaltungstechnische Gebilde stellt das Grundprinzip einer einfachen *Antenne* dar. Auf die Eigenschaften einer Antenne werden wir im Laufe dieses Kapitels noch näher eingehen.

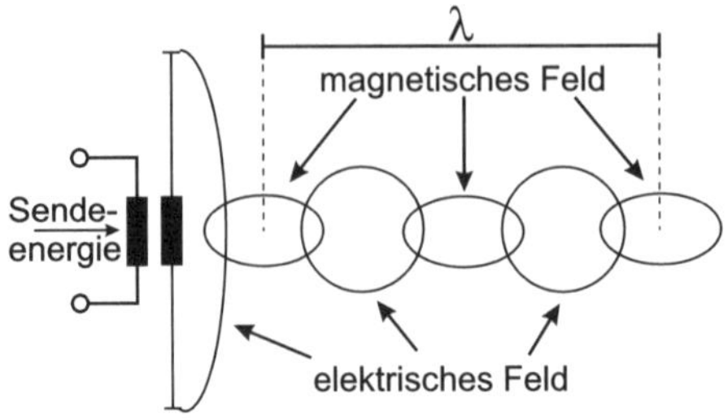

Abb. 4.5: Prinzip der Fortflanzung der elektromagnetischen Welle, ausgehend von einer Antenne.

4.1.2 Maxwellsche Gesetze als Grundlage der Wellentheorie

Lange bevor die Ausbreitung elektromagnetischer Wellen bzw. deren Existenz experimentell nachgewiesen werden konnte, stellte der schottische Physiker James Clerk Maxwell (1831 bis 1879) vier grundlegende Gesetze auf theoretischer Basis auf, die als Maxwellsche Gleichungen bekannt wurden (1862). Maxwell selbst wies seine Regeln nicht experimentell nach. Sie werden anhand der Namen feststellen, dass sich diesbezüglich eine Reihe anderer namhafter Wissenschaftler verdient gemacht haben. Das soll die Leistung von Maxwell keinesfalls schmälern. Im Gegenteil: Kein geringerer als Ludwig Boltzmann soll 1893 im Zusammenhang mit Maxwells Arbeiten Goethe zitiert haben: „War es ein Gott, der diese Zeilen schrieb?" Wie Recht er haben musste, denn das Verständnis der Maxwellschen Theorien ist noch heute eine der größten Herausforderungen in den Hörsälen der Universitäten und Fachhochschulen. Wir wollen an dieser Stelle nicht zu tief in die theoretische Mathematik abdriften und die Gesetzmäßigkeiten sinngemäß darstellen. Beachten Sie hierzu bitte auch die Grundlagen des Kapitels 2.

4.1.2.1 1. Maxwellsches Gesetz: Durchflutungsgesetz

„*Jedes zeitlich veränderte elektrische Feld erzeugt ein magnetisches Feld*". Genau genommen: Es erzeugt ein magnetisches Wirbelfeld. Ein solches magnetisches Wirbelfeld umgibt also auch das elektrische Feld eines Kondensators. Wird der Kondensator, wie im obigem Beispiel gezeigt, geöffnet und der gesamte Schwingkreis zur „Antenne" gestreckt, dann erstreckt sich dessen elektrisches Feld im Raum. Da die Energie innerhalb des Schwingkreises ständig in Bewegung ist, liegt ein zeitlich veränderliches Feld vor. Es kommt zur Entstehung magnetischer Wirbelfelder im Raum.

Das erste Maxwellsche Gesetz heißt auch *Amperescher Durchflutungssatz.*

4.1.2.2 2. Maxwellsches Gesetz: Induktionsgesetz

„*Jedes sich zeitlich verändernde Magnetfeld erzeugt ein elektrisches Wirbelfeld*". Das ist eine wichtige Feststellung, denn im Kapitel 2 haben wir lediglich von induzierten Spannungen in einem Leiter sowie infolgedessen fließender Ströme gesprochen. Das 2. Maxwellsche Gesetz, das auch als *Faradays Induktionsgesetz* bezeichnet wurde, begründet an dieser Stelle, warum im freien Raum eine magnetische Feldkomponente entstehen kann, obwohl es dort keine Leiter und keine messbar fließenden Ströme gibt. Die Namensgebung der Gesetze beruht - wie eingangs angedeutet - auf dem experimentellen Nachweis der von Maxwell aufgestellten Theorien.

Die Schlussfolgerung aus den beiden ersten Maxwellschen Gesetzen ist, dass veränderliche elektrische und magnetische Felder stets gemeinsam auftreten. Ein veränderliches magnetisches Feld erzeugt nach dem zweiten Maxwellschen Gesetz ein veränderliches elektrisches Feld. Dieses wiederum hat nach dem ersten Maxwellschen Gesetz die Entstehung eines magnetischen Feldes zur Folge.

Das zweite Maxwellsche Gesetz ist auch als *Faradaysches Induktionsgesetz* bekannt.

4.1.2.3 3. Maxwellsches Gesetz: Das elektrische Feld

„*Elektrische Ladungen sind stets Quellen elektrischer Felder*". Dieses Gesetz führt häufig zu Verwirrungen, denn es besagt, dass ein elektrisches Feld eine Quelle und eine Senke hat. Das schließt aber keinesfalls die Existenz von Wirbelfeldern aus, die nicht in diesem Sinne definiert sind, sondern nach dem zweiten Maxwellschen Gesetz entstanden sind. Allerdings erklärt diese Regel das Feld zwischen zwei Kondensatorplatten sowie das im unmittelbaren Bereich einer Antenne.

Das 3. Maxwellsche Gesetz wird auch als *Gaußscher Satz* für das elektrische Feld bezeichnet.

4.1.2.4 Satz zum magnetischen Feld

„*Magnetische Felder haben niemals Quellen!*". Ein Magnetisches Feld - egal, ob es sich um ein permanentes magnetisches Feld eines Dauermagneten oder um ein Feld im freien Raum handelt, das aufgrund des ersten Maxwellschen Gesetzes durch ein elektrisches Feld erzeugt wurde, ist stets ein Wirbelfeld.

4.1.3 Nah- und Fernfeld

Kommen wir noch einmal auf die Entstehung der elektromagnetischen Welle und deren Abstrahlung in den freien Raum zurück. In unserem Beispiel mit dem „geöffneten" Schwingkreis haben wir gesehen, dass wir durchaus unterscheiden müssen zwischen den Vorgängen innerhalb des Schwingkreises und dem Bereich, in dem sich elektrische und magnetische Felder gegenseitig und unabhängig von den aktuellen Vorgängen im Schwingkreis aufbauen. Die Frage ist nun, an welcher Stelle die Grenze zwischen diesen Bereichen liegt und welche Konsequenzen dies für die Nutzbarkeit der Felder hat.

Da diese beiden Phasen der Abstrahlung einer elektromagnetischen Welle verschiedene Eigenschaften haben, unterscheidet man zwischen dem so genannten *Nah-* und dem *Fernfeld.* Ein wesentlicher Grund für die Entstehung dieser beiden Feldbereiche liegt darin, dass die Ausbreitungsgeschwindigkeit nicht unendlich, sondern durch die Lichtgeschwindigkeit begrenzt ist. In diesem Zusammenhang spielt somit auch die Wellenlänge eine wesentliche Rolle bei der Abschätzung der Nah- und Fernfeldgrenzen.

4.1.3.1 Wellenlänge

Betrachten wir zur Erläuterung zunächst nur eine der beiden Feldkomponenten: Die Energie des Feldes baut sich im zeitlichen Wechsel auf und wieder ab. Der Verlauf hat die Form einer Sinusschwingung. Diese Energiepegel bewegen sich - wie bereits angedeutet - mit einer endlichen Geschwindigkeit - mit Lichtgeschwindigkeit - im Raum. Die Höhe der Lichtgeschwindigkeit ist abhängig vom Medium. In der Luft beträgt sie ungefähr 300.000 km/s. Die Distanz, die von der Welle mit dieser Geschwindigkeit in der Zeit einer Periode - beispielsweise vom ersten positiven Nulldurchgang bis zum darauffolgenden positiven Nulldurchgang zurückgelegt wird, bezeichnet man als "Wellenlänge". Je höher die Frequenz der Schwingung ist, umso kürzer ist die Zeit, in der diese Periode beendet ist. Entsprechend kürzer sind bei höheren Frequenzen die Wellenlängen. Eine elektromagnetische Welle niedriger Frequenz hat dementsprechend eine große Wellenlänge.

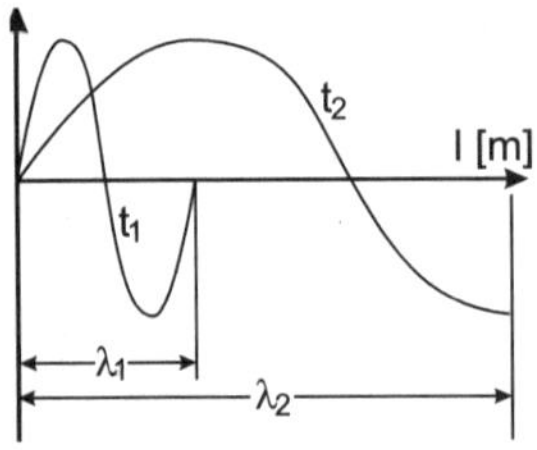

Abb. 4.6: Wellenlängen bei verschiedenen Frequenzen.

Die Wellenlänge ist definiert durch:

$\lambda = c / f$

Hierbei ist:

- λ= Wellenlänge in m,
- c = Lichtgeschwindigkeit (300.000.000 m/s)
- f = Frequenz in Hz bzw. 1/s

Die Wellenlänge bei einer Frequenz von 135 kHz beträgt demnach 2222,22 m. Für eine - ebenfalls in RFID-Systemen zum Einsatz kommende Frequenz von 13,56 MHz beträgt die Wellenlänge 22,12 m.

4.1.3.2 Grenze zum Fernfeld

Für die Definition der Begriffe Nah- und Fernfeld gehen die Ausführungen in der Literatur oft weit auseinander. So sind Definitionen zu finden, die das Nahfeld bis zu einem Abstand von λ von der Antenne sehen. In einzelnen Publikationen ist sogar von einer Distanz von 4 λ, also der vierfachen Wellenlänge die Rede. Wir wollen uns an die Definitionen der Regulierungsbehörde für Post und Telekommunikation (RegTP) in der „Anleitung zur Durchführung der Anzeige ortsfester Amateurfunkanlagen nach §9 der Verordnung über das Nachweisverfahren zur Begrenzung elektromagnetischer Felder (BEMFV)" halten und folgende Definitionen anerkennen:

- *Strahlendes* Nahfeld: $r > \lambda / 2\pi$, aber $< 4\lambda$
- *Reaktives* Nahfeld: $r < \lambda / 2\pi$

Da zur induktiven Energiekopplung bei passiven RFID-Systemen wichtig ist, dass sich der Transponder unmittelbar im Bereich des magnetischen Feldes der Reader-Antenne befindet, ist für diese Technologie ausschließlich das reaktive Nahfeld ($r < \lambda / 2\pi$) von Interesse.

Ab einer Distanz von $\lambda/2\pi$ löst sich die elektromagnetische Welle von der Antenne und strahlt in den freien Raum ab. Wir sprechen in diesem Fall vom Fernfeld der elektromagnetischen Welle.

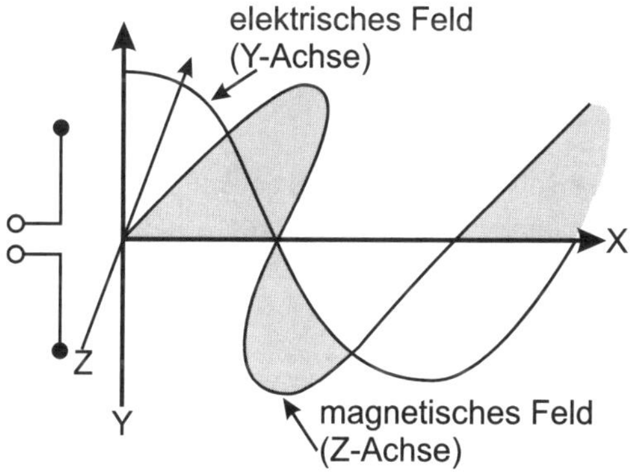

Abb. 4.7: Beispiel für eine linear polarisierte elektromagnetische Welle: Das elektrische Feld steht senkrecht im Raum (wie die Antenne). Wir sprechen von einer vertikalen Polarisation.

4.1.4 Polarisation elektromagnetischer Wellen

Wenn wir das Beispiel des „geöffneten" Schwingkreises noch einmal betrachten, dann fällt auf, dass die elektrischen Feldlinien (in vereinfachter Darstellung) von einer Platte direkt zur entgegengesetzten Platte gerichtet sind. Die elektrischen Feldlinien verlaufen also in der gleichen Dimension wie die mechanische Ausrichtung der Antenne. Anders sieht es bei den magnetischen Feldlinien aus. Sie umgeben die Antenne und stehen im rechten Winkel zu ihr.

Entsprechend muss man sich nun die Situation auf der Empfängerseite vorstellen. Ist die Empfangsantenne in die gleiche Richtung ausgerichtet, wie es dem Verlauf des elektrischen Feldes entspricht, dann sind die Empfangseigenschaften entsprechend optimal. Eine um 90° versetzte Antenne kann dagegen keine Energie aus dem Feld aufnehmen

Elektromagnetische Wellen breiten sich also polarisiert aus. Die Richtung der Polarisation wird durch das elektrische Feld bestimmt und entspricht damit auch der Ausrichtung der Antenne. Das eben gezeigte Beispiel entspricht einer *linearen Polarisation.* D. h.: Die Wellen sind nur in einer einzigen Dimension - je nach Ausrichtung der Antenne bzw. des elektrischen Feldes - horizontal oder vertikal polarisiert.

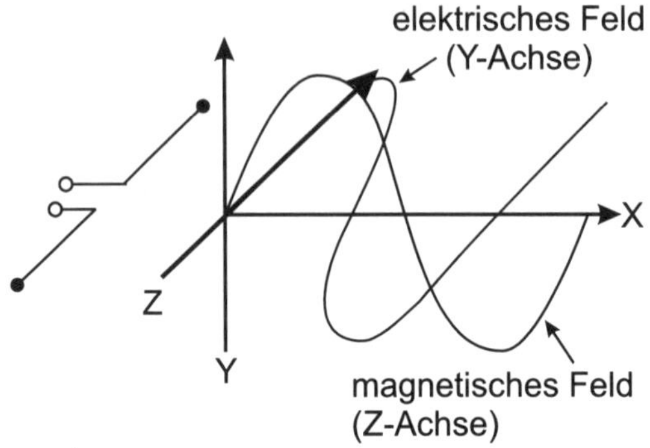

Abb. 4.8: Auch dieses Beispiel zeigt eine linear polarisierte elektromagnetische Welle, jedoch handelt es sich diesmal um eine horizontale Polarisation. Das elektrische Feld liegt horizontal im Raum, das magnetische Feld steht vertikal dazu.

Für RFID-Systeme, in denen Transponder beispielsweise als Klebeetiketten auf Waren eines Supermarktes befestigt werden, stellt die lineare Polarisation jedoch ein großes Problem dar. Die Waren werden im Allgemeinen nicht in einem bestimmten Winkel in den Einkaufswagen abgelegt, so dass niemals sicher bestimmt werden kann, wie die Antenne des Transponders zum Feld hin ausgerichtet ist.

Die Lösung sind zirkular polarisierte elektromagnetische Wellen. Hierzu ist eine spezielle Anordnung der Antennen die Voraussetzung, wobei zwei Antennen exakt um 90° versetzt angeordnet werden. Dies allein genügt aber noch nicht, denn auch das zu übertragende Signal muss um 90° phasenverschoben auf eine der beiden Teilantennen geführt werden.

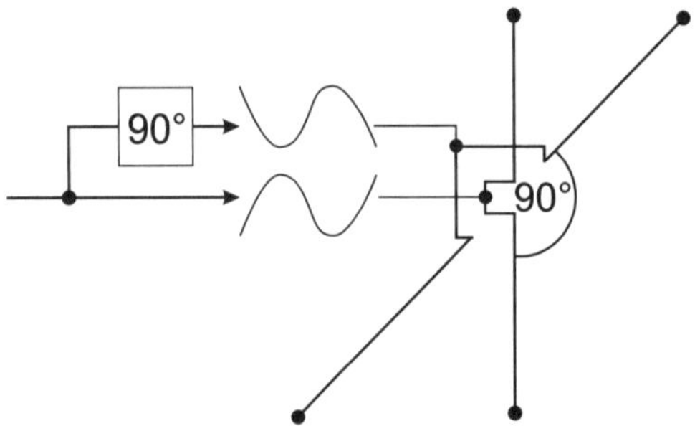

Abb. 4.9: Die Abstrahlung eines zirkular polarisierten Signals erreicht man über zwei senkrecht zueinander stehende Antennen, wobei eine dieser Antennen mit einem um 90° phasenverschobenen Signal angesteuert wird.

4.1.5 Reflexion

Werfen wir einen Stein in das Wasser, dann sehen wir, dass sich um den Einschlagort herum Wellen in alle Richtungen ausbreiten. Stoßen diese Wellen an ein Hindernis, dann ist deutlich zu erkennen, dass ein Teil der Wellenenergie reflektiert wird. Es breiten sich Wellen in die entgegengesetzte Richtung aus. Genau das Gleiche passiert mit elektromagnetischen Wellen auch. Das Prinzip macht man sich schon seit Jahrzehnten in der Radartechnik zunutze. Auch RFID-Systeme machen sich die Signalreflexionen nutzbar, in dem die so genannte Rückstreufläche des Transponders in Abhängigkeit von der zu übertragenden Information verändert wird. Das kann beispielsweise durch Beeinflussung des Resonanzverhaltes geschehen. Solche Systeme werden als *Backscatter-Systeme* bezeichnet.

4.2 Antenne

In unseren allgemeinen Ausführungen zur Entstehung elektromagnetischer Wellen sprachen wir stets von einem „geöffneten" Schwingkreis. Das so definierte „Gebilde" ist eine Antenne. Es handelt sich - bei richtiger Länge mit $\lambda/2$ - um einen Dipol, um genau zu sein. Es gibt verschiedene Arten von Antennen, was auch für RFID-Systeme gilt. Darüber hinaus sollten einige Kenndaten einer Antenne bekannt sein.

4.2.1 Antennenarten

Für den Laien ist eine Antenne meist nichts anderes als ein Stück Draht. Dank zunehmender Miniaturisierung der Baugruppen und Geräte findet man teilweise nicht einmal mehr (außen sichtbare) Antennen - beispielsweise an Mobiltelefonen. Dennoch sind Antennen - gerade in miniaturisierter Bauart - äußerst komplexe Gebilde. Man könnte ein ganzes Buch über sie und ihre Grundlagen verfassen und dabei problemlos in die höhere Mathematik eintauchen. Das wollen wir in diesem Buch nicht tun, sondern lediglich einen allgemeinen Überblick zu einigen wichtigen Bauformen von Antennen liefern.

4.2.1.1 Hertzscher Dipol

In unserem einführenden Beispiel - Sie erinnern sich an den „geöffneten Schwingkreis" - und den vorangegangenen Illustrationen haben wir als Quelle der elektromagnetischen Welle zwei gestreckte Drähte dargestellt. In den Illustrationen fehlte allerdings eine wichtige Information: Die Länge des Drahtes.

Rein aus rechentechnischer Sichtweise wäre ein dimensionsloser Punktstrahler die ideale Antenne, die nach allen Seiten gleich strahlt. Diese Antenne gibt es jedoch nicht. So gilt der - nach dem deutschen Physiker Heinrich Hertz (1857 bis 1894) benannte - *Hertzsche Dipol* als die Grundbauform einer Antenne. In der Tat hatte Heinrich Hertz mit einem vergleichbaren Versuchsaufbau experimentiert, wie wir ihn dargestellt haben: Er montierte Metallkugeln an das Ende zweier gestreckter Drähte - vergleichbar mit unseren auseinander gerissenen Kondensatorplatten - und leitete elektrische Energie an die Drahtenden. In einem Meter Abstand platzierte Hertz einen Drahtring, der durch eine Funkenstrecke unterbrochen wurde. Jedes Mal, wenn an dem ersten Kugelpaar ein Funke übersprang, geschah dies auch an der Funkenstrecke des Drahtringes. Mit diesem Experiment wies Hertz die Existenz und die Ausbreitungsfähigkeit der von Maxwell bereits theoretisch hergeleiteten elektromagnetischen Wellen im Experiment nach.

Die idealsten Eigenschaften zeigt der Hertzsche Dipol als Antenne, wie wir sie heute kennen, wenn dessen Länge $\lambda/2$ ist. In diesem Fall sind die Ladungen an den Enden des Dipols einander genau entgegengerichtet (wie bei einem Kondensator, daher der Name Dipol). Bei einer Länge von $\lambda/2$ trifft das Strommaximum im Leiter auf das Spannungsminimum. Die volle Wirkleistung geht frei von Blindleistung in die elektromagnetische Welle über.

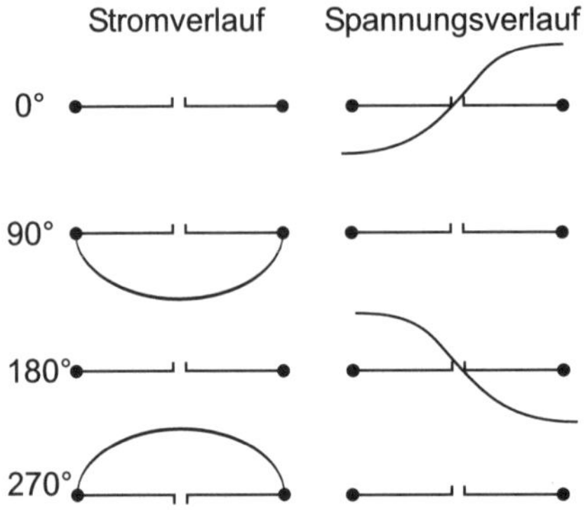

Abb. 4.10: Verteilung von Strom und Spannung auf einem Hertzschen Dipol mit der Länge $\lambda/2$ bei einem Stromverlauf von 0°, 90°, 180° und 270°.

Es sei an dieser Stelle erwähnt, dass eine $\lambda/2$-Antenne auch durchaus auf $\lambda/4$ verkürzt werden kann, wenn das fehlende Antennenglied durch eine ausreichend große Massefläche - in der Rundfunktechnik ist dies beispielsweise der Erdboden - ersetzt wird. Berücksichtigen wir, dass ein Halbwellendipol für ein 13,46 MHz-RFID-System eine Länge von 11 m (!) haben müsste, dann wird schnell klar, dass diese Antennenart in der klassischen Bauform nicht geeignet sein kann. Es müssen also wesentlich kleinere, kompakte Lösungen mit nahezu gleichen Eigenschaften gefunden werden.

4.2.1.2 Patchantennen

Die Entwicklung von Patch- bzw. Microstrip-Antennen wurde im Zuge der Innovationen bei Mobiltelefonen und Wireless LAN-Systemen forciert. Es handelt sich um Flächenantennen, die beispielsweise auf eine Leiterplatte geätzt werden können und sich somit sehr einfach herstellen lassen. Auch die Anwendung in RFID-Tags, die als Klebeetikett realisiert werden, ist denkbar.

Ideal sind Patchantennen geeignet, wenn es auf eine zirkulare Polarisation ankommt. Wie bereits im oben genannten Beispiel gezeigt, müssen der Antenne zwei Signale zugeführt werden, die um 90° in ihrer Phase verschoben sind. Die Einspeisungen der Antenne müssen ebenfalls um 90° versetzt an verschiedenen Kanten erfolgen. Diese Einspeisungen werden auch als Microstrips bezeichnet.

4.2.1.3 Ferritantennen

In der Rundfunktechnik sind Ferritantennen seit Jahrzehnten für den Empfang von Lang- und Mittelwellensignalen im Einsatz. Auch für die RFID-Technologie sind diese Antennen von großem Interesse. Insbesondere sehr kleine Transponder, die beispielsweise Tieren unter das Fell injiziert werden, können nicht mit leistungsstarken Spulen aufwarten, die ihnen ausreichende Energie aus dem umgebenen Magnetfeld liefern. Ein Ferritkern kann dies jedoch aufgrund seiner hohen Permeabilität - vgl. Kapitel 2 - kompensieren. Wie in diesem Kapitel beschrieben, bündelt ein magnetisch gut leitendes Material die magnetischen Feldlinien. Die Kopplung der Transponderspule mit der des Readers ist somit um ein Vielfaches fester als es mit einer miniaturisierten Luftspule möglich wäre.

4.2.1.4 Schlitzantennen

Besonders interessant im Bereich der Logistik, wo RFID-Technologie herausragende Einsatzmöglichkeiten bietet, sind Schlitzantennen. Konkret bedeutet dies, dass eine metallische Fläche mit einem Schlitz versehen und in der Mitte des Schlitzes auf den jeweils gegenüberliegenden Seiten die Signaleinkopplung erfolgt. Für die Dimensionierung des Schlitzes gilt dabei:

- Die Länge des Schlitzes entspricht - wie beim Halbwellendipol $\lambda/2$.
- Die Breite des Schlitzes ist erheblich kleiner als die Wellenlänge.

Es versteht sich von selbst, dass es keine Option darstellt, einen 11 m langen Schlitz in einen Container zu fräsen. Aus diesem Grunde kommen derartige Antennen ausschließlich für Systeme mit extrem kurzen Wellenlängen in Betracht. So sind Schlitzantennen idealer weise für RFID-Systeme im ISM (Industrial, Science and Medical) Band einsetzbar, wo mit Frequenzen von 2,45 GHz und 5,8 GHz gearbeitet wird.

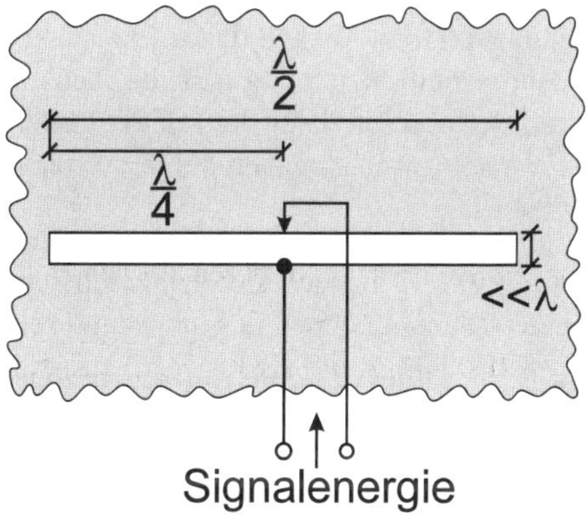

Abb. 4.11: Ein Schlitz in einer metallischen Fläche kann - richtige Abmessungen des Schlitzes vorausgesetzt - als Antenne genutzt werden.

4.2.2 Kenngrößen einer Antenne

Eine Antenne wird im Wesentlichen - abgesehen von ihren Abmessungen - nach zwei Kriterien beurteilt:

- Nach dem Anteil der Leistung, die die Antenne abstrahlen bzw. empfangen kann.
- Nach der Richtwirkung.

4.2.2.1 Gewinn der Antenne

Der Antennengewinn ist stets eine relative Größe und wird einheitenlos in Dezibel angegeben. Als Bezugsgröße wird idealerweise der isotrope Strahler, also der ideale „Kugelstrahler" angegeben (dBi). Allerdings ist diese Relation nicht direkt praktisch nachvollziehbar, weil es diesen idealen Strahler nicht geben kann. Man weicht deshalb auf die dem isotropen Strahler am nächsten kommende tatsächlich baubare Lösung aus, dem (verlustfrei angenommenen) Halbwellendipol. Dieser muss unter bestimmten Bedingungen betrachtet werden, wobei Störeinflüsse wie beispielsweise Reflexionen weitgehend zu vermeiden sind.

Dezibel (dB) ist keine Einheit, sondern deutet lediglich auf eine logarithmisch dargestellte Verhältnismäßigkeit hin. Erweiterungen von dB, z. B.: dBi kennzeichnen die Bezugsgröße.

Zu beachten ist natürlich, dass - wenn für den isotropen Kugelstrahler (der nicht realisierbare ideale Strahler) ein Gewinn von 0 dB angenommen wird - eine Anpassung an die Verhältnisse des nicht idealen Halbwellendipols vorgenommen werden muss. Der Gewinn eines Halbwellendipols im Bezug zum isotropen Kugelstrahler ist mit 2,15 dB definiert. Der absolute Gewinn des Halbwellendipols ist also 2,15 dB. Dieser Wert ist wichtig für die Umrechnung. Wird der absolute Gewinn einer Antenne mit 10 dB angegeben, dann ist deren relativer Gewinn - also bezogen auf den Halbwellendipol - nur 7,85 dB (absoluter Gewinn - 2,15 dB).

Aus diesen Verhältnissen lassen sich auch Leistungsdaten ableiten. Der als dB-Wert definierte Antennengewinn ist Bestandteil eines Leistungsfaktors (G). Mit diesem Leistungsfaktor wird die Ausgangsleistung der Sendeendstufe multipliziert, die auf die Antenne geleitet wird. Je nachdem, ob dem Leistungsfaktor der absolute oder der relative Antennengewinn zugrunde gelegt wird, muss man zwischen zwei Angaben für die effektiv abgestrahlte Leistung unterscheiden:

- *Effective Radiated Power* (ERP): Basis ist der *relative Gewinn*, bezogen auf den Halbwellendipol.
- *Effective Isotropical Radiated Power* (EIRP): Basis ist der *absolute Gewinn,* bezogen auf den isotropen Kugelstrahler.

Es gilt:

$$ERP = G_{relativ} \cdot P$$

mit

$$G_{relativ} = 10^{\frac{g(rel)}{10}}$$

$$EIRP = G_{absolut} \cdot P$$

mit

$$G_{absolut} = 10^{\frac{g(abs)}{10}}$$

Die Angabe von ERP und EIRP erfolgt in Watt [W].

ERP und EIRP werden auch als *äquivalente Sendeleistungen* bezeichnet. Dies ist ein fiktiver Wert, der angibt, mit welcher Sendeleistung die Referenzantenne (isotroper Kugelstrahler bei EIRP bzw. Halbwellendipol bei ERP) gespeist werden müsste, damit sie in allen Richtungen die gleiche Leistung abgibt, wie die betrachtete Antenne in ihrer Hauptsenderichtung (vgl. nächster Abschnitt).

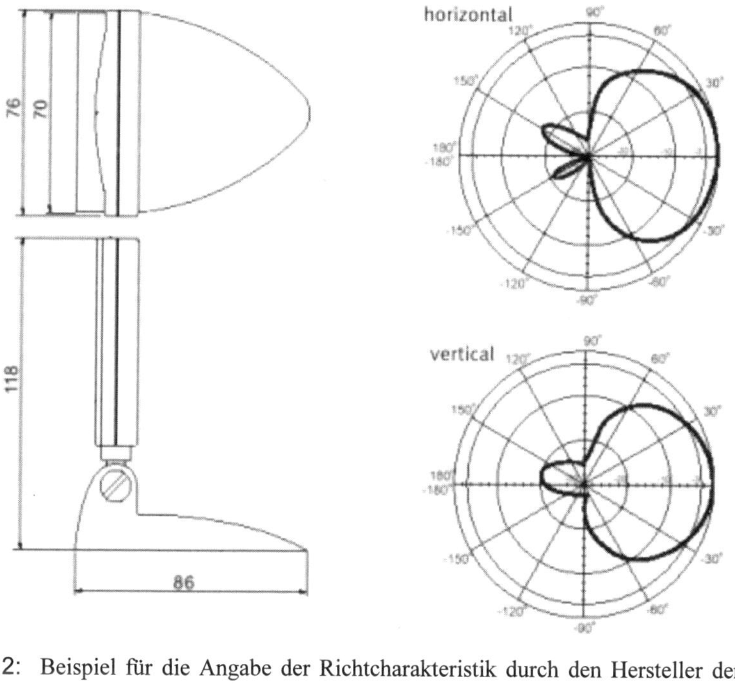

Abb. 4.12: Beispiel für die Angabe der Richtcharakteristik durch den Hersteller der Antenne. Das Bild zeigt zwei Diagramme (rechte Bildhälfte), von denen das obere die horizontale und das untere die vertikale Richtwirkung zeigt. Bild: Funkwerk Enterprise Communications.

4.2.2.2 Entfernungsabhängige Feldstärken

Ein hoher Antennengewinn klingt ja schön und gut, doch interessiert doch vielmehr, wie viel abgestrahlte Energie in einer bestimmten Entfernung von der Antenne wirklich zur Verfügung steht. Hier kann eine Antenne mit geringem Gewinn für kurze Distanzen ebenso gut geeignet sein, wie eine Antenne mit großem Gewinn auf längeren Distanzen. Bei der Wahl oder der Dimensionierung der Antenne ist also stets die Frage, ob der Gewinn ausreichend ist, damit der Empfänger das gesendete Signal noch verarbeiten kann.

Aus dem Antennengewinn lässt sich - wie gesehen - die Leistungsangabe EIRP berechnen. Aus diesem Wert kann dann die jeweilige Leistungsdichte für die gegebene Entfernung berechnet werden.

Allgemein gilt:

$$S = \frac{EIRP}{4 \cdot \pi \cdot d^2} \quad \left[\frac{W}{m^2}\right]$$

mit d = Entfernung zur Antenne.

Die Leitungsdichte ist aber auch gleich dem Verhältnis aus dem Quadrat der elektrischen Feldstärke zum *Feldwellenwiderstand* (Z_0). Der Feldwellenwiderstand ist eine Konstante und beträgt ca. 377 Ω. Er berechnet sich aus der magnetischen Feldkonstanten μ_0 und der elektrischen Feldkonstanten ε_0 nach folgender Formel:

$$Z_0 = \sqrt{\frac{m_0}{\varepsilon_0}}$$

Dabei sind:

$\mu_0 = 1{,}2566 * 10^{-6}$ Vs/Am

$\varepsilon_0 = 0{,}885 * 10^{-11}$ As/Vm

Es gilt also auch:

$$S = \frac{E^2}{Z_0}$$

Wir können also anhand der Konstanten, dem aus dem Datenblatt zu entnehmenden Antennengewinn, der Umrechnung auf die EIRP und der gegebenen Entfernung zur Antenne die jeweilige elektrische Feldstärke ermitteln:

$$E = \sqrt{\frac{EIRP \cdot Z_0}{4 \cdot \pi \cdot d^2}} \quad [Vm]$$

mit EIRP = $G_{absolut} * P$

Berücksichtigt man die Konstanten, dann kann auch die folgende Faustformel verwendet werden:

$$E = \sqrt{\frac{30 \cdot EIRP}{d}} \qquad [Vm]$$

4.2.2.3 Richtcharakteristik der Antenne

Die eben dargestellten - rein numerischen - Daten haben einen ganz entscheidenden Nachteil, der bereits angedeutet wurde. Die ausschließlich numerische Betrachtung würde nämlich davon ausgehen, dass die Antenne in alle Richtungen gleich gut strahlt bzw. empfängt. Das ist jedoch keinesfalls so. Die im letzten Abschnitt gemachten Angaben müssen also immer unter dem Gesichtspunkt der Richtung bewertet werden.

Die richtungsabhängigen Eigenschaften einer Antenne werden auch als Richtcharakteristik bezeichnet. In der Regel wird diese Richtcharakteristik in grafischer Form dargestellt. So kann für jeden Winkel der jeweils gültige Gewinn ermittelt werden. Um sowohl die horizontale als auch die vertikale Strahlungscharakteristik zu dokumentieren, werden in der Regel zwei Diagramme von den Herstellern geliefert.

5 Marktgängige Systeme

RFID ist in den Medien ein sehr breitbandig verwendeter Begriff. Es gibt nicht DIE RFID-Technologie, sondern eine ganze Reihe verschiedener Konzepte. Wir wollen versuchen, ein wenig Licht in das Dunkel zu bringen und die verschiedenen Typen zu gliedern.

5.1 Aktive und passive RFID-Lösungen

Sprechen wir von RFID, dann meinen wir meist die unauffälligen Chips, die vollkommen ohne eine eigene Batterie auskommen und eine quasi unbegrenzte Lebensdauer haben. Dies sind passive RFID-Transponder. Es gibt aber auch durchaus RFID-Lösungen, die eine eigene Stromversorgung beinhalten. Hier sprechen wir von den aktiven Transpondern.

5.1.1 Passive Transponder

Passive Transponder besitzen keine eigene Stromversorgung. Sie erhalten die für ihren Betrieb notwendige Energie aus dem sie umgebenen elektrischen bzw. magnetischen Feld, das vom Reader aufgebaut wird. Außerhalb des Einflussbereichs des Readers arbeiten diese Transponder nicht. Erst wenn die Feldstärke ausreichend groß ist, beginnt der Chip mit dem Reader zu kommunizieren.

Diese Eigenschaft führt dazu, dass passive Transponder - je nach der weiteren technischen Realisierung (s. u.) meist nur sehr begrenzte Reichweiten von wenigen Zentimetern (Close Coupling-Systeme) bis hin zu Distanzen von ca. 10 m (Long Range-Systeme) haben können. Wie bereits angedeutet: Entscheidend ist nicht zuletzt die verwendete Technologie.

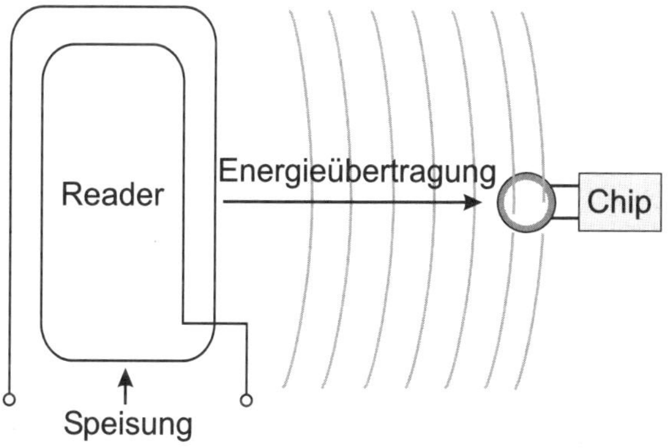

Abb. 5.1: Passive RFID-Transponder besitzen keine eigene Batterie. Sie beziehen ihre Betriebs- und Sendeenergie aus dem vom Reader aufgebauten Feld.

5.1.2 Aktive Transponder

Aktive Transponder sind entweder mit einer festen Batterie ausgestattet, welche die alleinige Betriebsenergie bereitstellt oder sie verfügen über eine so genannte *Stützbatterie*, die im Feld des Readers aufgeladen wird, um ihre Leistung für kurze Zeit zur Übertragung der im Transponder gespeicherten Informationen zur Verfügung zu stellen. Transponder mit Stützbatterien sind also gewissermaßen Zwitter-Lösungen zwischen rein aktiven und rein passiven Systemen.

Im Bereich der rein aktiven Transponder ist die größte Herausforderung darin zu sehen, geeignete Energiespeicher zu entwickeln, die möglichst kleine Abmessungen bieten und damit ideal in die Bauform des Transponders integriert werden können. Hier gehen die Entwicklungen beispielsweise hin zu leistungsfähigen Folienbatterien.

Transponder mit einer autonomen Energieversorgung haben gewisse Vorzüge gegenüber den rein passiv arbeitenden Modellen. Sie sind nicht von der Präsenz eines leistungsstarken Feldes in ihrer Umgebung abhängig, das ihnen die benötigte Betriebs- und Sendeenergie liefert. So kann ihre Reichweite durchaus erweitert werden. Wichtig ist lediglich, dass die Feldstärken ausreichend groß sind, damit Reader-Anfragen vom Transponder erkannt und dessen Antworten vom Reader ausgewertet werden können. In der Tat sind derartige Systeme durchaus geeignet, um beispielsweise Mauterfassungen zu realisieren. Denkbar sind diese Systeme auch in der Logistik, wo es beispielsweise darum geht, in einem großflächigen Gelände die Übersicht zu den dort abgestellten Containern nicht zu verlieren.

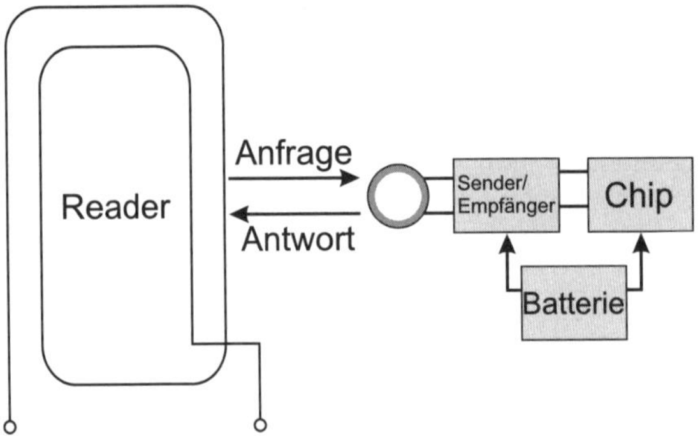

Abb. 5.2: Aktive Transponder verfügen über eine eigene Energieversorgung. Sie können daher auch für Systeme größerer Reichweite verwendet werden. Ihr Nachteil ist eine begrenzte Lebensdauer.

5.2 Gliederung nach Reichweiten

Ein wichtiges Unterscheidungsmerkmal der RFID-Systeme ist die Reichweite. Hier gibt es gravierende Unterschiede. So sind Reichweiten von wenigen Zentimetern bis hin zu mehreren Metern definiert. Viele Kritiker befürchten, dass RFID-Transponder auch über größere Distanzen hinweg ausgelesen werden könnten. Das ist aber nicht so einfach möglich, denn insbesondere passive Transponder benötigen in ihrer direkten Umgebung ein starkes elektrisches oder magnetisches Feld, um überhaupt ihre Informationen übertragen zu können. Möglicherweise lassen sich aktive Transponder aus "der Ferne" dazu bewegen, ihre Daten zu senden. Denkbar ist auch, dass ein Angreifer passiv eine Kommunikation zwischen Transponder und Reader mitliest. In der Tat reichen die Wirkungen dieser Interaktion noch weit über den direkten Kommunikationsbereich der beiden Geräte hinaus. Von sich aus kann der Angreifer aber außerhalb dieses Bereiches keine Daten abfragen oder sogar - in die dafür geeigneten Transponder - schreiben.

Wenn wir die regulären Reichweiten von RFID-Systemen beschreiben, sind im Wesentlichen drei Bereiche definiert:

- Close Coupling
- Mid Range und
- Long Range

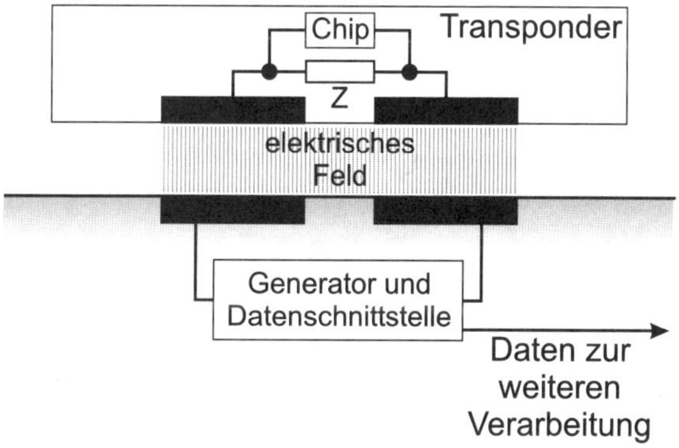

Abb. 5.3: Beispiel für die Kopplung eines RFID-Transponders an den Reader über sehr kurze Distanzen (hier kapazitive Kopplung): Der Transponder wirkt wie die Hälfte eines großen Kondensators. Die andere Hälfte der Kondensatorplatten ist im Reader installiert.

5.2.1 Close Coupling-Systeme

Die geringste Reichweite bieten so genannte Close Coupling-Systeme. Sie liegt ungefähr bei einem Zentimeter. Meist erfolgt die Kopplung zwischen dem Reader und dem Transponder kapazitiv über das elektrische Feld. Auch induktive Kopplungen sind jedoch denkbar.

Die Handhabung eines Close Coupling-Transponders ist also vergleichbar mit einer kontaktbehafteten Identifikationskarte, denn der Transponder muss sehr nahe an das Lesegerät herangeführt werden. Im Gegensatz zur kontaktbehafteten Form haben Close Coupling-RFID-Systeme aber einen großen Vorteil: Sie zeigen keinerlei Verschleißerscheinungen und sind auch gegenüber Verschmutzungen immun.

Auch aus sicherheitstechnischer Sicht - beispielsweise beim Einsatz in Kfz-Wegfahrsperren - sind RFID-Systeme mit geringer Reichweite sinnvoll. Hier soll sichergestellt werden, dass der legitimierte Fahrer direkt am Lenkrad sitzt und in den nächsten Sekunden den Motor startet. Auf diese Weise wird verhindert, dass die Wegfahrsperre durch externe Manipulation außer Kraft gesetzt werden kann.

Einsatzbereiche für Close Coupling-Systeme liegen überall dort, wo bisweilen mit klassischen Chip-Karten gearbeitet wurde. Denkbar sind in ferner Zukunft sogar kontaktlose EC-Karten. Bereits heute werden Close Coupling-RFID-Systeme in - wie schon angedeutet - Kfz-Wegfahrsperren und im Bereich der Zugangssicherung für Gebäude etc. eingesetzt.

5.2.2 Mid Range-Systeme

Wenn wir in einem Warenhaus die auffälligen RFID-Schranken sehen, dann sind diese meist in einem Abstand von maximal zwei Metern und in der Regel noch näher beieinander platziert. Hier haben wir es mit den so genannten Mid Range-Systemen zu tun, deren Reichweite in der Regel auf 1 m bis 1,5 m limitiert ist. Es handelt sich vorwiegend um induktiv gekoppelte Systeme. Hierbei speisen die Magnetfelder der großen Spulen einen passiven Transponder, der an den Waren montiert ist.

Abb. 5.4: Die Kasse der Zukunft - hier ein Beispiel des METRO Group Future Store-Projektes - wird mit Mid Range-RFID-Systemen den Inhalt des Einkaufswagens automatisch auslesen können. Foto: Siemens AG

Der bisweilen häufigste Einsatzzweck der Mid Range-RFID-Systeme ist der Diebstahlschutz. Aber auch in der Logistik und im Bereich der Zugangssicherungssysteme machen Mid Range-Systeme einen Sinn. Angedacht wird darüber hinaus auch der Einsatz von RFID-Technik mittlerer Reichweite im Bereich des Markenschutzes. So denkt man laut darüber nach, Ersatzteile im Automobilsektor künftig mit RFID-Transpondern auszustatten. Der Bordcomputer des Fahrzeuges kann dann erkennen, ob es sich um ein Original-Ersatzteil oder um einen Nachbau handelt. Im Extremfall könnte das Fahrzeug dann die Funktion verweigern, wenn nicht ausschließlich vom Hersteller legitimierte Ersatzteile verwendet werden. Dieser Anwendungsbereich ist verständlicherweise nicht ganz unumstritten.

5.2.3 Long-Range-Systeme

Die RFID-Konzepte mit kurzen Reichweiten sind für Logistik-Anwendungen im großen Stil weitgehend ungeeignet. Es ist mit Ihnen nicht möglich, beispielsweise die Identitäten von Containern an Häfen und Verladebahnhöfen zu erfassen. Gerade dies ist aber zwingend erforderlich, um den Druck großer Transportunternehmen gerecht zu werden, die zu jeder Zeit und Stunde wissen wollen, wo sich das jeweilige Gut gerade befindet. Hier kommen die Long Range-Systeme zum Einsatz, die in der Regel eine Reichweite von 10 bis 15 m haben. Teilweise wird aber auch schon über Systeme mit Überreichweiten von bis zu einem Kilometer nachgedacht, wobei hier jedoch eindeutig ausschließlich aktive Transponder zum Einsatz kommen. Allerdings sprechen wir in solchen Dimensionen auch nicht mehr von kleinen unauffälligen Labeln, in denen ein Chip integriert ist, sondern von entsprechend dimensionierten aktiven Transpondersystemen.

Abb. 5.5: Die Erfassung von ganzen Warenpaletten oder von Container-Lieferungen erfolgt mit RFID-Systemen großer Reichweite. Foto: Siemens AG

Bleiben wir bei den praktisch im Einsatz befindlichen Long Range-Systemen, die für Distanzen von zehn bis 15 Meter zwischen Reader und Transponder ausgelegt sind. Diese arbeiten in der Regel im sehr kurzwelligen Frequenzbereich (UHF: 868 MHz bzw. 915 MHz) oder sogar im Mikrowellenbereich (2,45 GHz und 5,8 GHz). Die große Entfernung zwischen Reader und Transponder hat zur Folge, dass keine ausreichende Feldstärke mehr zur Verfügung steht, aus der ein Transponder genügend Energie für den eigenen

Betrieb und zur Aussendung der Daten gewinnen kann. Somit haben wir es in den meisten Fällen mit aktiven Transpondern zu tun. Ausgenommen sind solche Systeme, die durch ihre physikalischen Eigenschaften mit geringstem Energieaufwand in der Lage sind, das Funkfeld des Readers zu verändern und auf diesem Wege die Informationen zu übermitteln.

5.3 RFID-Systeme in verschiedenen Frequenzen

Wie bereits gesehen, ist RFID nicht gleich RFID. Das bezieht sich auch auf die Klassifizierung der Frequenzbereiche, in denen diese Systeme arbeiten. Es wird nahezu das komplette Spektrum - beginnend im langwelligen Bereich um 125 kHz bis hinein in den Mikrowellenbereich um 5,8 GHz - abgedeckt. Allein dies zeigt, dass die vereinzelt publizierte Idee eines "RFID-Scanners", der generell jeden Transponder "enttarnen" soll, jeglicher Grundlage entbehrt. Ein solches Gerät müsste derartig vielseitig sein, dass die dafür zu veranschlagenden Kosten extrem hoch wären.

Auch wenn RFID mit vergleichsweise kurzen Reichweiten arbeitet, bei denen der Betrieb des Transponders und die Kommunikation zwischen Transponder und Reader noch möglich ist, handelt es sich bei diesen Systemen dennoch um Funkanlagen, deren Einfluss die Nenndistanzen zwischen Reader und Transponder weit übersteigen. Es gibt deshalb also keine beliebige Gestaltungsfreiheit in der Belegung der Frequenzen, sondern nur wenige Bereiche, die für RFID-Systeme genutzt werden dürfen. Dies sind in erster Linie die ISM-Bänder, Frequenzbereiche, die für industrielle, wissenschaftliche und medizinische Anwendungen reserviert wurden.

5.3.1 Langwellenbereich bis 135 kHz

Wir sind heute an Frequenzangaben im MHz- oder GHz-Bereich gewöhnt und wissen, dass um 20 kHz herum die Tonfrequenzen zu finden sind. Es ist für den Laien also kaum vorstellbar, dass in einem Frequenzbereich um 100 kHz ernst zu nehmende Funksysteme arbeiten können. Genau das ist aber der Fall. Sehen wir uns allein das Zeitsignal für die mittlerweile weit verbreiteten Funkuhren (DCF77) an, das auf einer Frequenz von 77 kHz ausgestrahlt wird. Darüber hinaus befinden sich in diesem Frequenzband u. a. Fernsteuerungssender elektrischer Energieversorger und viele weitere Systeme, die durch eine Nutzung für RFID-Systeme erheblich gestört werden könnten.

Das Problem bei langwelligen Frequenzen ist deren große Reichweite. Ein geeigneter, starker Sender kann durchaus in Entfernungen von einigen hundert Kilometern noch gemessen werden. RFID als "Funksystem" auf kurzen Entfernungen hat zur Folge, dass auf vergleichsweise kleinem Raum sehr viele Systeme arbeiten. Wegen der sehr speziellen Eigenheiten bei der Energiekopplung passiver Transponder und der vergleichsweise geringen Feldstärken weit entfernter Systeme stören sich die RFID-Systeme untereinander kaum. Andere Funksysteme könnten jedoch - werden deren Frequenzen für RFID-Anwendungen verwendet - durchaus in ihrer Funktion beeinträchtigt oder sogar vollkommen gestört gesetzt werden.

Im Langwellenbereich verwenden RFID-Systeme daher Frequenzen zwischen 125 und 135 kHz. Dieser Frequenzbereich ist international nutzbar. Allerdings werden Langwellen nur für begrenzte Distanzen verwendet. RFID-Systeme in diesem Frequenzband kommen ausschließlich für kurze Reichweiten (unter 1,5 m) zum Einsatz.

Neben der relativ kurzen Reichweite dieser Systeme hat die Langwellen-RFID-Technologie einen weiteren entscheidenden Nachteil: Sie ist sehr langsam. Sollen beispielsweise Multi-Access-Lösungen ermöglichen, mehrere Transponder nahezu gleichzeitig von einem Reader auslesen zu lassen, können die im Transponder gespeicherten Datenmengen nur sehr klein sein. Es ist stets zu bedenken, dass die Lesezeit möglicherweise sehr gering ist und an einer Supermarktkasse vom Kunden beeinflusst werden kann. Die schnelle Übermittlung sehr großer Datenmengen erfordert eine vergleichsweise hohe Bandbreite, die jedoch im Frequenzbereich unter 135 kHz nicht zur Verfügung steht.

Gängige Einsatzbereiche der Langwellen-RFID-Technologie sind beispielsweise:

- Tieridentifikation (Glastransponder mit Ferrit-Antenne)
- elektronische Kfz-Wegfahrsicherungen
- Zugangs-Kontrollsysteme

5.3.2 Kurzwellenbereich bei 13,56 MHz

Auch RFID-Systeme im Frequenzbereich um 13,56 MHz sind für Mid Range-Konzepte vorgesehen. Gegenüber den Langwellensystemen zeichnen sie sich jedoch durch eine bessere Lesegeschwindigkeit aus, wodurch durchaus Datenmengen von mehreren zehn Kilobyte pro Transponder gelesen werden können. Da auch die Frequenz um 13,56 MHz international verfügbar ist, gehören diese Systeme zu den interessantesten und gefragtesten RFID-Lösungen überhaupt.

Dank der hohen Betriebsfrequenz lassen sich die erforderlichen Bandbreiten für die Übertragung vergleichsweise großer Informationsmengen realisieren. Somit sind Kurzwellen-RFID-Systeme ideal für den Einsatz in automatisierten Verkaufsstellen wie Supermärkten und Warenhäusern geeignet. Hier kommt es nämlich darauf an, in sehr kurzer Zeit den Inhalt eines Einkaufswagens vollständig und zuverlässig auszulesen (Multi-Access, Pulk-Erfassung). Vergleichbare Anforderungen werden aber auch in zukünftig denkbaren Einsatzbereichen gestellt. So ist eine vollautomatisch gesteuerte Wäscherei - beispielsweise für Großkunden wie Krankenhäuser oder Hotels - möglich, die in der Lage ist, die angelieferte Wäsche nach Art und Waschprogramm zu sortieren und nach dem vollendeten Waschprogramm wieder an den richtigen Kunden auszuliefern. Auch hier sind Systeme erforderlich, die in kurzer Zeit eine große Anzahl von Transpondern mit großen Datenmengen auslesen können.

Einsatzbereiche von Kurzwellen-RFID-Lösungen sind also u. a.:

- elektronische Kaufhaus- und Supermarkt-Kassensysteme

- Massendienstleister (z. B. die oben skizzierte automatisierte Wäscherei)
- Massenzugangs-Kontrollsysteme (Theater- und Konzert-Kassen, Skilifte etc.)

5.3.3 Ultra-Kurzwellenbereich

Im UHF-Bereich sind für RFID-Lösungen zwei Frequenzen definiert:

- 868 MHz ist u. a. in Europa nutzbar
- 915 MHz sind für Systeme in den USA interessant, jedoch ist dieser Frequenzbereich in Europa nicht für RFID-Systeme zugelassen

Der Einsatzbereich dieser Systeme liegt derzeit vorwiegend im industriellen und logistischen Anwendungsgebiet. So werden Anlieferungen von Euro-Paletten, die mit entsprechenden *Smart-Labeln* ausgestattet sind, erfasst. Auch die Erkennung und Erfassung von Containern ist mit diesen Systemen vorgesehen.

Der große Vorteil gegenüber den Lang- und Kurzwellen-RFID-Systemen ist die Lesegeschwindigkeit infolge einer hohen Bandbreite zur Übertragung der Informationen. Darüber hinaus ist die UHF-RFID-Technologie sehr schnell. Allerdings sind höhere Frequenzen auch mit Nachteilen verbunden. So gewinnt die Stellung der Reader- und Transponderantenne zueinander immer mehr an Bedeutung. Insbesondere die nicht generell eindeutigen internationalen Verfügbarkeiten der Frequenzen um 868 MHz und 915 MHz sind speziell für Logistikunternehmen ein großes Problem.

5.3.4 Mikrowellenbereich

Long Range-RFID-Systeme (Reichweite ca. 10 m bis 15 m) werden überwiegend mit Frequenzen im Mikrowellenbereich realisiert. Hier stehen zwei Frequenzbänder des ISM (Industrial Science and Medical-Band) zur Verfügung:

- 2,45 GHz (international) und
- 5,8 GHz (problematisch in der EU)

Wegen der großen Abstände im Long Range-Bereich kommen hier vorwiegend aktive Transponder zum Einsatz, die über eine eigene Energieversorgung verfügen. Sie sind somit nicht davon abhängig, von einem starken magnetischen Feld gespeist zu werden, was nur in unmittelbarer Nähe der Readerspule möglich wäre. Diese Eigenschaft macht derartige Systeme sowohl im Logistik-Bereich als auch für öffentliche Mautsysteme interessant.

Dem Vorteil einer sehr schnellen Lesegeschwindigkeit stehen physikalische Nachteile gegenüber, die in den hohen Frequenzen begründet liegen. So absorbiert Feuchtigkeit Mikrowellenenergie im hohen Maße (in Mikrowellenöfen wird dieses Prinzip beispielsweise mit höheren Leistungen bewusst ausgenutzt). Nebel, Regen und Schnee können also nachteilige Einflüsse auf die Zuverlässigkeit des Systems haben. Ebenso ist die Polarisation der Wellen von entscheidender Bedeutung für die Funktion des Systems. Während im Kurzwellenbereich die Transponder auch dann noch ausgelesen werden können, wenn die mit ihnen markierten Waren achtlos in den Einkaufskorb geworfen werden, muss bei Mikrowellensystemen die Ausrichtung der Antenne berücksichtigt werden.

Für internationale Systeme gilt allerdings auch hier, dass nicht generell jede Frequenz weltweit verfügbar ist. Individuelle Zulassungsvorschriften gibt es beispielsweise in der EU, den USA, Australien und Japan.

5.4 Modulation als Unterscheidungsmerkmal

Im Kapitel 3 stellten wir bereits die elementaren Modulationsverfahren in der Hochfrequenztechnik vor. Sowohl bei den im sehr hochfrequenten Bereich arbeitenden als bei den sehr einfachen RFID-Systemen gibt es aber noch andere Möglichkeiten, um eine Information auf das Trägersignal zu modulieren. Sehr einfach zu realisieren sind die so genannten 1 Bit-RFID-Lösungen, die ihre „Daten" durch einfache Veränderungen des umgebetenen Feldes übermitteln. Diese Systeme haben lediglich die Aufgabe, zu prüfen, ob ein gelesener Transponder aktiv ist oder nicht. Eingesetzt werden diese Systeme zur Diebstahlsicherung in Kauf- und Warenhäusern (Electronical Article Surveillance, EAS).

Etwas aufwändiger gestaltet sich die Technik, wenn ein Transponder größere Datenmengen speichern und eventuell sogar vom „Reader" beschrieben werden kann. Auch der Multi-Access, der Zugriff des Readers auf mehrere Transponder innerhalb eines extrem kurzen Zeitabschnittes, erfordert eine wesentlich ausgefeiltere Technik. Sehen wir uns einmal verschiedene Verfahren an, mit denen die Informationsinhalte von RFID-Transpondern ausgelesen werden können.

5.4.1 RF-Label

Hier handelt es sich um eine sehr einfach zu realisierende RFID-Technologie, die schon seit rund zwei Jahrzehnten im Einsatz ist und zur Diebstahlsicherung verwendet wird. Der Transponder enthält lediglich eine Informationsmenge von einem Bit (Transponder aktiv oder Transponder deaktiviert bzw. nicht vorhanden).

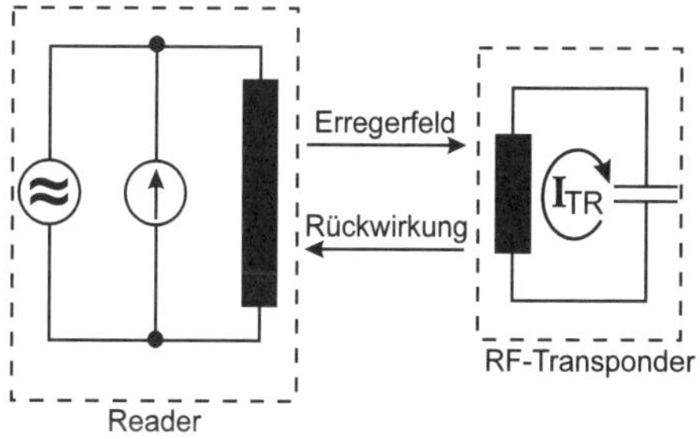

Abb. 5.6: Der Schwingkreis des Transponders, dessen Resonanzfrequenz auf die Sendefrequenz des Readers eingestellt ist, belastet das Readerfeld und führt zu einem messbaren Spannungsabfall an dessen Spuleneingang.

Technisch wird der Transponder durch einen einfachen Schwingkreis dargestellt, dessen Resonanzfrequenz der Sendefrequenz des Readers entspricht. Gelangt nun ein solcher Transponder in das Feld des Readers, dann nimmt er infolge der Resonanzerscheinungen einen vergleichsweise großen Anteil der Feldenergie auf. Dies stellt eine Last für den Reader dar, was sich an dessen Spule durch einen leichten Spannungsabfall bemerkbar macht. Dieser Spannungsabfall ist messbar und ein Indiz dafür, dass ein aktiver Transponder in das Feld eingedrungen ist. Im Falle einer elektronischen Diebstahlsicherung wird in diesem Fall ein Alarm gegeben.

Die Herstellung der Transponder ist im Laufe der Jahre einfacher und preiswerter geworden. Aus diesem Grunde können nahezu alle Arten von Waren mit einem Transponder gesichert werden. Früher waren solche Transponder ausschließlich der Sicherung hochpreisiger Artikel vorbehalten. Auch änderte sich die Bauform im Laufe der Zeit. Waren es früher sehr große Transponderetiketten, die von der Verkäuferin an der Kasse entfernt werden mussten, verwendet man heute Folientransponder, die lediglich über ein ausreichend starkes Feld geführt werden, was den Folienkondensator an einer definierten Stelle zum Durchschlagen bringt. Infolgedessen wird der Schwingkreis verstimmt, so dass dessen Resonanzfrequenz nicht mehr innerhalb des vom Reader abgetasteten Spektrums liegt. An der Spule des Readers wird deshalb keine Spannungsschwankung erkennbar sein.

Natürlich machen solche Systeme nur dann einen Sinn, wenn sie ein hohes Maß an Zuverlässigkeit bieten. So muss die Zahl der Fehlalarme weitgehend minimiert werden, weil diese nicht nur einen erhöhten Arbeitsaufwand verursachen, sondern obendrein einen ehrlichen Kunden in eine peinliche Situation bringen können. Darüber hinaus führt eine große Zahl an Fehlalarmen sehr schnell dazu, dass Alarme ignoriert werden. Die teure Sicherungsschranke wäre in diesem Fall bedeutungslos.

Um solche Fehlalarme zu vermeiden, muss eine gewisse Fehlertoleranz im System vorgesehen sein. So zeichnen sich Schwingkreise allgemein durch eine vergleichsweise hohe Güte und damit durch einen sehr steilflankigen Frequenzverlauf aus. Ist die Resonanzfrequenz - bedingt durch unvermeidliche Bauteiltoleranzen bei preiswerter Massenfertigung - nicht optimal auf die Readerfrequenz abgestimmt, wird ein aktiver Transponder nicht erkannt. Darüber hinaus könnte auch die Readerfrequenz schwanken, was den gleichen Effekt hätte. Auch der Ansprechpegel, der zur Auslösung des Alarms führt, muss gut gewählt werden. Wird das System zu empfindlich eingestellt, dann ist die Anzahl der Fehlalarme zu groß. Ist die Empfindlichkeit zu gering, dann werden möglicherweise nur zufällig aktive Transponder erkannt, die sehr nahe an der Readerspule vorbei bewegt werden.

Mit einem kleinen Trick wird die Störsicherheit und Zuverlässigkeit eines solchen Systems beachtlich verbessert: Der Reader arbeitet nicht mit einer festen Betriebsfrequenz, sondern mit einer kontinuierlichen Frequenzschwankung zwischen zwei definierten Grenzfrequenzen. Dem Hochfrequenztechniker ist sicher das *Wobbeln* zur messtechnischen Ermittlung von Durchlasskurven ein Begriff. Genau dieses Prinzip verwenden RF-Systeme. Auf diese Weise werden auch leicht verstimmte Transponder erfasst. Das hat zur Folge, dass die Toleranzen größer sein können, wodurch die Herstellungskosten sinken. Auch der Ansprechpegel kann größer gewählt werden, weil ein aktiver Transponder generell in seinem Resonanzbereich gemessen wird und einen großen Ausschlag am Spannungsmesser der Spule verursacht.

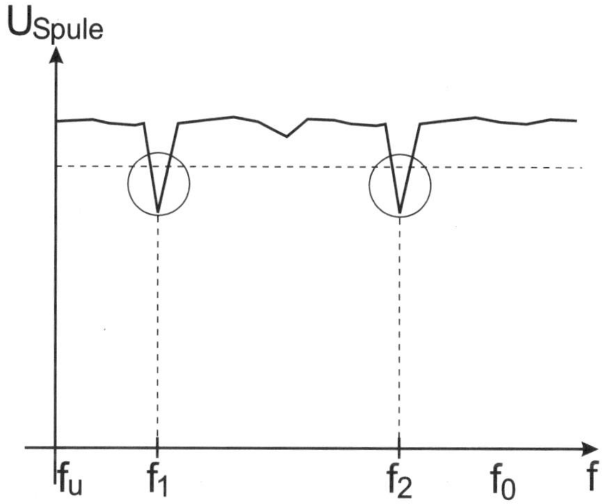

Abb. 5.7: Die Frequenz des Readers wird von f_u bis f_o gewobbelt. Dabei ist der Spannungsverlauf an der Spule weitgehend konstant. Lediglich zwei Peeks (bei f_1 und f_2) zeigen eine Belastung des Feldes durch jeweils einen Transponder an. Jeder einzelne von ihnen würde den Alarm eines EAS-Systems auslösen.

5.4.2 Harmonische und subharmonische Schwingungen

Wenn Sie einmal zurückblättern zu unseren Ausführungen zur Amplitudenmodulation, dann werden Sie feststellen, dass die dort beschriebenen Veränderungen in der Signalamplitude auch Auswirkungen im Frequenzbereich gezeigt haben. Das liegt daran, dass durch die Modulation eine Abweichung des Signals von der reinen Sinusform entstanden ist, jedoch jede beliebige Signalform auf die Summe von Sinusschwingungen zurück geführt werden kann. Man spricht von den so genannten *Oberwellen* oder *Harmonischen* einer Grundschwingung.

Die Grundschwingung hat die Frequenz des Trägersignals. Die Harmonischen sind ganzzahlige Vielfache der Grundfrequenz, also die doppelte, drei- oder vierfache Frequenz und so weiter. Erzeugt werden Oberwellen mit Hilfe eines nichtliniearen Widerstandes, wie ihn beispielsweise eine einfache Diode darstellt. Damit allerdings ein möglichst großer Anteil an Oberwellen von einem RFID-Transponder wieder abgestrahlt werden kann, verwendet man in der Praxis Kapazitätsdioden, die an die Fußpunkte eines auf die Betriebswellenlänge abgeglichenen Dipols montiert werden.

Hier lassen sich insbesondere Systeme im Mikrowellenbereich sehr gut realisieren, denn der Halbwellendipol hat nur eine Länge von 6,1 cm. Der Transponder nimmt die in seinem Resonanzbereich gesendete Energie zum Teil auf. Einen großen Teil der Signalenergie reflektiert der Transponder mit der gleichen Frequenz (Grundschwingung bzw. 1. Harmonische). Darüber hinaus werden Oberwellen reflektiert, wobei in der Regel die zweite Harmonische noch in ausreichender Stärke vorhanden ist und vom Reader empfangen werden kann.

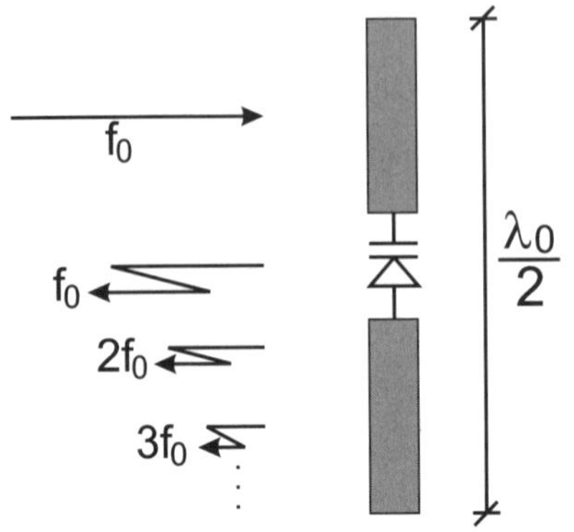

Abb. 5.8: Eine vergleichsweise einfache Schaltung: Die Sendeenergie des Transponders wird über den auf die Wellenlänge der Readerfrequenz abgeglichenen Halbwellendipol aufgenommen. Am nichtlinearen Widerstand der Kapazitätsdiode treten jedoch Signalverzerrungen auf, aus denen Oberwellen entstehen, die ein ganzzahliges Vielfaches der Readerfrequenz betragen (Harmonische). Die stärksten Oberwellen sind geeignet, um vom Reader empfangen zu werden. Der Transponder wird somit im Feld erkannt.

Auch für diese Systeme gilt, dass Störeinflüsse nicht zu Fehlalarmen führen dürfen. In der Regel wird man deshalb das Sendesignal des Readers mit einem Kontrollsignal modulieren. Der so aufmodulierte Informationsinhalt steckt sowohl in der reflektierten Grundschwingung als auch in den Harmonischen. Der Empfang eines Signals auf der Frequenz einer Harmonischen wird also nur dann als Reflexion des Transponders anerkannt, wenn die originale Kontrollinformation enthalten ist.

Was mit der Verdoppelung der Frequenz möglich ist, sollte auch mit der Halbierung der Frequenz funktionieren, wird man nun schnell denken. Und in der Tat haben auch die so genannten *Subharmonischen* in der RFID-Technologie eine wichtige Bedeutung. Hier werden die Schaltungen allerdings etwas aufwändiger realisiert. So lassen sich mit einfachen digitalen Schaltungen Frequenzteiler konstruieren, die aus wenigen Gattern bestehen und damit in der Form energiesparender Chips hergestellt werden können. Die Betriebsenergie bezieht der Chip aus dem magnetischen Feld der Readerspule, so dass derartige Systeme meist mit langwelligen Frequenzen arbeiten. Auch ihr Einsatzbereich ist die elektronische Diebstahlsicherung in Kauf- und Warenhäusern.

Schaltungstechnisch kann ein solcher Frequenzteiler mit einfachen Flip Flops hergestellt werden. In unserem Beispiel haben wir ein JK-Flip Flop zur Illustration verwendet. Ohne weitere Beschaltung wird lediglich ein Takt auf den entsprechenden Eingang gegeben. Der Ausgang hat nur noch die halbe Frequenz des Eingangssignals, allerdings - das sei angemerkt - ist das Ausgangssignal keinesfalls mehr sinusförmig.

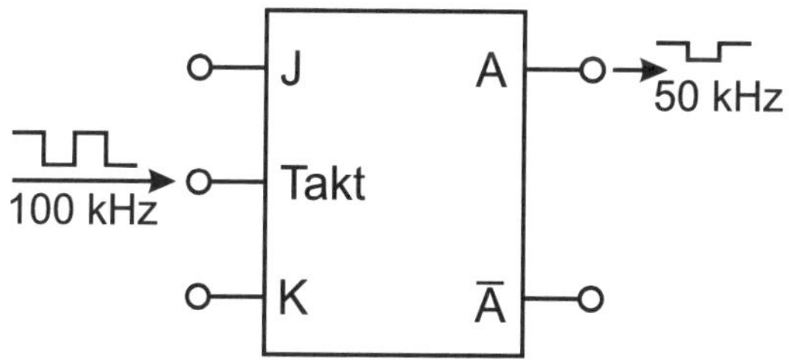

Abb. 5.9: Digitale Kippschaltungen, so genannte Flip Flops, können zur Frequenzteilung verwendet werden. Sie lassen sich mit wenigen logischen Gattern herstellen.

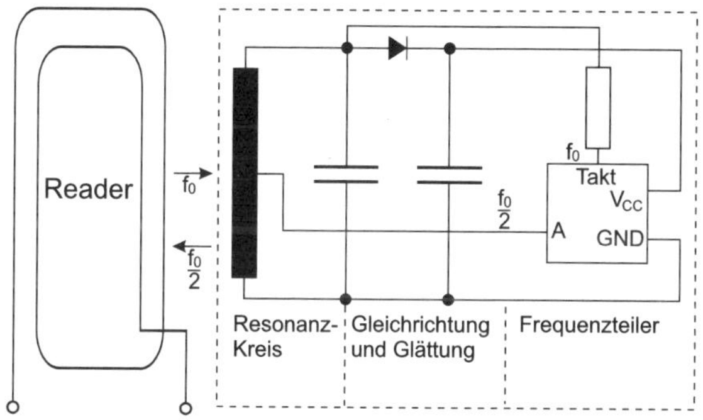

Abb. 5.10: Prinzipieller Aufbau eines 1 Bit-RFID-Transponders mit Aussendung einer Subharmonischen.

Die gesamte Schaltung eines Subharmonischen-Transponders besteht im Wesentlichen aus drei Teilen. Zum einen ist der Resonanzkreis dafür zuständig, möglichst viel der Energie des Readerfeldes aufzunehmen. Diese Energie wird für den Betrieb des Chips gleichgerichtet und mit Hilfe eines Kondensators geglättet. Der Chip selbst nimmt einen Teil der ursprünglichen Signalenergie am Takteingang auf. Natürlich ist dieses Signal nicht gleichgerichtet und geglättet. Für die Abstrahlung der Antwort (die halbierte Frequenz der Readerspule) wird eine Anzapfung der Transponderspule vorgenommen.

Gelangt dieser Transponder nun in ein ausreichend starkes Feld, dessen Frequenz der Resonanzfrequenz des Empfängerkreises entspricht, so nimmt dieser die nötige Betriebsenergie auf. Das auf den Takteingang geführte Readersignal sorgt nun für ein permanentes Reflexionssignal mit der halben Readerfrequenz. Sobald der Transponder das Feld des Readers wieder verlässt, fehlt dem Transponder die Betriebsenergie und es gehen keine Aussendungen mehr von ihm aus.

5.4.3 Manipulation des Magnetfeldes

Bisher haben wir ausschließlich Transponder besprochen, die auf elektromagnetischer Basis arbeiten. Es gibt aber auch rein magnetische Systeme. Diese Systeme arbeiten mit sehr starken Magnetfeldern im niederfrequenten Bereich (Tonfrequenz). Als Transponder-Label kommt ein Streifen aus einem weichmagnetischen Werkstoff zum Einsatz. Weichmagnetische Werkstoffe zeichnen sich dadurch aus, dass sie ihren Magnetismus relativ schnell verlieren und damit der Ummagnetisierung in einem Wechselfeld vergleichsweise gut folgen können. Ihre Magnetisierungskennlinie, die Hysteresekurve, ist sehr steil. Selbst bei geringen Feldstärken ist der magnetische Fluss in einem weichmagnetischen Material sehr stark. Allerdings wird auch schnell die Sättigung erreicht. Hier verliert die Kennlinie ihre Linearität und es entstehen Oberwellen, die auf das Magnetfeld des Readers zurückwirken.

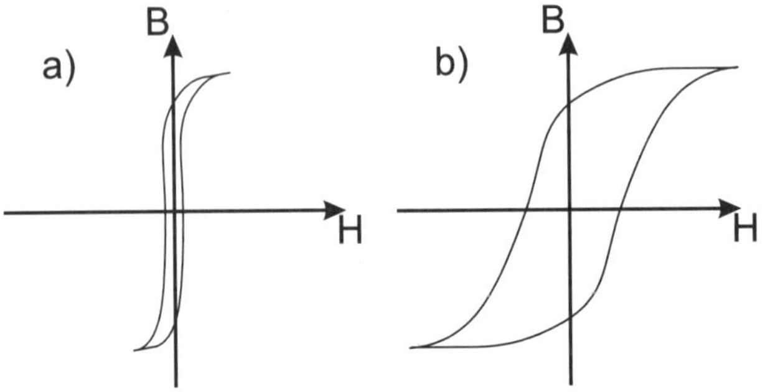

Abb. 5.11: Die Magnetisierungskennlinien (Hystereseschleife) von weichmagnetischen Werkstoffen (a) haben einen sehr steilen Verlauf. Hartmagnetische Werkstoffe (b) verhalten sich bedeutend träger.

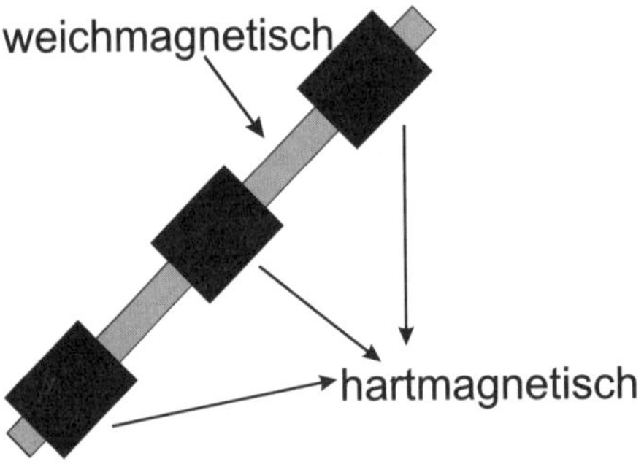

Abb. 5.12: Das magnetische Label besteht aus zwei Schichten. Die weichmagnetische Schicht folgt in ihrer Magnetisierung dem Einfluss des Readerfeldes und beeinflusst dieses über dabei erzeugte Oberwellen. Hartmagnetische Komponenten werden verwendet, um das Label unwirksam zu machen.

Das Label wird „entschärft", indem es mit einem starken permanent einwirkenden Magnetfeld überlagert wird und damit der magnetische Fluss in der Nähe der Sättigung gehalten wird. Dies ist technisch sehr einfach zu realisieren, indem dem Label Plättchen aus hartmagnetischen Werkstoffen überlagert werden, die zunächst einmal unmagnetisiert sind. Dem raschen Wechsel des Reader-Magnetfeldes kann dieses Material nicht folgen, so dass ein Alarm sicher trotz dieser Plättchen ausgelöst werden kann. Erst wenn diese hartmagnetischen Plättchen vormagnetisiert werden und damit die Eigenschaft eines Dauermagneten annehmen, überlagern sie das weichmagnetische Material permanent in ihrer

Wirkung. Der Einfluss des externen Reader-Magnetfeldes auf das Material nimmt ab und somit gibt es keine oder nur eine sehr schwache Rückwirkung auf den Reader. Es wird kein Alarm ausgelöst.

Die magnetischen EAS-Systeme haben Vor- und Nachteile. Ihr großer Vorteil ist, dass sie auch auf metallischem Untergrund verwendet werden können. Allerdings ist die Wirkung der Magnetisierung sehr stark davon abhängig, in welchem Winkel die Feldlinien auf das Label treffen. Somit ist die Funktionssicherheit durchaus umstritten.

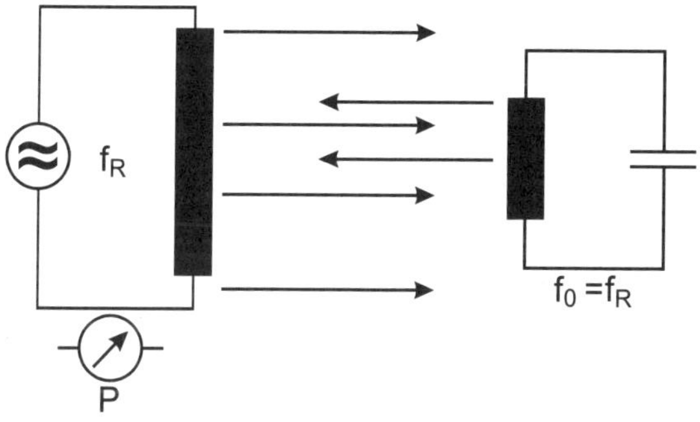

Abb. 5.13: Die Resonanzfrequenz des Transponders ist auf die Readerfrequenz eingestellt worden. Damit stellt der Transponder für den Reader eine messbare Last dar, wenn er in dessen Feldbereich eindringt.

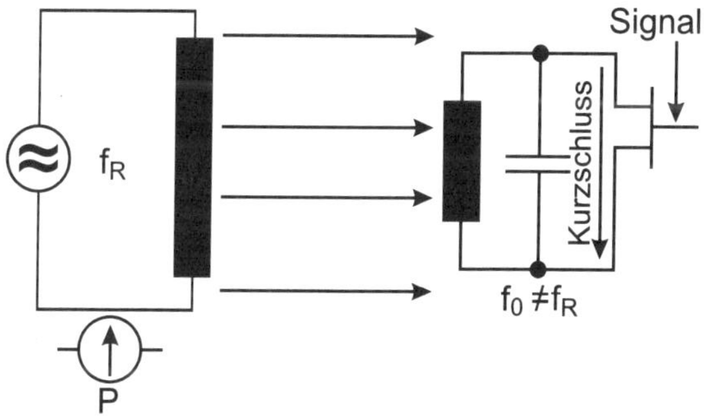

Abb. 5.14: Der Feldeffekttransistor schließt den Kondensator des Schwingkreises kurz. Der Transponder ist damit nicht mehr auf die Readerfrequenz abgestimmt und nimmt über die Spule im Vergleich zum Resonanzfall nur noch einen Bruchteil der Energie auf. Der Reader erkennt keine Belastung mehr.

5.4.4 Lastmodulation

Induktive gekoppelte RFID-Systeme - der Abstand zwischen Transponder und Reader ist wesentlich kleiner als die Wellenlänge der Betriebsfrequenz (ca. 10% bis 15%) - wirken vom Prinzip her wie lose gekoppelte Transformatoren. Die Primärseite transformiert eine Spannung auf die Sekundärseite (Transponderspule). Wird diese Sekundärseite belastet, dann wirkt dies wiederum auch auf die Primärseite zurück (vgl. Kapitel 2). Steigende

Belastung der Sekundärseite führt zu einer höheren Stromaufnahme auf der Primärseite (die Readerspule). Diese Rückwirkung ist messbar und kann zur Übermittlung von Informationen ausgenutzt werden, was in RFID-Systemen getan wird.

Damit der Transponder die Information per *Lastmodulation* übertragen kann, muss er seinen - aus der Sicht des Readers - wirksamen Widerstand verändern. Das ist sehr einfach durch gezielte Verstimmungen der Resonanzfrequenz des Transponderschwingkreises möglich, in dem die Kapazität des Schwingkreises verändert wird. Hierzu kann entweder eine Teilkapazität mit Hilfe eines Schalters kurzgeschlossen oder eine zusätzliche Kapazität in den Schwingkreis hinzugeschaltet werden. Als Schalter kommen in der Regel stromsparende Feldeffekt-Transistoren zum Einsatz.

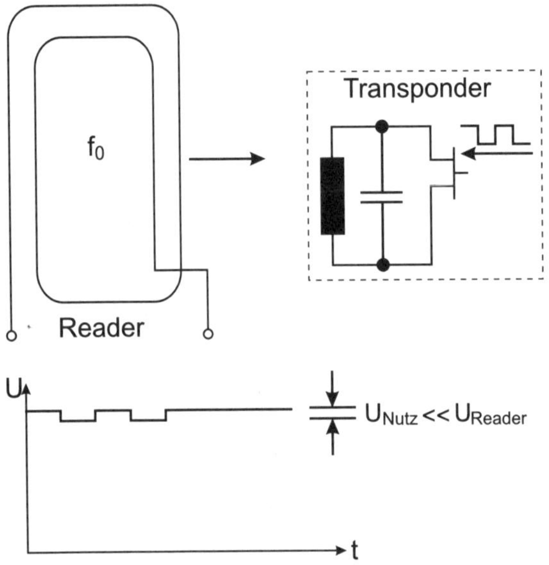

Abb. 5.15: Das Problem einer einfachen Lastmodulation: Das Kurzschließen der Kapazität des Resonanzkreises im Transponder verändert dessen Lastverhalten im Readerfeld. Allerdings sind die Auswirkungen an der Readerspule nur minimal. Damit ist eine sichere Detektion schwierig.

Allerdings - das sei zu beachten - sind die Unterschiede zwischen den Signalpegeln sehr groß. Während die Spannung an der Readerspule durchaus im Bereich von über 100 V liegen kann, hat die Rückwirkung des Transponders lediglich einen Pegel im Millivolt-Bereich. Hier ist ein hoher schaltungstechnischer Aufwand erforderlich, um das Nutzsignal aus dem „Rauschen" herauszufiltern und auswerten zu können. Besser, als ein minimales Nutzsignal aus einer dominierenden Betriebsfrequenz herauszufiltern, ist es, die Übertragung der Nutzsignale in anderes Frequenzband zu verlagern. Dies geschieht mit Hilfe eines so genannten *Hilfsträgers*.

Auf diesen Hilfsträger werden nun die eigentlichen Nutzinformationen aufmoduliert, wobei je nach System alle im Kapitel 3 beschriebenen digitalen Modulationsarten - Amplitude Shift Keying (ASK), Frequency Shift Keying (FSK) oder Phase Shift Keying

(PSK) - in Frage kommen. Dieser modulierte Hilfsträger steuert nun die Lastveränderung des Transponderschwingkreises an. Das bedeutet, dass die Information nun nicht mehr in der Lastveränderung als solche, sondern in dem diese Laständerung erzeugenden Signal stecken. Es ist nun möglich, auf der Readerseite diesen Hilfsträger mit geeigneten Filterschaltungen (vgl. z. B. Kapitel 2) zu selektieren und mit einem wesentlich besseren Pegelverhältnis die übermittelten Daten zurück zu gewinnen.

Das Funktionsprinzip basiert auf dem spektralen Verhalten einer Amplitudenmodulation (vgl. Kapitel 3). Mit der Veränderung der Signalamplitude bei der Modulation entstehen Oberwellen, die in Form der so genannten Seitenbänder im Spektrum auftauchen. Ist die Frequenz des Hilfsträgers im Vergleich zur Betriebsfrequenz ausreichend groß, so lassen sich diese Seitenbänder gut vom dominanten Betriebssignal trennen und demodulieren.

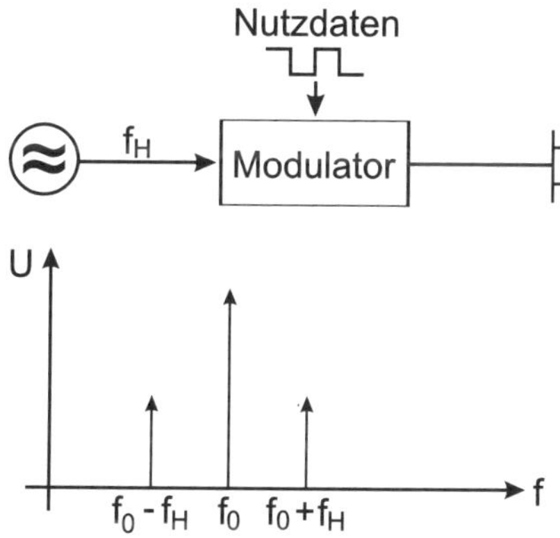

Abb. 5.16: Prinzip der Lastmodulation mit einem Hilfsträger: Das Nutzsignal wird auf den Hilfsträger mit der Frequenz f_H aufmoduliert. Dieses Signal steuert dann das Resonanzverhalten des Transponderschwingkreises an.

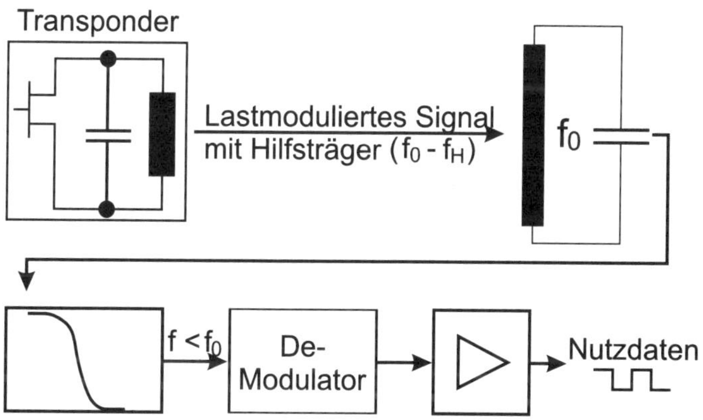

Abb. 5.17: Die Rückgewinnung der Nutzdaten aus einem mit Hilfsträger lastmodulierten Signal ist nach der Selektion der Frequenzanteile sehr einfach.

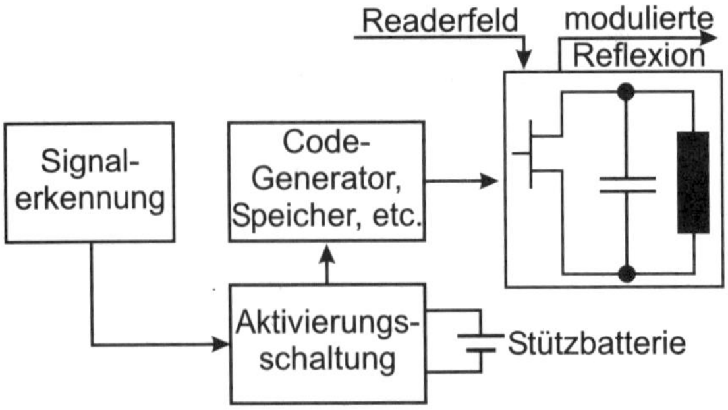

Abb. 5.18: Prinzipieller Aufbau eines aktiven Backscatter-Transponders: Sobald sich der Transponder in einem ausreichend starken elektromagnetischen Feld eines Readers befindet, aktiviert eine Steuerelektronik Speicherchip und Codegenerator etc. Diese Schaltkreise steuern das Resonanzverhalten des Transponders und damit dessen Reflexionseigenschaften.

5.4.5 Backscatter-Technik

Während das Lastmodulationsverfahren bei langwelligen Systemen sehr gut einsetzbar ist, wo es in erster Linie die transformatorische Rückwirkung des Transponders auf die Vorgänge in der Readerspule beeinflusst, ist diese Technologie für kurzwellige Frequenzen ungeeignet. Der Transponder müsste sich in einer Entfernung zur Reader Spule befinden, die im Millimeterbereich definiert ist, was einem Close Coupling-System entsprechen würde. Genau im Gegenteil werden aber kurzwellige Frequenzen (UHF- und Mirkrowellenbereich) insbesondere für Long Range Systeme verwendet. Hier ist die Kopplung über das Magnetfeld nicht mehr möglich. Die Transponder arbeiten daher ausschließlich im Bereich des Fernfeldes, so dass eine Lastmodulation nicht mehr möglich ist.

Man verwendet in diesen Entfernungs- und Frequenzbereichen statt der Lastmodulation ein anderes Verfahren, dass auf dem Prinzip der Radartechnologie basiert und die Eigenschaften eines Körpers bei der Reflexion elektromagnetischer Wellen ausnutzt. Das Verfahren wird als Backscattering bezeichnet.

Voraussetzung für die Reflexion einer elektromagnetischen Welle ist, dass sie auf ein Objekt trifft, dessen Größe mindestens die halbe Wellenlänge beträgt. Ein idealer Reflektor ist zudem ein in Resonanz mit der Betriebsfrequenz befindlicher Schwingkreis. Dessen Reflexionseigenschaften lassen sich durch gezielte Verstimmung des Kreises - vom schaltungstechnischen Prinzip her ähnlich wie bei der Lastmodulation - verändern. Auf diesem Wege kann in Abhängigkeit der zu übertragenen Informationen die reflektierte Energie gesteuert, also moduliert werden. Wir sprechen daher auch vom *modulated Backscatter*.

Wie auch bei der Lastmodulation bereits angedeutet, besteht auf der Readerseite das Problem, das eigene Sendesignal vom reflektierten Signal des Transponders zu trennen, um die Informationen demodulieren zu können. Während der Sendepegel des Readers sehr hoch ist, ist der Pegel des vom Transponders empfangenen Signals - abhängig von dessen Entfernung zum Reader - nur sehr klein. Aus diesem Grunde werden die eigenen Sendesignale in einem Richtkoppler nahezu vollständig ausgelöscht. Am Ausgang bleibt das eigentliche Reflexionssignal des Transponders übrig, das nun verstärkt und demoduliert werden kann.

Etwas problematisch erweist sich im Gegensatz zur Lastmodulation die Energieversorgung der Transponder, so dass sehr häufig aktive Transponder bzw. Transponder mit einer Stützbatterie zum Einsatz kommen. Um diese Batterien, die in der Regel die Elektronik des Transponders speisen, nicht jedoch zur Bereitstellung von Sendeleistung genutzt werden, nicht unnötig schnell zu entladen, verfügen die Transponder über eine Sparschaltung. Erst dann, wenn sich der Transponder in einem ausreichend starken Feld befindet, wird der Chip aktiv.

5.4.6 Oberflächenwellen-Modulation

Um das Prinzip der Oberflächenwellen-(OFW)Modulation zu veranschaulichen, wollen wir zunächst einmal einen kurzen Exkurs in die Automobiltechnik machen. Genau genommen wollen wir uns mit der Bereifung eines modernen Fahrzeuges befassen. Längst ist es nämlich möglich, dass uns der Bordcomputer darauf aufmerksam macht, wenn der Reifendruck zu gering ist. Da sich das Rad am Fahrzeug dreht und ein drahtgebundener Sensor deshalb nicht realistisch ist, schließt sich der Kreis zur RFID-Technik wieder, denn gewissermaßen haben wir es auch hier mit einem RFID-Transponder zu tun, der in das Material des Reifens eingebettet ist und seine Verformung in ein elektromagnetisches Signal umsetzt.

Kern dieses Sensors ist ein dünner piezoelektrischer Körper, auf dem kammförmige Metallstreifen aufgebracht werden. Diese „Kämme" greifen so ineinander, dass abwechselnd ein Streifen des einen und dann wieder einer des zweiten Kammes nebeneinander liegen. Auch der Abstand der Kammstreifen zueinander ist definiert und von der gewünschten Wellenlänge des Systems abhängig. Eine „mechanische" Periode aus jeweils einem Streifen der beiden Kämme entspricht exakt der Wellenlänge. Natürlich scheiden allein wegen dieser Bedingung Oberflächenwellensysteme für Frequenzen im Kurz- oder sogar Langwellenbereich aus, denn für ein 135 kHz-System würde der Abstand der Streifen eines Kammes mehr als 2 cm betragen.

Der aufmerksame Leser wird an dieser Stelle einen Schreibfehler vermuten, denn im vorangegangenen Absatz wird als Beispiel eine Wellenlänge von 2 cm postuliert, was im Gegensatz zur Formel $\lambda = c/f$ steht, nach der das Ergebnis eine Wellenlänge von mehr als 2 km wäre. Es handelt sich in der Tat *nicht* um einen Schreibfehler, denn es liegt die Ausbreitungsgeschwindigkeit der Welle auf der Oberfläche des piezoelektrischen Materials zugrunde, die vom Material abhängig ist. Unsere Berechnung sah einen realistischen Wert von 3000 m/s für die Ausbreitungsgeschwindigkeit v vor.

Natürlich sind auch 2 cm eine viel zu große Distanz, um eine ausreichende Empfindlichkeit des Sensors zu bieten. In der Praxis kommen daher UHF- oder Mikrowellenlängen zum Einsatz, wodurch die Sensoren extrem kleine Abmessungen haben und insgesamt kaum größer als ein Streichholzkopf sind. Gängige Frequenzen für Oberflächenwellensysteme liegen beispielsweise bei 434 MHz und im ISM-Mikrowellenbereich um 2,45 GHz.

Der Abstand einer Streifenperiode (p) errechnet sich wie folgt:

$p = v/f_0$

mit

v = Ausbreitungsgeschwindigkeit auf der Oberfläche des piezoelektrischen Materials (ca. 3000 m/s bis 3500 m/s, konkrete Zahlen sind vom Material abhängig) und

f_0 = Resonanzfrequenz

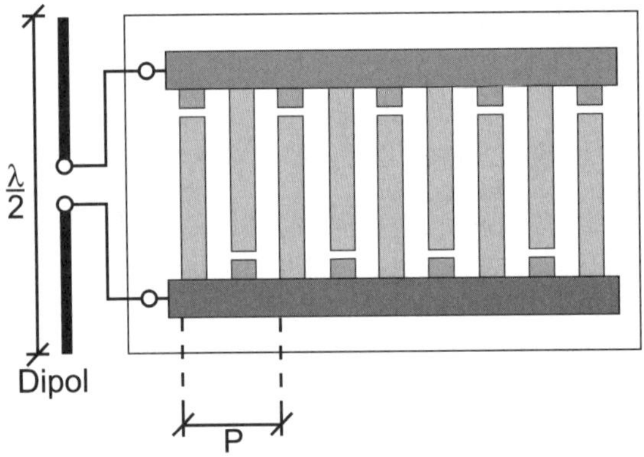

Abb. 5.19: Anordnung der kammförmigen Metallstreifen auf dem piezoelektrischen Substrat bei einem Oberflächenwellen-Sensor: Der Abstand einer Periode, also vom Beginn jeweils zweier Streifen eines Potenzials, entspricht der Wellenlänge der Betriebsfrequenz auf dem Substrats. Links im Bild ist ein Dipol zur funktechnischen Anbindung des Transponders an den Reader dargestellt. Dessen Länge entspricht der halben Wellenlänge (λ/2) bei der Ausbreitung der Funkwellen in Luft.

Die Abb. 5.19 zeigt das Grundelement eines Oberflächenwellentransponders: den *Interdigitalwandler*. Er besteht aus den beiden ineinander angeordneten Metallkämmen, deren Periodenabstand der Wellenlänge auf dem piezoelektrischen Substrat entspricht. An jedem der beiden Metallkämme ist ein Fußpunktkontakt eines Halbwellendipols angeschlossen, der ebenfalls auf die Betriebsfrequenz abgestimmt ist. Dieser Halbwellendipol fängt das pulsierende Signal des Readers auf, dessen Spannung auf die Oberfläche des piezoelektrischen Materials einwirkt. Die Eigenschaft eines piezoelektrischen Materials ist es, auf Spannungseinwirkung mit einer Verformung zu reagieren. Dadurch werden auf der Oberfläche des Materials zwischen den Metallstreifen *akustische* Wellen erzeugt, die sich logitudinal, also in Längsrichtung zum Kammverlauf ausbreiten. Wie schon angedeutet, erfolgt diese Ausbreitung der akustischen Oberflächenwellen bedeutend langsamer als die Ausbreitung elektromagnetischer Wellen im freien Raum.

In einem gewissen Abstand zum Interdigitalwandler werden nun weitere Metallstreifen quer zur Ausbreitungsrichtung auf dem piezoelektrischen Substrat angeordnet. Diese stellen einen Reflektor für die Oberflächenwellen dar, von dem ausgehend sich ein Teil der Wellenenergie wieder zum Interdigitalwandler zurück ausbreitet. Platziert man mehrere solcher Reflektorstreifen in definierten Abständen auf dem Substrat, dann gelangen - zeitlich versetzt - mehrere reflektierte Impulse wieder zurück auf den Interdigitalwandler. Dort angekommen, passiert nun genau das Gegenteil wie nach dem Empfang des elektromagnetischen Impulses über die Antenne: Die Verformungen der Oberfläche durch die akustische Welle erzeugt an den Metallstreifen eine Spannung, mit der Frequenz des ursprünglich empfangenen Impulses. Dieses Signal wird wiederum auf den Halbwellendipol geführt und dort abgestrahlt.

Natürlich sind die vom Oberflächenwellen-Transponder gesendeten Pegel sehr klein, doch bereitet der Empfang und die Auswertung in diesem Fall vergleichsweise wenig Schwierigkeiten. Das hat einen Grund: Reflexionen des ursprünglich gesendeten Signalimpulses von Hindernissen in der Umgebung gelangen zwar auch auf den Readereingang zurück, jedoch geschieht dies wegen der Ausbreitungsgeschwindigkeit extrem schnell und damit viel schneller als die akustischen Oberflächenwellen an Zeit benötigen, um nach der Reflexion wieder den Interdigitalwandler zu erreichen. Störsignale infolge einer Mehrwegeausbreitung können damit das Transpondersignal nicht überlagern.

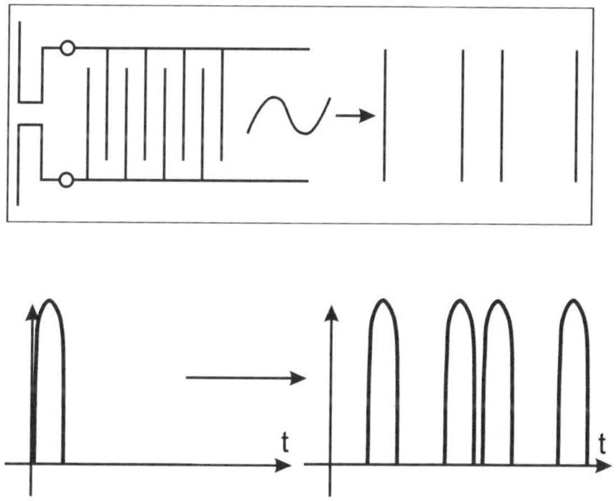

Abb. 5.20: Die vom Interdigitalwandler ausgesendete akustische Oberflächenwelle trifft nacheinander auf die Resonanzstreifen. Jeder dieser Streifen reflektiert einen Teil der Welle, so dass am Interdigitalwandler zeitlich versetzt mehrere Impulse eintreffen, deren Abstände die codierte Nutzinformation darstellen.

Nachteil des Oberflächenwellen-Transponder ist, dass diese Technologie nicht in der Lage ist, vom Reader gesendete Daten zu speichern. Es handelt es also um „nur-Lese-Speicher". Der entscheidende Vorteil liegt jedoch in der extrem schnellen Auslesbarkeit dieser Transponder, wodurch sehr schnelle Gegenstände oder sehr viele Güter in kurzer Zeit erfasst werden können.

Oberflächenwellen-Transponder können sehr vielseitig eingesetzt werden. Auf der einen Seite können Verformungen des gesamten Transponders anhand veränderter Laufzeiten der reflektierten Impulse erkannt werden. Diese Eigenschaft macht man sich beispielsweise bei Reifendrucksensoren zunutze. Auf der anderen Seite können Reflexionsflächen in definierten Abständen als binärer Code interpretiert werden (vergleichbar dem Barcode). Wegen der ausgesprochen schnellen Lesegeschwindigkeit dieser Technologie eignen sich Oberflächenwellentransponder ausgezeichnet zur Kennzeichnung sehr schnell bewegter Gegenstände (z. B. fahrende Züge, um deren Position und Geschwindigkeit protokollieren zu können).

5.5 Zeitliche Kommunikationsabläufe

In den vorangegangenen Abschnitten haben Sie eine Reihe verschiedener Technologien kennengelernt, die in RFID-Systemen zum Einsatz kommen. Bedingt durch deren Eigenschaften müssen verschiedene zeitliche Abläufe beachtet werden. So kann der Transponder in einigen Systemen senden, während das Feld des Readers aktiv ist. In anderen Systemen muss der Transponder dagegen eine Sendepause des Readers für die eigene Übermittlung von Informationen nutzen. Wir wollen einen kurzen Überblick zu den zeitlichen Sendeverläufen von Reader und Transponder geben:

5.5.1 Vollduplexverfahren

Beim Vollduplexverfahren senden und empfangen sowohl Reader als auch Transponder gleichzeitig. Zudem ist eine permanente Energieübertragung gegeben. Im weitesten Sinne gehören die meisten Ein-Bit-RFID-Systeme zu dieser Klasse. Obwohl sie in der Literatur in verschiedenen Publikationen gesondert betrachtet werden, entsprechen sie vom Prinzip her den Vollduplex-Systemen.

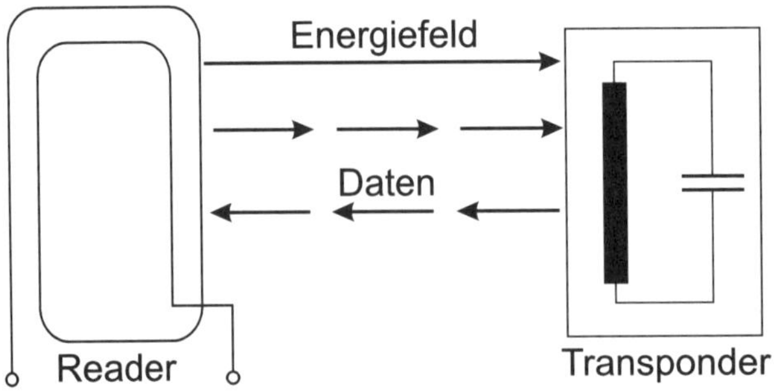

Abb. 5.21: Prinzip der Vollduplex-RFID-Technologie: Die Aussendungen von Transponder und Reader können zeitgleich erfolgen.

5.5.2 Halbduplexverfahren

Auch im Halbduplexverfahren befindet sich der Transponder kontinuierlich im Feld des Readers, allerdings erfolgt die Übertragung der Informationen durch beide Geräte zeitlich versetzt. So können insbesondere Transponder mit einer Stützbatterie die Ruhephase nutzen, um diese Batterie für den nächsten Sendevorgang aufzuladen.

5.5.3 Sequentielles Verfahren

Eine Sonderform des Halbduplexverfahrens ist das sequentielle Verfahren. Dieses sieht - wie schon zuvor ausgeführt - abwechselndes Senden des Readers und des Transponders vor. Allerdings ist im Vergleich zum vorangehenden Verfahren das Energiefeld des Readers nicht permanent aktiv, sondern begleitet lediglich die eigene Aussendung. Das ist bei verschiedenen Systemen wichtig, weil das starke Feld des Readers sonst möglicherweise die Nutzinformationen des Transponders überstrahlen würde.

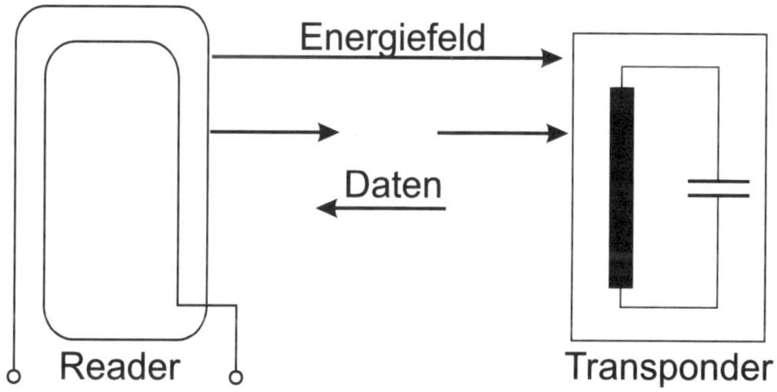

Abb. 5.22: Im Halbduplexverfahren senden Transponder und Reader im Wechsel. Das Feld des Readers ist jedoch permanent aktiv und speist den Transponder.

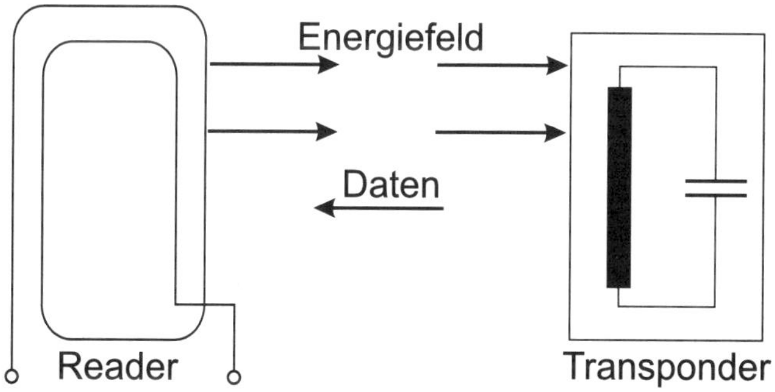

Abb. 5.23: Beim Sequentiellen Verfahren senden Reader und Transponder abwechselnd, allerdings ist das Energiefeld des Readers nur während dessen Sendezeit aktiv, damit die Antwort des Transponders nicht überstrahlt wird.

5.6 Normen und Standard

Im Laufe der Lektüre dieses Buches haben Sie bereits bemerkt, dass RFID lediglich ein Oberbegriff für eine Reihe kontaktloser Identifikationssysteme ist. DIE RFID-Norm, die alles rund um diese Technologie regelt, gibt es also nicht. Das bedeutet aber auch nicht, dass RFID eine völlig wildwuchernde Technologie ist. Im Gegenteil: Für verschiedene Anwendungsbereiche und einzelne Technologien sind ISO-Standards definiert. An dieser Stelle wollen wir nur auf eine Auswahl hinweisen.

Neben den ISO-Standards zu den einzelnen RFID-Systemen sind weitere internationale Normen und Empfehlungen zu beachten, die unter anderem die elektromagnetische Verträglichkeit (EMV) dieser Technologie betreffen.

- ISO 10374: Logistik und Warenwirtschaft: Containeridentifikation
- ISO 10536: Close Coupling RFID-Systeme
- ISO 11784: Definition des Codes zur Identifikation von Tieren
- ISO 11785: Technisches Konzept für RFID-Systeme zur Tieridentifikation
- ISO 14223: „Advanced" Transponder in der Tieridentifikation mit größerem Speicherplatz auf dem Chip
- ISO 14443: Proximity Coupling RFID-Systeme (Nahbereich, wenige Zentimeter Reichweite)
- ISO 15693: Vicinity Coupling RFID-Systeme (Mid Range-Systeme)
- VDI 4470: RFID-Systeme zur Warensicherung in Kauf- und Warenhäusern

6 Sicherheit für RFID-Systeme

Wenn man von RFID spricht, dann wird diese Technologie generell sofort auch mit einem gewissen Bedrohungspotenzial gleichgesetzt. Um nicht in die Pauschalisierung abzugleiten, sollte der Begriff des Bedrohungspotenzials zuerst einmal genau definiert werden. Natürlich fallen öffentlich intensiv diskutierte Themen wie der Datenschutz, die möglicherweise mit RFID verbundenen Einschränkungen persönlicher Freiheitsrechte und die mit dieser Technologie einhergehende Rationalisierung sofort ins Blickfeld. Allerdings gibt es auch eine Reihe weiterer Risiken, denen die Technologie selbst ausgesetzt ist und die es zu beachten gilt, wenn seriöse und zuverlässige Systeme konzipiert werden sollen.

6.1 Definition eines RFID-Systems

Will man das Risikopotenzial eines RFID-Systems objektiv einschätzen, dann muss man die elementaren Komponenten des Gesamtsystems kennen. Der technische Schwerpunkt dieses Buches war bisweilen die energie- und funktechnische Kopplung eines (meist) passiven Transponders mit einem entsprechenden Lesegerät. Ein RFID-System allein aus diesen beiden Komponenten kann aber noch nicht funktionieren, denn es fehlt in dieser Aufzählung noch ein Hintergrundsystem, das die eigentliche Verarbeitung der gelesenen Daten vornimmt oder das Schreiben von Informationen im Transponder veranlasst.

Zur Einschätzung der Bedrohungslage gehört aber auch die Definition der Schnittstellen zwischen den einzelnen Komponenten untereinander und zu den Benutzern - sowohl auf der aktiven als auch auf der passiven Seite. Bei genauer Betrachtung der möglichen Sicherheitsrisiken eines RFID-Gesamtsystems werden schnell Parallelen zu einem modernen EDV-System ersichtlich.

6.1.1 Reine Systemkomponenten

Zu den reinen Systemkomponenten zählen der Transponder, der Reader und das Hintergrundsystem. Alle diese Systemkomponenten bergen für sich ein jeweils eigenes Risikopotenzial, dem zu begegnen ist.

Der Transponder als solcher steht als Authentifizierung für ein Gut, ein Tier oder eine Person. Oft aus Unwissenheit, gelegentlich auch aus reinen Marketinggründen wird der Transponder als absolut unverwechselbar und sicher assoziiert. Handelt es sich jedoch um einen Nur-Lese-Speicher mit unverschlüsselter Information und ist der Transponder obendrein auch nicht untrennbar mit dem zu identifizierenden Gut verbunden, sind gewisse Zweifel an der dessen Zuverlässigkeit durchaus berechtigt. Es gilt schließlich stets, das Verhältnis vom Aufwand zum Nutzen zu berücksichtigen, wenn ein RFID-System eingesetzt werden soll. Ein Beispiel:

Um ein Produkt an einer automatischen Supermarktkasse zu identifizieren, verwendet man zweckmäßigerweise „Nur-Lese-Chips". Das Risiko, dass ein Dieb versuchen wird, den Transponder von der Ware zu lösen und das Diebesgut entweder vollkommen ohne einen Chip oder mit dem einer deutlich preisgünstigeren Ware versehen, durch die Kasse zu schmuggeln, ist absolut gegeben. Es wird sogar durchaus einkalkuliert. Der Aufwand, den es bereiten würde, zusätzliche Kontroll- und Sicherheitsfunktionen zu implementieren, stünde nicht im Verhältnis zum dennoch gegebenen finanziellen Risiko durch einen gelungenen Diebstahl. Statt dessen setzt man weiterhin auf bewährte zusätzliche Sicherungsmaßnahmen wie die Videoüberwachung und eine Stichprobenkontrolle außerhalb des Kassenbereichs.

Anders sieht es dagegen aus, wenn persönliche Ausweis- und Reisedokumente mit dem Transponder gesichert werden sollen. Hierbei muss stets kalkuliert werden, dass ein solches Dokument gestohlen und missbräuchlich verwendet werden kann. Es genügt also nicht, die Sicherheitsfunktion dieses Dokumentes allein auf den Transponder abzubilden, sondern es muss auch verifizierbar sein, dass der Transponder tatsächlich von der dazu legitimierten Person als Authentifizierung verwendet wird. Dies kann beispielsweise durch intelligente Chips erreicht werden, die eine zusätzliche Passworteingabe des Benutzers oder - wegen der dazu nötigen Rechenleistung im Hintergrundsystem - eine biometrische Authentifizierung vorsehen. Selbstverständlich sind derartige Chips bedeutend teurer als Nur-Lese-Transponder.

Schließlich lassen sich technisch einfach gestaltete Transponder mit einem gewissen Aufwand auch fälschen. Dies gilt pauschal zunächst einmal für alle Chips, deren Information mit preiswerten, tragbaren Geräten gelesen werden kann und die über keine integrierte Intelligenz verfügen. Es ist gewissermaßen so, als würde man mit einem tragbaren Fotokopiergerät ein Barcode-Label scannen und fälschen. Selbstverständlich wird niemand diesen Aufwand betreiben, um einen Joghurtbecher aus dem Supermarkt zu entwenden, doch kann dieses Risiko bei höherwertigen Waren keinesfalls ausgeschlossen werden. Theoretisch muss diese Option auch für Kfz-Wegfahrsperren in Betracht gezogen werden, soll im Falle eines Diebstahls des Fahrzeuges nicht generell der gutgläubige Besitzer als Betrüger dastehen. Gerade dieses Beispiel zeigt das eigentliche Problem der RFID-Technologie: Die Versicherungsbranche geht derzeit in den meisten Fällen von einer absoluten Sicherheit aus, die es aber generell nie geben kann. Wird ein Wagenschlüssel aus der Hand gegeben, muss - wenn der darin integrierte Transponder nicht über eine gewisse Intelligenz verfügt, die auch die Authentifizierung des Readers gegenüber dem Transponder vorsieht - damit gerechnet werden, dass die Information kopiert wird. Hier ist der dafür erforderliche technische Aufwand für den potenziellen Dieb durchaus lohnenswert, was insbesondere den Bereich der organisierten Kriminalität betrifft.

Das Lesegerät selbst gehört zu den vergleichsweise sicheren Komponenten des Gesamtsystems. RFID-Schranken für Warensicherungssysteme sind fest an ihrem Standort montiert und können deshalb nicht ohne direkte und auffällige Gewaltanwendung versetzt oder gänzlich entfernt werden. Sehr wohl gefährdet ist allerdings die Schnittstelle zwischen dem Transponder und dem Lesegerät. Darauf gehen wir später noch ein.

Erwähnenswert ist noch das Hintergrundsystem: Hier kann es sich - je nach Anwendung - um einen einfachen Computer oder um eine komplexe Netzwerkinfrastruktur handeln, die mehrere Standorte umfasst. Computer sind generell potenzielle Angriffsziele von Computerviren, Trojanischen Pferden und Crackern. Darüber hinaus kann eine Datenverbindung theoretisch gestört oder abgehört werden. Es sind also geeignete Sicherheitsmaßnahmen zu treffen, um diese Risiken zu minimieren. Selbstverständlich gehören ein stets aktueller Virenscanner und eine Firewall-Lösung zu den elementaren Schutzfunktionen eines jeden Computers. Das gilt insbesondere dann, wenn dieser Rechner über öffentliche Netze wie beispielsweise das Internet kommuniziert. In diesem Fall kommt ergänzend zu den rein lokalen Schutzfunktionen noch eine Absicherung der Kommunikation selbst - durch Verschlüsselung und sichere Authentifizierungsmaßnahmen, besser noch durch professionell konfigurierte VPN-Lösungen - hinzu.

Die Datenbanken selbst sind ebenfalls ein gewisses Risikopotenzial. Unabhängig davon, ob diese möglicherweise durch einen Angriff manipuliert werden können, sind sie als das Herz des gesamten Systems sehr sensibel zu handhaben. Gelangen Daten in die Hände Dritter, könnte dies juristisch nachteilige Folgen für den Betreiber des Systems haben. Doch auch der Verlust der Daten sollte immer als mögliches Risiko angesehen werden. Eine Festplatte ist ein Gerät mit begrenzter Haltbarkeit und kann durchaus während des Betriebes versagen. Wenn die Daten nicht in regelmäßigen (kurzen) Abständen gesichert und archiviert werden, können die Konsequenzen eines Datenbankausfalls für ein Unternehmen vernichtend sein.

Auch die regelmäßige Pflege der Datenbank ist Pflicht. Zu viele „tote" Datensätze sind nicht nur ein Problem der verschlechterten Performance des Gesamtsystems und überfluten den verfügbaren Speicherplatz unnötig, es kann auch zu rechtlichen Problemen kommen, wenn beispielsweise Kundendaten nicht fristgemäß und den geltenden Gesetzen entsprechend vollständig gelöscht wurden.

Betrachten wir wieder eine Kfz-Wegfahrsperre, dann stellt auch hier das Hintergrundsystem ein Risiko dar. Autos sind sehr wertvolle Gegenstände und die organisierte Kriminalität betreibt den Diebstahl und Schmuggel von Fahrzeugen im großen Stil. Gelangen derartig organisierte Diebe in den Besitz von Servicegeräten und Bordcomputern etc., was bei Werkstatt- und Lagereinbrüchen durchaus möglich ist, dann sind sie in der Lage, durchaus auch Fahrzeuge zu entwenden, die mit hochwertigen Diebstahlsicherungssystemen ausgestattet sind. Es handelt sich keinesfalls um „Einzelfälle", allerdings muss auch dieser Technologie zugestanden werden, dass ein erheblicher Teil der Fahrzeugdiebstähle durch Jugendbanden oder Spontantäter verhindert werden kann. Die in elektronischen Wegfahrsperren eingesetzte RFID-Technologie hebt also den Aufwand für eine Straftat erheblich an, kann diese aber nicht mit Sicherheit verhindern, wenn Transponder gefälscht oder Hintergrundsysteme direkt angegriffen werden.

6.1.2 Schnittstellen

Wenn wir die Schnittstellen des RFID-Systems betrachten, dann meinen wir sowohl die Schnittstelle zwischen dem Lesegerät und dem Hintergrundsystem als auch die zwischen dem Lesegerät und dem Transponder. Während die Schnittstelle zwischen Lesegerät und Hintergrundsystem in der Regel als sicher angesehen werden kann, ist die Funkschnittstelle zwischen dem Transponder und dem Reader die grundlegende Schwachstelle des gesamten Systems.

Funksignale breiten sich generell nicht auf geordneten Wegen, sondern nach allen Seiten aus. Sie können reflektiert werden und damit durch Überlagerungen und zeitversetztes Eintreffen am Empfänger zu Störungen der Kommunikation zwischen Transponder und Reader führen. Sie lassen sich aber ebenso leicht abhören.

Nicht zuletzt darf nicht vergessen werden, dass wir es bei der RFID-Technologie mit ganz gewöhnlichen elektromagnetischen Feldern und Wellen zu tun haben. Diese unterliegen physikalischen Gesetzen, die ihre Entstehung und Ausbreitung sowohl fördern als auch beeinflussen können. Bei genauer Kenntnis der technischen Bedingungen könnte ein Dieb beispielsweise mit Hilfe einfacher elektronischer Hilfsmittel, die für wenig Geld aus Mitteln des Elektronik-Supermarktes zusammengebastelt werden können, ein Warenschutzsystem außer Betrieb setzen und selbst die Funktion elektronischer Kassensysteme auf RFID-Basis blockieren. Auf diese Risiken gehen wir im Laufe dieses Kapitels noch einmal näher ein.

6.1.3 Schwachpunkt „Mensch"

Die Sicherheit eines Systems steht und fällt mit demjenigen, der es bedienen muss. Beispielsweise können technisch noch so sicher konstruierte Wegfahrsperren überlistet werden, wenn der Besitzer des Fahrzeuges den Schlüssel wahllos an fremde Personen übergibt oder schlicht und einfach unbeaufsichtigt herumliegen lässt. Auch die elektronische Zugangssicherung ist wertlos, wenn die eventuell zusätzlich erforderliche Geheimzahl auf den Transponder notiert oder mit Hilfe optischer Spionagemittel von Dieben ermittelt wird. Ganz so abwegig ist der letztere Gedanke übrigens nicht, denn mittlerweile zocken organisierte Kriminelle im großen Stil Besitzer von EC-Karten durch Kopie des Magnetstreifens und optischer Ausspähung der Geheimzahl ab. RFID-Transponder benötigen für derartige Attacken noch nicht einmal ein auffälliges Lesegerät am Kartenslot.

6.2 Aktive und passive Partei

Bedingt durch das Funktionsprinzip einer RFID-Anlage muss eine mögliche Bedrohung auch aus der Sicht der beteiligten Parteien betrachtet werden. Dabei handelt es sich um:

- die aktive Partei (Betreiber des RFID-Systems)
- die passive Partei (Kunde, Träger des Transponders)

Beide Seiten haben ein großes gemeinsames Interesse an einem hohen Sicherheitsniveau des gesamten Systems. Die passive Partei - der Träger des Transponders - legt Wert auf die Wahrung seiner persönlichen Interessen, wie beispielsweise den Datenschutz und die Garantie, nicht durch Missbrauch der Technik durch Dritte in Misskredit zu geraten.

Die aktive Partei - der Betreiber des RFID-Systems - hat ein Interesse daran, dass sein System von der passiven Seite angenommen wird. Für jeden Supermarktbetreiber wäre es der Super-GAU, würden die Kunden dem Geschäft fernbleiben, weil sie der RFID-Lösung misstrauen. Ähnliche Erfahrungen musste der METRO-Konzern mit dem Future-Store-Projekt machen. Das Problem dabei dürfte weniger ein nicht funktionierendes System gewesen sein, als vielmehr die - heute allgemein erkennbare - falsche Strategie der Nicht-Information. Es ist also auch davon auszugehen, dass kein Verstoß gegen das Datenschutzrecht vorgelegen hat. Der Konzern hatte vielmehr den Fehler gemacht, Spekulationen den Vorrang zu lassen. Allgemein dürfte daraus aber jede Seite einiges gelernt haben.

Die aktive Seite muss also zweierlei Probleme im Griff haben: Einerseits darf es nicht zu vermeidbaren Angriffen auf die Interessen der passiven Seite durch Dritte kommen und andererseits muss eine möglichst große Transparenz geschaffen werden, die das Vertrauen der passiven Seite schaffen kann. Hier ist es im Interesse aller Betreiber von RFID-Systemen, dass „schwarze Schafe", die dieses Vertrauen im Interesse eigener schneller Profite zunichte machen, entlarvt und zur Verantwortung gezogen werden.

6.3 Abhörrisiken

Im Rahmen einer Veranstaltung zu den Risiken und Chancen des Einsatzes von RFID-Systemen zitierte ein Referent einen Zeitschriftenbeitrag. Darin wurde behauptet, dass innerhalb kürzester Zeit über eine Distanz von 50 m mehrere Transponder ausgelesen werden können. Sicher hat sich der Autor etwas vertan und meinte möglicherweise 15 m, wobei auch dieser Wert lediglich ein Theoretischer ist, denn die allgemeine Literatur sieht Long Range-Systeme bei Reichweiten von ca. 10 m. Darüber hinaus müsste es sich wohl um aktive Transponder mit einer eigenen Energieversorgung gehandelt haben, die über eine in diesem Beitrag zitierte Distanz überhaupt noch kommunizieren können. Man kann also davon ausgehen, dass RFID-Transponder nur über sehr kurze Distanzen innerhalb ihrer Betriebsreichweite aktiv ausgelesen werden können.

Etwas anders sieht es aus, wenn wir über passives Abhören der Funkfrequenzen sprechen. Hier können Geräte mit ausreichender Empfindlichkeit durchaus über wesentlich größere Distanzen in der Lage sein, die Dialoge zwischen dem Lesegerät und dem Transponder zu empfangen und verstärkt zu regenerieren. Allerdings ist auch mit diesem Verfahren kein direktes Schreiben von Daten auf einen dazu geeigneten Transponder möglich. Darüber hinaus ist ein Angreifer darauf angewiesen, dass der Transponder im Feld des Lesegerätes im regulären Einsatz aktiviert wird. Ansonsten ist es nicht möglich, die Kommunikation aufzuzeichnen.

Anders sieht es dagegen aus, wenn der Angreifer mit einem eigenen getarnten Lesegerät arbeitet. Hier verlieren alle Gesetze und guten Vorsätze des legitimen Betreibers des RFID-Systems ihre Gültigkeit. Mit derartigen Attacken, können Informationen einfacher Transponder gelesen und möglicherweise auch kopiert werden. Wichtig ist allerdings auch hier, dass sich das manipulierende Lesegerät in unmittelbarer Nähe des angegriffenen Transponders befindet, denn sonst wäre auch dieser Versuch eines Angriffes ohnehin zum Scheitern verurteilt.

Generell hängt es natürlich vom jeweiligen System und dessen Bedeutung ab, ob Angreifer eine Attacke überhaupt für lohnenswert halten. Bei den derzeitigen Systemen erscheinen Abhörangriffe in den meisten Fällen nicht sinnvoll. Ausgenommen sind natürlich Zugangssicherungen, die jedoch recht wirksam mit einem weiteren Sicherheitsmerkmal versehen und damit geschützt werden können. Mit steigender Verbreitung der RFID-Technologie und zunehmender Verfügbarkeit von Lesegeräten im freien Handel ist es also sehr fahrlässig, mit *einfachen* Transpondern ohne Abfrage einer Geheimzahl eine Zugangssicherung zu realisieren.

6.4 Manipulation der Systemfunktion

Abhörrisiken, Manipulationen oder Ausfälle von Systemkomponenten sind nicht die eigentlichen Risiken, denen die RFID-Technologie ausgesetzt ist. Problematisch sind jedoch die Eigenschaften der Luftschnittstelle zwischen dem Transponder und dem Lesegerät. Die Felder, die zur Energieversorgung der Chips erforderlich sind, können unter ungünstigen Einflüssen abgeschirmt, die elektromagnetischen Wellen gestört werden. Denkbar ist auch eine bewusste Störung der Systeme in der Form einer Denial of Service-Attacke (DoS).

Funktionsprobleme müssen aber nicht zwingend auf einen Angriff basieren. Im Gegenteil, häufig sind es zunächst einmal andere Ursachen, die zu Fehlfunktionen bzw. bei Warensicherungssystemen zu Fehlalarmen führen. Sind beispielsweise die Lesegeräte zu weiträumig installiert, dann kann das Feld in einigen Bereichen des Kassendurchgangs zu schwach sein, um den Transponder anzusprechen. In diesem Fall würden passive Transponder nicht erkannt werden und das Warensicherungssystem wäre quasi wirkungslos. Bleiben wir bei der Warensicherung: Auch ein metallischer Einkaufswagen kann zu Problemen führen, denn dieser wirkt wie ein Faradayscher Käfig und schwächt die Einwirkung des Feldes auf den Transponder sowie die Erkennbarkeit von dessen Reaktion. Metallische Einkaufswagen können daher ebenfalls Fehlfunktionen zur Folge haben. Aus diesem Grunde wechseln viele Supermarktbetreiber ihre Wagen gegen Kunststoffwagen aus. Um dies aber zu betonen: Die Verwendung von Kunststoffwagen bedeutet nicht zwangsweise, dass RFID-Transponder an den Waren befestigt sind oder sogar heimlich ausgewertet werden. Da diese Wagen allgemein angeboten werden, kann sich eine Marktleitung allein aus optischen oderwirtschaftlichen Gründen dafür entscheiden. Ein sicheres Indiz für vorhandene RFID-Systene oder für eine geplante Einführung dieser Technologie stellen Kunststoffwagen also nicht dar.

Ein weiteres störendes Element für ein RFID-System kann Wasser sein. Konkret betrifft dies die Mikrowellensysteme, deren Energie vom Wasser absorbiert und in Wärme umgewandelt wird. Wenn diese Wärmeumwandlung bei den kleinen Leistungen eines RFID-Systems auch nicht messbar ist, so ist das Prinzip doch das Gleiche wie bei einem Mikrowellenofen. Auch der menschliche Körper kann in diesem Zusammenhang Energie absorbieren. Das Umschließen des Transponders mit der bloßen Hand würde bereits eine erhebliche Dämpfung zur Folge haben. Doch wie bereits ausgeführt: Dies betrifft RFID-Systeme im Mikrowellenbereich (2,45 GHz und 5,8 GHz). Langwellensysteme werden auf diese Weise nicht beeinflusst.

Neben den dämpfenden und feldverzerrenden Randbedingungen gibt es noch ein weiteres Risiko, dass die Funktion eines RFID-Systems beeinträchtigen oder völlig außer Kraft setzen könnte: Die gezielte Störung mit Hilfe eines Störsenders oder mit einem *Blocker-Tag*. Mit beiden Mitteln erreicht man das Gleiche: Die vollkommene Funktionsstörung des Systems. Allerdings unterscheiden sich beide Mittel in ihrer Funktionsweise und in der Legalität.

Ein Störsender ist ganz eindeutig eine illegale Funkanlage mit dem Ziel, andere Systeme zu stören. Der Einsatz eines solchen Gerätes ist strafbar. Seine Funktion ist jedoch sehr einfach: Er sendet ein ausreichend starkes Signal auf der Betriebsfrequenz des Lesegerätes bzw. auf der Frequenz, auf der das Lesegerät die Antwort des Transponders erwartet (in der Regel die Hälfte der Betriebsfrequenz bei der Auswertung der Subharmonischen oder die doppelte Frequenz). Damit wird der Empfängerteil des Lesegerätes übersteuert und das eigentliche Transpondersignal kann nicht mehr erkannt werden.

Juristisch etwas anders sieht es beim Blocker-Tag aus. Hierbei handelt es sich im eigentlichen Sinne nicht um eine unzulässige Funkanlage, jedoch erzielt ein solcher Blocker-Tag ungefähr die gleiche Wirkung wie ein Störsender. Allerdings ist dieser „Störtransponder" nicht garantiert zuverlässig. Das liegt zum einen daran, dass der Angreifer sehr genau wissen muss, welches Anti-Kollisionsverfahren das RFID-System verwendet. Zum zweiten basiert das Funktionsprinzip eines Blocker-Tag darauf, dass der Transponder das Lesegerät unentwegt mit allen möglichen ID-Daten „zumüllt". Andere Transponder haben nicht die Chance, mit dem Lesegerät zu kommunizieren. Allerdings - nichts ist perfekt - kann dennoch ein anderer Chip einmal schneller sein.

Wird ein Blocker-Tag eingesetzt, das in seiner Funktionsweise zum angegriffenen System passt, dann hat der Betreiber zunächst einmal ein Problem. Eine wirksame Gegenmaßnahme ist bisweilen noch nicht bekannt. Allerdings handelt es sich zumeist nur um temporäre Attacken. Nachdem der Blocker-Tag das Feld verlassen hat, arbeitet das System wieder zuverlässig weiter.

6.5 Zerstörung des Transponders

Transponder, die sensible Daten enthalten, können so gestaltet werden, dass ein Kill-Befehl deren Inhalt vollständig oder zumindest teilweise in den kritischen Bereichen löscht. Natürlich ist ein solches Kommando auch durchaus Ziel von Saboteuren, die mit geringem Aufwand in der Läge wären, eine ganze Reihe von Transpondern zu zerstören. Dies kann eine recht aufwändige Authentifizierungsprozedur verhindern. Der Transponder würde in einem solchen Fall ein Kill-Kommando nur dann akzeptieren, wenn zuvor ein korrektes Passwort gesendet wurde.

Die Zerstörung eines Transponders kann natürlich auch auf anderem Wege erfolgen. Neben der mechanischen Zerstörung können zum Teil auch sehr hochenergetische Felder zur Zerstörung des Chips führen. So kann ein Chip beispielsweise in einem Mikrowellenofen vernichtet werden, jedoch ist dies nur ein hypothetisches Szenario. Starke Sender in der unmittelbaren Nähe des Transponders können durch thermische Überlastung den Erfolg für den Angreifer bringen, jedoch kann sich dieser nicht unbedingt darauf verlassen. Die über die Antenne bzw. Transponderspule eingekoppelte Spannung wird in vielen Fällen von Zenerdioden begrenzt, so dass eine sehr hohe Leistung für die Zerstörung des Chips benötigt wird.

7 Einsatzbereiche für RFID

RFID hat ein sehr breites Potenzial für verschiedene Einsatzgebiete. Wir verbinden diese Technologie in der Regel mit der elektronischen Diebstahlsicherung in Kauf- und Warenhäusern. Einige von uns haben einen Transponder bereits am Schlüsselbund, wo er als Identifikationstoken der elektronischen Wegfahrsperre für das Auto dient. Möglicherweise wundert sich der eine oder andere auch, warum der Bordcomputer des Fahrzeuges uns darauf hinweist, dass der Reifendruck zu niedrig ist. Wie kann der Computer das wissen, wo doch kein einziger Draht am Rad hängt? Und nicht zuletzt hat möglicherweise auch „Dackel Waldi" bereits einen Chip unter dem Fell. All diese RFID-Anwendungen gibt es schon seit Jahren, also lange schon, bevor die kritische Debatte zum Nutzen und dem Risiko begonnen hatte. Die RFID-Technologie hat sich schleichend, aber sehr effektiv in unserer Gesellschaft etabliert. Bisweilen brachte sie in den letzten Jahren in der Tat nur Nutzen, was daran lag, dass verantwortungsbewusst mit ihr umgegangen wurde.

Abb. 7.1: Kontakt- und bargeldloses Bezahlen ist mit moderner RFID-Technologie keine ferne Zukunftsvision mehr. Die Kreditkarte der Zukunft enthält einen Funkchip. Foto: Texas Instruments

In diesem Kapitel wollen wir die Seite der RFID-Befürworter sehen. Wir wollen überlegen, wo RFID-Technik bereits zum Einsatz kommt und wo sie sinnvoll eingesetzt werden könnte. Möglicherweise begegnen Ihnen diese Beispiele auch in anderen Kapitel - beispielsweise zum Datenschutz - wieder. Das ist gewollt, denn nur die kontroverse Debatte der Thematik kann dazu führen, den sinnvollen und zweckmäßigen Einsatz der RFID-Technologie zu fördern und deren Missbrauch durch klare Aufklärung und Kenntnis der Kerneigenschaften der Technologie zu verhindern.

7.1 Wegfahrsperre und Diebstahlschutz

Möglicherweise haben Sie die Situation schon einmal erlebt: Sie kommen früh am Morgen - möglicherweise nach einem schnellen Kaffee und völlig verschlafen - aus dem Haus, um zur Arbeit zu gehen. Allerdings sind Sie plötzlich hellwach, denn dort wo am Abend zuvor noch Ihr Auto stand, finden Sie nun etwas, wonach Sie in der Innenstadt oft vergebens suchen: einen freien Parkplatz. Mit etwas Glück sind Sie Opfer einiger Jugendlicher geworden, die das Auto für eine „Spritztour" mit Freunden „geborgt" und 100 km weiter weg abgestellt haben. Weniger glücklich werden Sie sein, wenn das Fahrzeug bereits mit einem osteuropäischen Kennzeichen und neuer Wagenfarbe einen anderen Besitzer hat.

Autodiebstähle sind keine Seltenheit. Gestohlen werden Fahrzeuge aller Art: Luxuslimousinen und Sportwagen ebenso wie der kleine Cityflitzer. Diesen Zustand wollten die Sachversicherer natürlich nicht akzeptieren und so werden in Deutschland heute fast alle Fahrzeuge serienmäßig mit einer elektronischen Wegfahrsperre ausgeliefert. Auch die Nachrüstung ist möglich. Hierbei sollte allerdings beim Kauf darauf geachtet werden, dass die Wegfahrsperre der Richtlinie 74/61 EWG in der Fassung 95/56 EG entspricht, um sicher zu gehen, dass diese Wegfahrsperre auch von der Versicherung akzeptiert wird. Im Zweifelsfall empfehlen sich Rückfragen direkt bei der eigenen Versicherung.

7.1.1 Funktion der Wegfahrsperre

Die Wegfahrsperre wird mit einem Close Coupling-System realisiert, in dem der Abstand zwischen der Readerspule und dem Transponder nur wenige Zentimeter beträgt. Der Transponder selbst ist im Fahrzeugschlüssel integriert. Ältere Systeme sahen noch ein separates Lesefeld im Cockpit vor, auf das der Schlüssel vor dem Start des Fahrzeuges aufgelegt werden musste. Danach stand dann ein Zeitfenster von einigen Sekunden offen, um den Motor anzulassen. Mittlerweile können Readerspulen auch direkt in das Zündschloss integriert werden. Der Schlüssel selbst ist nach wie vor mit dem Transponder ausgestattet. Wird der Schlüssel ins Schloss geführt, wird gleichzeitig der Transponder aktiv und sendet seine Kenndaten an den Reader. Der Reader übergibt die empfangenen Daten an das Steuergerät und dieses gibt dann die wesentlichen Funktionen des Fahrzeuges (z.B. die Zündung) frei.

7.1.2 Sicherheit ist relativ

Im TV-Magazin „Umschau" des Mitteldeutschen Rundfunks vom Juli 2004 wurde der Fall des Besitzers eines Mercedes-Geländewagens angesprochen, dessen Fahrzeug gestohlen wurde. Die Polizei geht davon aus, dass die Wegfahrsperre eines so hochwertigen Autos nicht geknackt werden kann. Mit einem entsprechenden Diagnosecomputer und einem neuen Steuergerät können besonders dreiste Diebe sehr wohl zum Erfolg kommen. Neben Autos werden nämlich auch derartige Geräte häufig gestohlen.

Der Einsatz einer Wegfahrsperre kann für einen Geschädigten im Ernstfall auch mit Auseinandersetzungen verbunden sein. Einige Sachversicherer definieren diese Wegfahrsperre nämlich als absolut sicher und reklamieren bei einer intakten Wegfahrsperre einen „fingierten Diebstahl". Ein Urteil des Landgerichtes Itzehoe (Az: 2 O 204/01) sieht das anders. Sofern der Hersteller des Autos den Code der Wegfahrsperre nicht offenlegt, sei die korrekte Funktion der Wegfahrsperre nicht zu überprüfen und im Falle eines Gebrauchtwagens kann das Fahrzeug auch mit einem Originalschlüssel des Vorbesitzers geöffnet worden sein.

7.2 Zugangssicherung

Wer einmal die Fachmessen SYSTEMS oder CeBIT besucht hat, weiß es längst: Die Zeiten des menschlichen „Kartenabreißers" sind vorbei. Insbesondere gesicherte Bereiche eines Unternehmens sollen nur von legitimierten Personen betreten werden. Hier bieten sich elektronische Zugangssicherungs- und Zeiterfassungssysteme an, die in verschiedener Form realisisiert werden können:

- klassische Magnetkarten
- kontaktbehaftete Chip-Karten
- RFID-Transponder

Nun gibt es im Bereich der Zugangssicherung auch noch weitere Überlegungen. So werden beispielsweise in besonders kritischen Bereichen auch biometrische Zugangssicherungssysteme eingesetzt, die den Fingerabdruck einer Person, dessen Stimme oder dessen Irismuster vergleichen. Deren Nachteil gegenüber einem RFID-System: Sie sind bedeutend teurer! RFID-Transponder als Zugangsausweis können allein als einziges Authentifizierungsmittel oder in Verbindung mit einem weiteren Sicherungsmerkmal - beispielsweise einer persönlichen Geheimzahl - zum Einsatz kommen.

Für RFID im Vergleich zu den klassischen Formen der elektronischen Zugangssicherung (kontaktbehaftete Chip-Karte oder sogar die Magnetkarte) spricht die Zuverlässigkeit und die geringe Störanfälligkeit. Magnetstreifen können im Laufe der Zeit durch die mechanische Beanspruchung zerkratzt und in ihrer Funktion beeinträchtigt werden. Darüber hinaus kann die versehentliche Ablage der Karte auf einem starken Magnetfeld - z. B. Lautsprecher etc. - die eigenen magnetisch gespeicherten Informationen auslöschen. Ebenso verhält es sich, wenn die Karte starker Hitze ausgesetzt wird. Das ist schnell möglich, wenn die Karte im Auto vergessen wird, das im Sommer direkt im Sonnenschein geparkt wird.

Kontaktbehaftete Chip-Karten sind gegenüber einem Magnetfeld weitgehend unempfindlich und auch gegenüber Wärme toleranter. Allerdings - das gilt für alle elektronischen Bauelemente allgemein - ist Wärme stets ein Risiko für die Elektronik. Der wesentliche Vorzug der RFID-Lösung gegenüber der kontaktbehafteten Chip-Karte ist allerdings die mechanische Unempfindlichkeit. Kontakte können verschmutzen und stellen dann keine ausreichende Verbindung zum Lesegerät mehr her. Darüber hinaus ist der mechanische Aufbau des Lesers sehr kompliziert, denn die Ausrichtung der Leserkontakte muss innerhalb enger Toleranzen zur Karte vorgenommen werden, um Kurzschlüsse und damit möglicherweise Schäden zu vermeiden.

Eine kontaktlose Karte mit einem RFID-Transponder ist nicht dem Risiko ausgesetzt, infolge einer Verschmutzung nicht mehr richtig zu funktionieren. Auch ist die Kopplung der Karte mit dem Lesegerät bedeutend unkomplizierter. In den meisten Fällen genügt es, die Karte in die Nähe des Readers zu führen, damit dieser sie lesen kann. Der Einschub einer Karte in das Lesegerät ist in der Regel nicht mehr erforderlich. Dennoch gibt es Reader, die über einen Kartenschacht verfügen. Dieser hat allerdings meist nur einfache Funktionen. So dient er bei Close Coupling-Systemen der Erleichterung der Ausrichtung. Andererseits hat ein Kartenschacht im Lesegerät auch einen psychologischen Sinn: Er unterstreicht die Handlung dessen, der sich mit der Karte authentifiziert. Damit wirken die Hersteller einem von Datenschützern reklamierten Manko entgegen, dass die Übertragung der Daten zunehmend aus dem Bewusstsein der Betroffenen entschwindet (vgl. Kapitel 9).

Abb. 7.2: Äußerlich eine ganz gewöhnliche Plastikkarte: Der RFID-Transponder in Checkkarten-Bauform. Foto: Siemens AG

Abb. 7.3: In den meisten Fällen werden RFID-Zugangssicherungssysteme mit kurzen Reichweiten vorgesehen. Damit bleibt jede Authentifizierung - auch wenn sie kontaktlos erfolgt - eine bewusst wahrgenommene Interaktion. Foto: Siemens AG

7.3 Tierkennzeichnung

Wenn „Dackel Waldi" mit der Nase am Boden auf Reisen geht, bemerkt dies das Frauchen Klafutzke nicht unbedingt sofort und urplötzlich ist der edle Rassedackel in der Botanik verschwunden und folgt, ohne sich umzudrehen, dem angenehmen Duft einer Dackel-Dame. Das ist für Oma Kalfutzke sehr ärgerlich, denn gern hätte sie ihren Liebling wieder. Doch wie beschreibt man einen Dackel so, dass er eindeutig erkannt wird und die liebe Nachbarin nicht versehentlich den bissigen Köter von Nachbar Krause vorbei bringt? Hier gibt es zwei Möglichkeiten, ein Haustier eindeutig zu kennzeichnen und damit identifizierbar zu machen:

- Die Tätowierung
- Ein Erkennungschip.

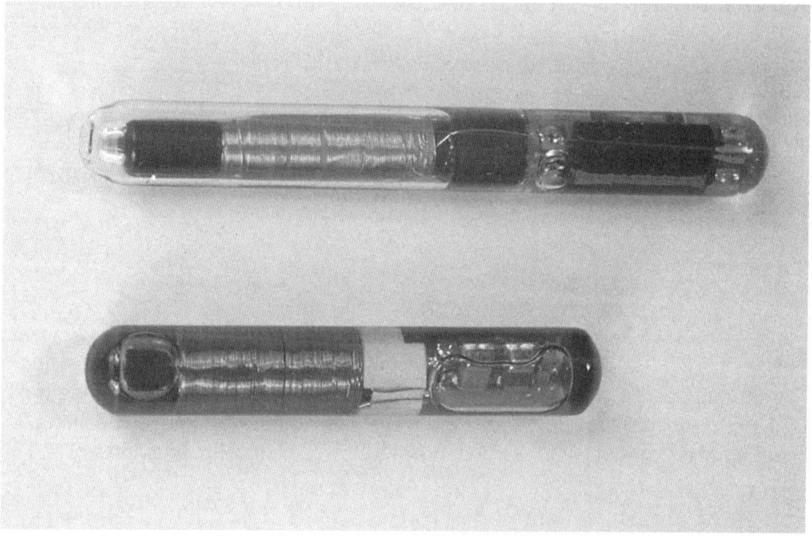

Abb. 7.4: Transponder in der Bioglas-Kapsel (stark vergrößert). Foto: Texas Instruments

7.3.1 Tätowierung versus Chip

Bislang war es in Züchterkreisen durchaus üblich, die Tiere im Ohr mit einer Kennzeichnung zu tätowieren. Diese Kennung wurde auch in den Zuchtpapieren eingetragen. Wird ein entlaufendes Tier mit einer Tätowierung aufgegriffen, dann kann das Tierheim oder der Tierarzt über die Tätowierung feststellen lassen, wem das Tier gehört. Mit einer solchen Nummer im Ohr hätten „Dackel Waldi" und Oma Klafutzke also eine gute Chance auf ein Wiedersehen.

Nun liebt die gute Oma ihren Waldi womöglich so sehr, dass sie dem armen Tier die Qual einer Tätowierung ersparen möchte. Hier gibt es eine Alternative: RFID.

Zur Tieridentifikation kommen Glastransponder zum Einsatz, deren Größe mit 13,8 mm gerade einmal der eines Reiskornes entspricht. Das Gewicht beträgt knapp ein Zehntel Gramm. Jeder einzelne Transponder wird bereits komplett mit der Injektionsnadel in einer sterilen Verpackung geliefert. Der Transponder wird dem Tier dabei lediglich mit einer geeigneten Injektionsnadel unter die Haut gespritzt, wo er sich im Gewebe verankert. Eine Narkose des Tieres ist dabei übrigens nicht erforderlich, denn die Belastung ist nicht größer als bei einer Impfung oder der Gabe einer Vitaminspritze. Das liegt daran, dass die Nadel so geformt ist, dass sie das Gewebe nicht nennenswert verletzt. Sie formt vielmehr einen kleinen Kanal, durch den der Transponder implantiert wird.

Auch bemerkt das Tier nach der Injektion wegen des geringen Gewichtes und der kleinen Abmessungen nichts mehr von seinem kleinen „Untermieter". Die Tierkennzeichnung mit dem Chip gilt insbesondere wegen der - für das Tier schmerzfreien Injektion - als eine sehr humane Lösung. Im Gegensatz dazu ist die Tätowierung eines Tieres immer mit Schmerzen bzw. einer Narkose verbunden und eine vergleichsweise blutige Angelegenheit.

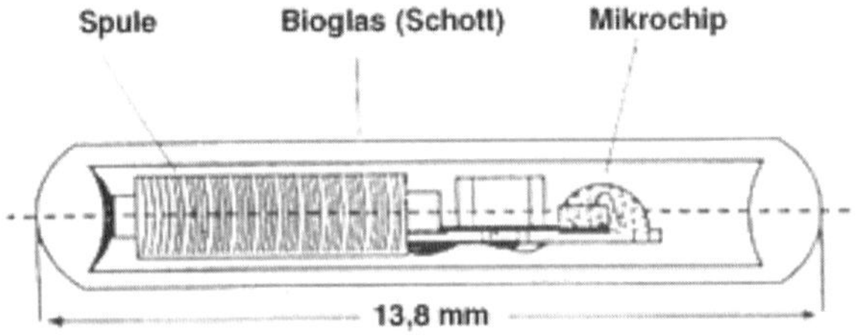

Abb. 7.5: Kaum größer als ein Reiskorn ist der Glaskörper, der den RFID-Transponder beinhaltet und mit dessen Hilfe Tiere auf humane Weise eindeutig und unveränderlich gekennzeichnet werden können. Bild: Virbac Tierarzneimittel GmbH, Bad Oldesloe

7.3.2 Identifikationsprinzip des Transponders

Damit die im Chip gespeicherte Kennung einen Sinn macht, muss der Transponder in einer zentralen Datenbank registriert werden. Dies macht der Halter des Tieres selbst, in dem er ein vom Tierarzt übergebenes Formular an eine der folgenden Organisationen schickt:

- TASSO-Haustierzentralregister e.V., www.tiernotruf.org
- DTB-Deutscher Tierschutzbund e.V. in Bonn
- ifta GmbH, Internationale Zentrale Tierregistrierung, www.globalanid.com

Quelle dieser Angaben: Virbac GmbH, Bad Oldesloe

Auf dem Formular ist die Kennung vermerkt, die im Transponder einprogrammiert wurde. Diese Kennung hat ein international anerkanntes Format, das von der ISO (International Standardization Organization) in ISO 11784 standardisiert wurde. Auch das Auslesen des Transponders ist genormt und in ISO 11785 definiert.

Der Code selbst ist eine 15-stellige Zahl, von denen die ersten drei Ziffern die Nationalität und die übrigen 12 Ziffern eine weltweit eindeutige Identifikationsnummer darstellen. Der Ländercode für Deutschland ist hier 276.

Um den Transponder auszulesen, werden Reader mit einer Betriebsfrequenz vom 135 kHz verwendet. Als Modulationsart kommt das Amplitude Shift Keying (ASK) zum Einsatz. Die geringe Frequenz wird im Gegensatz zu Mikrowellen nicht vom Gewebe des Tieres absorbiert und damit steht die Energie optimal für den Betrieb des Transponders zur Verfügung. Die Energiekopplung selbst erfolgt über das magnetische Feld des Readers, der als tragbares Gerät mit kurzer Reichweite konzipiert ist. Trotz der geringen Abmessungen des Transponders ist die Energiekopplung dank des Ferritkerns in der Spule ausreichend, um die Daten zu übertragen.

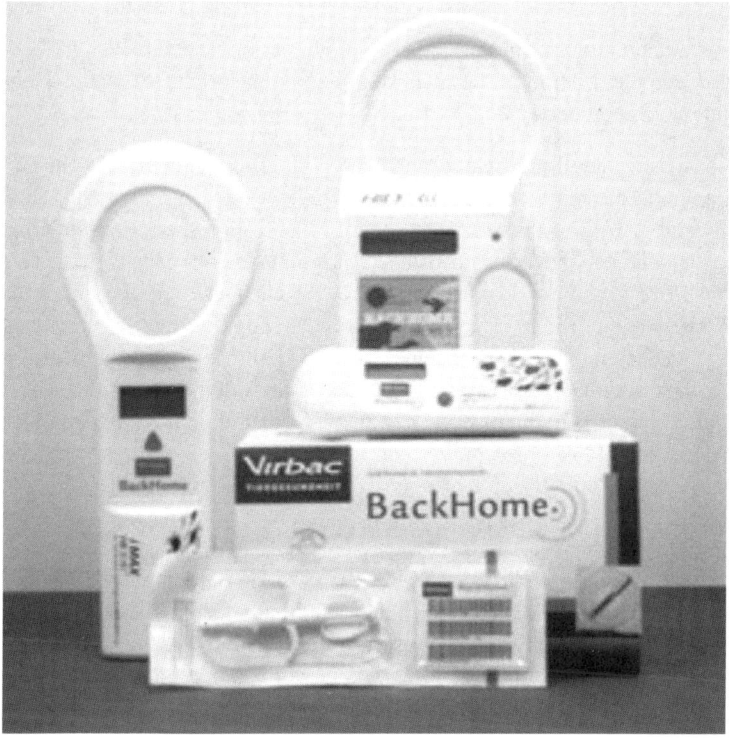

Abb. 7.6: Der norddeutsche Spezialist für Tierarzneimittel bietet verschiedene Ausführungen von Lesegeräten für Tierkennzeichnungen an. Im Vordergrund ist ein mit dem Injektionswerkzeug gemeinsam steril verpackter Transponder zu erkennen. Foto: Virbac GmbH,Bad Oldesloe

7.3.3 Wozu Tieridentifzierung?

Es stellt sich nun die Frage, warum man eigentlich solch einen großen Aufwand treibt, um private Haustiere zu kennzeichnen.

7.3.3.1 Eigentümernachweis

Natürlich wird nicht nur der Dackel von „Oma Klafutzke" mit einem Chip versehen, damit die alte Dame besser schlafen kann, sondern es stecken in der Tat ernsthafte Beweggründe dahinter. Auf der einen Seite verursachen die vielen „Waldis", die tagtäglich entlaufen und die Zwinger in den Tierheimen füllen, große und zumeist unnötige Kosten. Die Aufbewahrungszeit der Tiere kann bedeutend verkürzt werden, wenn die Halter ermittelt werden können. Das spart riesige Summen ein. Doch auch das ist nicht vordergründig.

So hart es klingen mag: Tierzucht ist ein knallhartes Geschäft. Wer ein Rassetier erwirbt, legt großen Wert auf dessen Stammbaum. Die Papiere müssen stimmen und obendrein wäre es wohl auch schön, wenn der süße „Fiffi" wirklich das Tier ist, das in den Papieren beschrieben wird. Diese Gewährleistung wurde bisweilen mit der Tätowierung erbracht, anhand der das Tier zu erkennen ist. Diese Funktion übernimmt nun der Chip.

Der Kunde des Züchters kann nun bei einem Tierarzt, der über ein Lesegerät verfügt, feststellen lassen, ob der Code unter dem Fell dem auf dem Papier entspricht. Auch das Herkunftsland ist durch den Code eindeutig zu bestimmen.

Die Bedeutung dessen wird schnell klar, wenn wir uns verinnerlichen, dass es nicht nur um Hunde und Katzen geht, die mit einem Chip gekennzeichnet werden. Auch Nutztiere wie Rinder oder Schweine haben mittlerweile nicht nur eine optisch lesbare Zahl im Ohr. Auch hier kommen RFID-Transponder zum Einsatz, damit der Weg des Steaks, über den gesamten Produktionsprozess von der Geburt des Tieres an nachverfolgt werden kann. Hier geht es einmal um wirtschaftliche Gründe. Man möchte Mogeleien damit erschweren, die leider immer wieder einmal passieren, wie es die BSE-Krise vor einigen Jahren sehr deutlich machte. Der andere Grund ist eben die Gesundheit der Tiere. Anhand der Kennung im Chip kann in einer Datenbank sofort erkannt werden, ob das Tier gesund ist oder ob bestimmte Medikamente verabreicht werden.

7.3.3.2 EU-Recht: Kennzeichnungspflichten

Seit dem 1. Oktober 2004 ist eine EU-Verordnung in Kraft, welche für den zwischenstaatlichen Grenzübertritt mit Hunden, Katzen und Frettchen innerhalb der EU die Mitführung eines Tierpasses vorschreibt. Diesem Tierpass muss das Tier eindeutig zuzuordnen sein. Hier ist eine elektronische Kennzeichnung vorgeschrieben, wobei nur noch für eine Übergangszeit auch eine gut lesbare und vollständig erhaltene Tätowierung akzeptiert wird.

Der blaue Tierpass enthält eine eindeutige Registriernummer, die in codierter Form auf das Herkunftsland und den Hersteller des Passes hinweist. Darüber hinaus werden - vergleichbar mit dem bisher bekannten gelben Impfbuch - alle Impfungen und weitere Behandlungen wie Zeckenbehandlungen durch den Tierarzt, Wurmkuren etc. eingetragen.

Es sei darauf hingewiesen, dass der Tierpass bisweilen nur in der EU sicher akzeptiert wird. Einige Drittstaaten, wie beispielsweise die Schweiz, werden das Dokument sehr wahrscheinlich anerkennen. Für andere Staaten - speziell in Übersee oder Asien - sollte zuvor eine Information zu den dort geltenden Regeln eingeholt werden.

7.4 Skipässe

Drahtlose Skipässe sind nicht nur seit langem Realität, sie werden von den Urlaubern auf jeder guten Piste vorausgesetzt, denn schließlich will man ja nicht am Lift in der Schlange stehen, sondern den Spaß auf der Piste genießen. Der Transponder wird entweder an einem Band wie eine Halskette getragen oder in der Form einer Uhr am Handgelenk. Vor den Liften befinden sich nun Drehkreuze mit einem Readermodul. Um Zugang zum Lift zu bekommen, wird der Skipass in die Nähe des Readers geführt und die Schranke freigegeben.

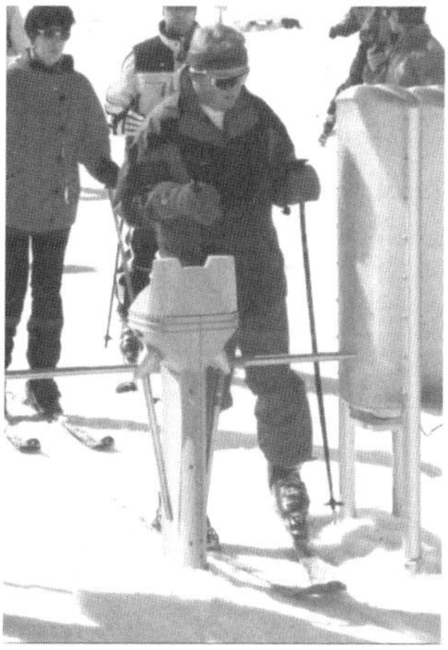

Abb. 7.7: Rechts im Bild deutlich zu erkennen ist die RFID-Reader-Spule. Der Skiläufer muss zum Passieren der Schranke nicht einmal mehr seinen Skipass zücken, denn dessen Gültigkeit wird auf die kurze Distanz gut erkannt. Foto: Texas Instruments

7.5 Ausweispapiere

Noch sind unsere Personalausweise und der Führerschein einfache Plastikkarten und schon diese waren bei deren Einführung von Datenschützern umstritten. Nun wird mit großer Wahrscheinlichkeit noch „Eins drauf gesetzt“ und die Ausweise der Zukunft werden mit einem Chip versehen. Dieser Chip wird weit mehr Daten enthalten, als nur die Ausweisnummer. Es sollen auch biometrische Daten - beispielsweise der Fingerabdruck - in dem Chip gespeichert werden.

Auch bei den Ausweisen werden sehr wahrscheinlich Transponder mit kurzen Reichweiten zum Einsatz kommen. Hier stehen konkrete Informationen jedoch noch nicht zur Verfügung.

Abb. 7.8: Ausweispaiere, Heiratsurkunden und Zertifikate aller Art könnten schon in naher Zukunft mit einem Chip versehen werden, um Fälschern das Leben schwerer zu machen. Foto: Texas Instruments

Abb. 7.9: Das Tanken von morgen wird einfacher (wenngleich auch sicher nicht billiger): Nach dem Tanken muss man sich nicht mehr die Nummer der Zapfsäule merken, sondern hält einfach seine Kundenkarte an die dafür vorgesehene Fläche und gibt bestenfalls noch eine Geheimzahl ein. Foto: Texas Instruments

Abb. 7.10: Der Begriff „Fast Food" bekommt eine vollkommen neue Bedeutung, wenn künftig kontaktlos per Chip bezahlt wird. Foto: Texas Instruments

7.6 RFID im Einzelhandel

Der METRO-Konzern hat bereits erste Erprobungen der RFID-Technologie auf Waren durchgeführt. Dass sich RFID als Ersatz für den optisch zu scannenden Barcode in Zukunft durchsetzen wird, steht für Kenner der Branche außer Zweifel. Viele Einzelhandelsketten setzen bereits heute Einkaufswagen und -körbe aus Kunststoff ein und lösen damit die metallischen Vorgänger ab. Dies ist notwendig, um Störeinfüsse infolge einer Abschirmung durch den Einkaufswagen zu vermeiden (Prinzip des Faradayschen Käfigs).

Der Einsatz von Transpondern direkt an den Waren beinhaltet ein großes Rationalisierungspotenzial. Der Kunde fährt mit seinem Wagen direkt vor den Reader und in nur wenigen Sekunden stellt die automatische Kasse die Rechnung aus. Durch den Einsatz von Anti-Kollisionserkennungsmechanismen (Multi Access-RFID-Systeme) muss der Kunde die Waren nicht einmal mehr auf das Band legen. Sie werden direkt vom Reader erfasst. Lange Warteschlangen vor den Kassen haben mit dieser Technologie ebenso ein Ende wie der Ärger über unbesetzte Kassen bei einem vollen Geschäft. Mit konsequentem RFID-Einsatz werden künftig alle Kassen unbesetzt, dafür aber geöffnet sein.

Natürlich ist damit zu rechnen, dass nicht nur die Waren künftig mit einem Chip versehen werden. Auch in Stammkundenkarten und Mitgliedskarten der Rabattclubs werden RFID-Transponder eines Tages - ungeachtet der aktuellen kontroversen Diskussion - eine Selbstverständlichkeit werden. Der Kunde registriert sich bei seinem Händler und bezahlt ab diesem Zeitpunkt nur noch mit dem „guten Namen". Anstelle der Bezahlung mit Bargeld bestätigt der Kunde den Einkauf über eine kontaktlose Identifikationskarte. Der Rechnungsbetrag für den Einkauf wird nun lediglich vom Bankkonto des Kunden im Lastschriftverfahren abgebucht.

Das hat Vor- und Nachteile: Die Nachteile liegen im Bereich des Datenschutzes, der im Zusammenhang mit der RFID-Technologie oft - teilweise nicht unberechtigt - in Frage gestellt wird. Auch der mit dieser Technologie ganz eindeutig erzielbare Rationalisierungseffekt wird sehr unterschiedlich beurteilt. Während die Einzelhandelsunternehmen klare Vorteile in der Personaleinsparung erkennen, laufen Gewerkschaften aber zunehmend auch Arbeitsvermittler Sturm gegen diese Idee.

Ein ganz klarer Vorteil ist jedoch darin zu erkennen, dass sich kaum noch Bargeld im Geschäft befinden wird. Der tägliche Geldtransfer mit dem Panzerwagen oder der Weg mit der Geldbombe zum Nachttresor der Bank erübrigen sich damit. Das verbessert die Sicherheit, denn wo nichts mehr zu holen ist, gibt es keine Kriminalität. Natürlich könnten es Diebe auf die Waren im Markt absehen, doch würden es Sicherungsschranken erkennen, wenn an ihnen unbezahlte Ware vorbei bewegt werden würde. Sie würden Alarm schlagen und möglicherweise sogar Fotos oder Videoaufnahmen des Diebes machen.

Abb. 7.11: Pakete, Briefe und Koffer werden künftig mit einem Transponder versehen und können so schnell und zuverlässig elektronisch gelesen und für die schnelle Zustellung automatisch auf den kürzesten Weg geschickt werden. Foto: Texas Instruments

7.7 Supply Chain Management

In der Logistik-Branche liegen die wichtigsten und vielseitigsten Anwendungsgebiete der RFID-Technologie. Wir kennen seit Jahren den Begriff „Just in Time", mit dem im Prinzip nichts anderes gemeint ist, als dass die Autobahn zur Lagerhalle erklärt wird. Die Fertigung von Waren wird so kalkuliert, dass sie zur Verfügung stehen, sobald sie benötigt werden. Wer Deutschlands Autobahnen kennt, weiß, dass es sich hier um ein Lotteriespiel handeln muss. Staus und Unfälle bestimmen den Alltag auf den Straßen. Es ist also ganz klar, dass Unternehmen schnell nervös werden, wenn eine Lieferung vermisst wird. Mit Hilfe von RFID-Transpondern verschiedenster Bauart lässt sich die Logistik-Kette lükkenlos überwachen und mit den gewonnenen Informationen auch steuern.

Abb. 7.12: Nicht nur an den einzelnen Gütern wird man mit Transpondern arbeiten. Auch jede einzelne Euro-Palette kann mit einem RFID-Tag versehen werden, um die auf ihr deponierten Waren in einer computergesteuerten, chaotischen Lagerhaltung schnell und präzise wieder auffinden zu können. Foto: Texas Instruments

Wie bereits erwähnt, ist diese Kette sehr komplex. Die Logistik der Zukunft könnte folgendermaßen aussehen: Es beginnt damit, jedes einzelne Gut zu erfassen. Dabei werden Absenderdaten, Ansprechpartner und Zielort in einen Computer eingegeben und dieser Datensatz mit der Kennung eines RFID-Transponders verknüpft. Von nun an läuft alles automatisch. Ein Computer errechnet, welcher Container in die jeweilige Richtung fahren wird und prüft, ob noch Platz für den Transport vorhanden ist. Das Gut wird - mit vielen anderen, ebenfalls exakt erfassten und mit einem RFID-Chip versehenen, Gütern - in den Container eingeladen. Dieser wird verschlossen und erwartet nun die Zugmaschine.

Am Container ist ein Long Range-Transponder befestigt, mit dessen Hilfe noch am Abfahrtsort geprüft wird, ob tatsächlich der richtige Container transportiert wird. Mit dem LKW geht es nun zum Bahnhof oder Hafen - je nachdem wie der weitere Transport erfolgen soll. Dort angekommen, wird der Transponder wieder gelesen und damit in das EDV-System der Bahn eingebucht. Der Spediteur, der gegenüber dem Auftraggeber verantwortlich ist, weiß also zu jeder Zeit, wo sich das Gut gerade befindet. Am Zielbahnhof angekommen, wird der Container wieder einem LKW übergeben und so weiter.

Jede Übergabe wird durch die Kennzeichnung der Güter mit RFID-Tags automatisch protokolliert. Wird versehentlich ein Gut falsch transportiert, dann ist dies in der Datenbank dokumentiert. Ergänzt werden die Daten durch weitere Tracking-Informationen - beispielsweise Positionserfassungen eines Eisenbahnwaggons durch schnelle Oberflächenwellentransponder oder eines LKWs über ein GPS-Gerät in Verbindung mit einem Mobiltelefon.

Abb. 7.13: Die Erfassung der Transponder führt zu keinerlei Zeitverlust beim Be- und Entladen der LKW bzw. der Container. Der Staplerfahrer macht seine Arbeit wie sonst auch, mit dem Unterschied, dass er RFID-Readerschranken passieren muss, die das Label beim Vorbeifahren auslesen. Foto: Texas Instruments

Ganz klar ist, dass der Einsatz von RFID im Logistik-Bereich mehrstufig erfolgt. Neben einfachen Transpondern direkt an den Gütern werden auch einzelne Paletten und Container jeweils mit einem eigenen Chip eindeutig identifiziert.

In vergleichbarer Weise werden künftig auch Koffer und Gepäckstücke von Bahn- und Flugreisenden transportiert. Schon heute ist jedes Gepäckstück mit einem Etikett ausgestattet, auf dem neben einem Barcode auch noch handschriftlich der Name und die Anschrift des Zielortes und des Absenders vermerkt sind. Die Gepäcketiketten der Zukunft werden nicht viel anders aussehen, was schon allein damit zu begründen ist, dass nicht an jedem Flughafen oder Bahnhof sofort geeignete Lesegeräte verfügbar sind. Was diese Etiketten von den heute üblichen unterscheiden wird, ist der im Papier integrierte Chip, der die Seriennummer des Labels und möglicherweise noch weitere Daten zu Absender und Zieladresse - möglicherweise auch zugeteilte Flugnummer etc. - speichert.

Abb. 7.14: Unverpackte Güter, wie beispielsweise Produkte einer Spritzgussmaschine werden zunächst in Transportboxen gesammelt und gelagert. Auch diese Boxen lassen sich mit einem Transponder ausstatten und damit in einem Hochregallager computerunterstützt wieder auffinden. Foto: Texas Instruments

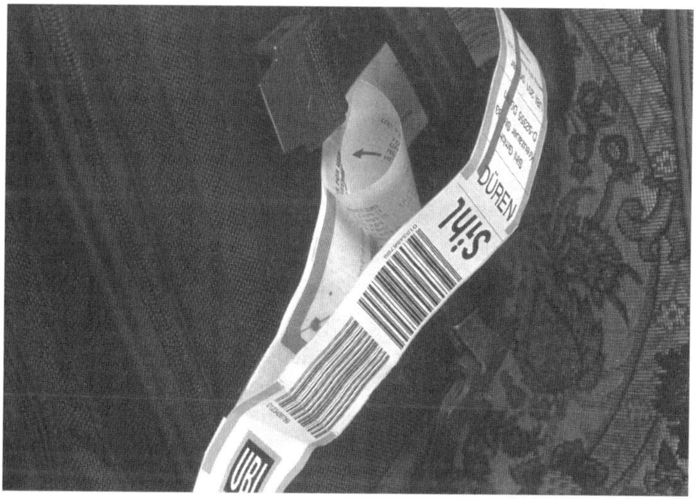

Abb. 7.15: Ein Koffer-Etikett wie wir es kennen? Scheinbar, denn dieses Etikett enthält neben dem offensichtlichen Barcode auch einen RFID-Transponder. Foto: Texas Instruments.

7.8 Paketzustellung

Wenn man heute ein Paket aufgibt, wird dieses zunächst einmal mit einem Barcode-Label versehen, mit dem es ab diesem Augenblick maschinell lesbar ist. Anhand der Codierung und den im Computer gespeicherten Adressinformationen wird das Paket automatisch auf den richtigen Weg geschickt. Allerdings haben diese optischen Systeme den Nachteil, dass das Label innerhalb gewisser Toleranzen zum Lesegerät hin ausgerichtet werden muss. Darüber hinaus können Verschmutzungen dazu führen, dass das Label nicht mehr gelesen werden kann und ein manueller Eingriff erforderlich wird. Das ist unproduktiv und Störungen dieser Art können durch kontaktlose RFID-Label verhindert werden. Die Pakete können in einer beliebigen Ausrichtung an dem Lesegerät vorbeigeführt werden und auch Verschmutzungen stellen kein Problem dar.

Abb. 7.16: Mit Hilfe der RFID-Technologie sind automatische Paketsortieranlagen nicht nur unabhängig von der Lage der Sendungen, sondern sie können die einzelnen Stücke um ein Vielfaches schneller erfassen als dies mit optischen Sensoren möglich wäre. Foto: Texas Instruments

Doch auch die Zustellung direkt beim Empfänger kann mit Hilfe der RFID-Technologie optimiert werden. Der Kurier steht unter hohem Zeitdruck. Nicht nur, dass er zumeist in zweiter Spur bei der Zustellung parkt und damit den fließenden Verkehr behindert, er wird auch mit einer Anzahl von Zustellaufträgen versehen, die den Rand des menschlich Machbaren erreichen können. Effektivität ist Trumpf und so zählt jede Sekunde. Die Zeit beispielsweise, die der Kurier benötigt, um das Auto aufzuschließen bwz. beim Verlassen wieder abzuschließen - dies bezieht sich auch auf das Öffnen und Schließen des Laderaumes - summiert sich über den Tag verteilt auf mehrere Minuten. Eine über einen RFID-Transponder gesteuerte Zentralverriegelung löst das Problem: Kommt der Kurier, der den Transponder beispielsweise wie eine Uhr am Handgelenk trägt, in die Nähe des Fahrzeuges, öffnet die Zentralverriegelung automatisch die Türen. Entfernt er sich vom Fahrzeug schließt die automatische Zentralverriegelung den Wagen sicher ab. Es können keine Pakete gestohlen werden und auch der Wagen selbst ist gesichert.

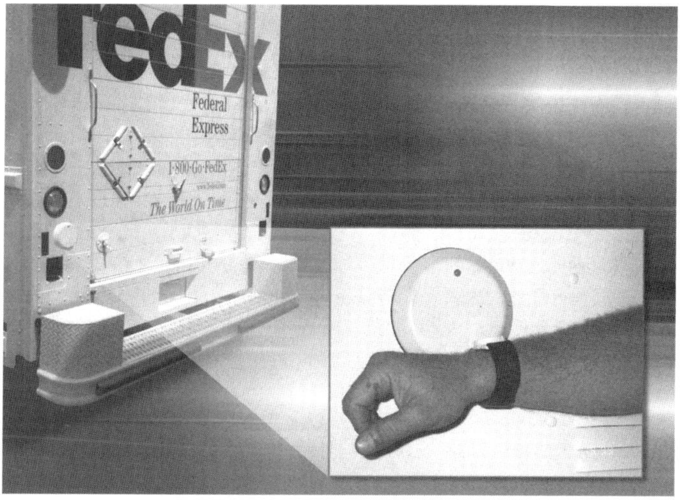

Abb. 7.17: Das Fahrzeug erkennt den RFID-Transponder des Kuriers und öffnet sich automatisch. Entfernt sich der Kurier, ist das Auto dagegen fest verschlossen. Foto: Texas Instruments

7.9 Drahtlose Sensorik

In unseren Ausführungen zum Prinzip der Oberflächenwellen-Transponder (vgl. Kapitel 5) haben wir als Beispiel die Reifendruckkontrolle herangezogen. Natürlich gibt es noch weitaus mehr mögliche Anwendungen dieser Technologie im Sensorik-Bereich. Generell eignet sich die RFID-Technologie dazu, Daten von Sensoren zu erfassen, die aufgrund der Gesamtkonstruktion nicht mit Drähten zugänglich sind und sich obendrein durch geringe Abmessungen und durch geringes Gewicht auszeichnen müssen. All diese Eigenschaften bieten RFID-Transponder.

Zur Kontrolle des Reifendrucks eignen sich Oberflächenwellen-Transponder sehr gut, weil sie direkt die mechanischen Einflüsse auf den Chip in das Antwortverhalten des Transponders umsetzen. Die Chips sind so klein, dass Sie problemlos in das Gummimaterial des Reifen eingebracht werden können. Sie sind so leicht, dass sie - selbst bei hohen Geschwindigkeiten - keine nennenswerte Unwucht verursachen.

Die Veränderung des Luftdrucks im Reifen führt dazu, dass sich die Kontaktfläche zur Fahrbahn verändert. Damit wird der Transponder ebenfalls gebogen, was zur Veränderung der Laufzeiten der Oberflächenwellen zu den Reflektoren führt. Diese Laufzeitveränderung führt gleichermaßen zur Veränderung der Abstrahlzeiten der Antwortimpulse, die von einem Sendeimpuls des Readers angeregt wurden. Anhand der Pausenzeiten zwischen diesen Antwortimpulsen kann der Bordcomputer des Fahrzeuges errechnen, ob der Reifendruck noch ausreichend ist oder ob das Anfahren einer Tankstelle zum Nachfüllen von Luft empfohlen werden muss.

7.10 Schwarzmarkt? Nein Danke! RFID zur WM 2006?

Bis zur Fußballweltmeisterschaft 2006 ist noch etwas Zeit, aber dennoch überlegt man sich bereits, wie man Kartenfälschern und dem Schwarzmarkt den Kampf ansagen kann. Eine Möglichkeit wäre der Einsatz von RFID-Transpondern in den Tickets, Sie lassen sich nicht mit vertretbarem Aufwand fälschen und bieten damit ein hohes Maß an Sicherheit beim Zugang zum Stadion. Hinzu kommt, dass die WM-Eintrittskarten ausschließlich personalisiert verkauft werden. Jeder Besucher ist also namentlich bekannt und die Karten sind nicht übertragbar. Der Grund: Man möchte den Schwazmarkt eindämmen. Darüber hinaus leben Hooligans durch die Personalisierung der Karten gefährlicher, so dass insgesamt in den Stadien ein Sicherheitsgewinn zu erkennen sein wird.

Die Idee zur elektronischen Eintrittskarte ist keinesfalls neu. Wer eine Fachmesse wie die Internationale Funkausstellung in Berlin, die CeBIT in Hannover oder die SYSTEMS in München besucht, wurde zumindest mit Magnetkarten konfrontiert.

Der Vorteil der RFID-Lösung gegenüber der einfachen Magnetkarte ist die robustere Qualität der Karte. Sie halten das im Stadion durchaus übliche Geschubse und notfalls auch die Dusche mit dem „halben Liter Bier" unbeschadet aus, während die klassischen Tikkets hier schwer in Mitleidenschaft gezogen werden können. Insbesondere sind derartige Karten jedoch für spezielle Gäste, Journalisten und Stadionpersonal interessant, die sich an verschiedenen Stellen authentifizieren müssen.

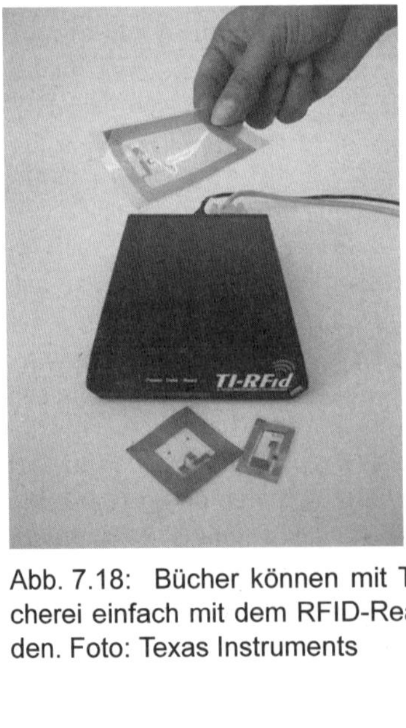

Abb. 7.18: Bücher können mit Transponderfolien versehen und damit in einer Leihbücherei einfach mit dem RFID-Reader in den Bestand eingebucht oder ausgeliehen werden. Foto: Texas Instruments

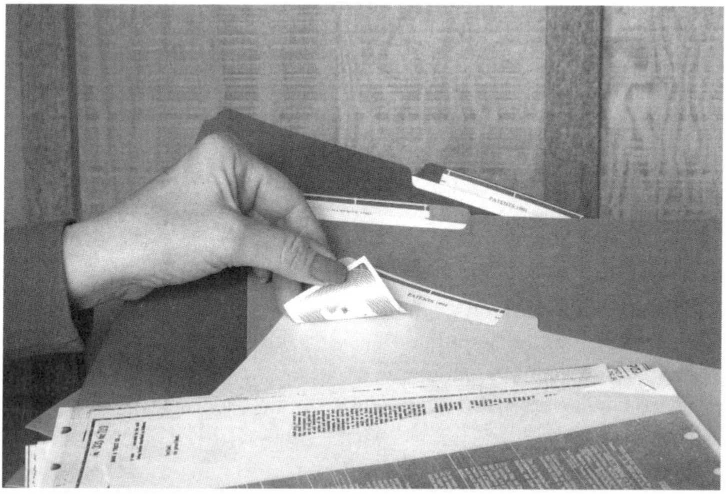

Abb. 7.19: Akten können mit Hilfe aufklebbarer RFID-Tags elektronisch erfasst werden und sind so direkt nachverfolgbar auf ihrem Weg durch die Instanzen. Foto: Texas Instruments

7.11 Bibliothek der Zukunft

Die Einsatzbereiche der RFID-Technologie konnten an dieser Stelle bei weitem nicht vollständig aufgeführt werden. Die hier beschriebenen Beispiele wollen wir mit einem sehr interessanten Studienprojekt der Fachhochschule *Telematik und Netzwerktechnik* des *Technikums Kärnten* in Klagenfurt beschließen.

Die FH Klagenfurt sichert die Türen und Laborräume mit Hilfe von RFID-Transpondern ab. Es handelt sich dabei um Close Coupling-Systeme, die Reichweiten von wenigen Zentimetern haben. Diese personalisierten Zugangsausweise wollte man sich zusätzlich für die Entlehnung und Rückgabe von Büchern in der Bibliothek zunutze machen. Darüber hinaus sollte verhindert werden, dass Bücher ohne Registrierung der Entnahme entwendet werden. Man versah deshalb die Bücher mit Folientranspondern, die in das Cover des Buches eingeklebt wurden. Darüber hinaus wurden verschiedene Reader mit einem Computer verbunden, an dem eine Kamera angeschlossen wurde.

Ein Readersystem war für die Ausleihe und Rückgabe eines Buches zuständig. Der Ablauf war einfach: Zunächst wurde der Studentenausweis auf den Reader - ein flaches Gerät, vergleichbar einem Scanner - gelegt. Am PC wurde gewählt, ob es sich um eine Entleihung oder um eine Rückgabe bzw. um eine Neuerfassung durch den Bibliothekar handelt. Anschließend legte man die Bücher selbst auf den Reader. Damit ist der Leihvorgang abgeschlossen. Durch die in das Buchcover eingeklebte Transponderfolie konnte das Buch mit allen wichtigen Daten erfasst werden. Der Chip im Studentenausweis ordnete diese Entleihe einer bestimmten Person zu.

Um die Bibliothek zu verlassen, musste man eine RFID-Readerschranke passieren. Die beiden Bügel mit den Readerspulen waren so aufgestellt, dass jeder in ihr Feld eindringender Transponder entsprechender Bauart aktiviert und gelesen werden konnte. Ergab der Vergleich mit den Bibliotheksdaten, dass dieses Buch nicht ordnungsgemäß entliehen wurde, dann löste das System einen Alarm aus. Kurz zuvor und unmittelbar nach dem optischen und akustischen Alarm wurden von der Digitalkamera Fotoserien aufgenommen. Dabei war es durchaus beabsichtigt, einige Sekunden vor Auslösung des akustischen Alarms die ersten Fotos aufzunehmen, um zu vermeiden, dass der Dieb - gewarnt von der Sirene - sein Gesicht verhüllt.

Die Fachhochschule Telematik und Netzwerktechnik in Klagenfurt demonstrierte mit diesem Beispiel, wie eine sinnvolle Gesamtlösung auf der Basis der RFID-Technologie aussehen könnte. Natürlich muss davon ausgegangen werden, dass einer breiten Einführung eines solchen Systems eine kontroverse Diskussion zum Thema Datenschutz vorangehen wird.

7.12 Chaos im Akten-Dschungel?

Was mit Büchern möglich ist, klappt auch mit wichtigen Dokumenten oder Aktendeckeln. Zugegeben, es würde sich auch manch ein Journalist freuen, wüßte er, auf welchem Papierberg gerade die aktuell wichtige Antwort auf eine Interviewanfrage gelandet ist. Ein kurzer Ausflug mit dem Reader in der Hand, der über die Schreibtische oder an den Aktenordnern vorbeigeführt wird und schon ist das Dokument gefunden. Natürlich klappt das nur dann, wenn der Eingang des Dokuments im Büro zuvor ordentlich registriert und dieses mit einem Transponder ausgestattet wurde.

Sinn machen solche Systeme aber nicht, wenn ausschließlich Close Coupling Transponder verwendet werden. Hier besteht die Gefahr, dass ein Mitarbeiter in seiner Eile vergisst, eine aus dem Regal entnommene Akte aus dem System auszubuchen und damit in der Datenbank zu vermerken, dass das Dokument nun in seinen Händen ist. Darüber hinaus müssen solche Registrierungen also zusätzlich personalisiert werden, um sinnvoll zu sein.

Reader an den Eingangstüren zu jedem Büro erfassen die Bewegung der Akten, so dass diese nicht verloren gehen können. Denkbar sind zusätzliche Transponder und Reader an den Transportwagen der Boten.

7.13 Individuelle Lösungen?

Die Beispiele dieses Kapitels zeigen deutlich, wie vielseitig das Nutzenpotenzial der RFID-Technologie ist. Dabei erheben unsere Ausführungen noch keinerlei Anspruch auf Vollständigkeit, denn fallende Preise für die immer kleiner werdenden Transponder und Lesegeräte auf der einen Seite und der wachsende Rationalisierungsdruck auf der anderen

Seite forcieren den Einsatz der RFID-Technologie förmlich. Darüber hinaus - die Beispiele des Paketzustellers und des Skiliftes in diesem Kapitel deuten dies bereits an - bringt RFID uns allen auch ein gewisses Maß an Komfort.

Einen noch größeren Boom kann diese Technologie erwarten, wenn potenzielle Anwender eines RFID-Systems ihre Lösung selbst entwickeln können. Hier gibt es bereits für Systemhäuser und Techniker Entwicklungskits, wie sie unter anderem von Texas Instruments geliefert werden.

Abb. 7.20: Kann eine eigene Anwendung durch RFID optimiert werden? Evaluations- und Entwicklungs-Kits ermöglichen es, darauf eine Antwort zu finden. Foto: Texas Instruments

8 Produkt-Codierungen

Ein wichtiger Zweck von RFID ist die eindeutige Kennzeichnung von Produkten im Handel (zur automatisierten Erfassung durch Kassensysteme) sowie in Produktion und Logistik. Bisher haben diese Funktionen optische Codierungen übernommen, die uns allen bekannt sind: Barcodes. Wir wollen die direkten funktionellen Vorläufer der elektronischen Produktkennzeichnung mit RFID-Transponder in einem kleinen Exkurs etwas näher kennen lernen.

Wir werden einige Barcode-Varianten in der Form einer kleinen Auswahl vorstellen und den EAN-13-Code etwas ausführlicher beschreiben. Dabei werden Sie feststellen, dass es verschiedene Barcode-Standardisierungen in unterschiedlichen Branchen und für verschiedene Anwendungsgebiete gibt. Im Zuge der Einführung von RFID möchte man - insbesondere im Hinblick auf die Interessen globalisierter Märkte - einheitliche Strukturen durchsetzen. Wir werden deshalb am Ende dieses kleinen Exkurses auch auf die Bestrebungen von EPC-Global zu sprechen kommen.

Es gibt heute in einem Supermarkt eigentlich kein Produkt mehr, auf dem nicht die auffälligen Strichmuster zu erkennen sind. Es handelt sich dabei nicht um einen Design-Gag, sondern um eine eindeutige und vor allem machinenlesbare Kennzeichnung der Produkte. Mit Hilfe des Barcodes (aus dem Englischen: bar = Balken) wurde an den Supermarktkassen, aber auch in der Logistik viel wertvolle Zeit gewonnen. In der Tat hat sich in den letzten 30 Jahren - der Barcode wurde nämlich bereits in den 70er Jahren praktisch eingesetzt und der erste Barcode sogar schon 1949 patentiert - die Situation an den Supermarktkassen grundlegend gewandelt. Nicht mehr der Kunde wartet darauf, dass das Kassenpersonal die Waren verbucht, sondern die Kassiererin und andere Kunden wartet darauf, dass der Kunde die Waren schnellstmöglich vom Band räumt.

Mit der Einführung des Barcodes ist also viel Hektik in das Einkaufsleben gekommen und dennoch ist das Ende der Fahnenstange noch nicht erreicht, denn man will weg vom optischen Code und hin zum RFID-basierenden System. Dieses soll darüber hinaus auch Schluss machen mit der Vielfalt der verschiedenen Barcode-Systeme und eine weltweit verbindliche Standardisierung mit sich bringen. Im Zuge der Globalisierung ist der elektronische Produktcode (EPC, Electronical Product Code) eines der zentralen Elemente für einen reibungslosen weltweiten Handel.

8.1 Der Barcode

Das erste Patent zu einem Barcode wurde im Jahr 1949 in den USA von Douglas Young angemeldet. Die Entwicklung entstammt ursprünglich einem Auftrag des US-Verteidigungsministeriums. Allerdings wurde schnell damit begonnen, die auf Fließbandfertigung ausgerichtete Automobilindustrie mit Barcodes zu unterstützen. Der erste Einsatz eines Barcodes ist in der Literatur auf das Jahr 1960 zurückzuführen, jedoch gab es damals noch keine Microcomputer, wie wir sie heute kennen. Für einen breiten Einsatz im Einzelhandel war diese Technologie damit also noch viel zu teuer.

Wie in vielen Bereichen der technologischen Entwicklungen kochten Europa und die USA auch bei den optischen Produktcodierungen zunächst ihre eigenen "Süppchen". So führte man in den USA 1973 den Uniform Product Code (UPC) ein. Dieser Code sieht eine zwölfstellige Nummerierung vor. In Europa war man etwas langsamer und entwikkelte 1976 die Europäische Artikelnummer (European Article Number, EAN). Die European Artcle Association (heute EAN International) wurde 1977 gegründet.

Es gibt noch eine Reihe anderer Codierungsformen auf der Basis von Strichcodes bzw. Barcodes, die neben rein numerischen Daten auch alphanumerische Informationen darstellen können. Darüber hinaus gibt es neben den eindimensionalen Barcodes auch zwei- oder sogar dreidimensionale Codierungen. Bei den zweidimensionalen Codes müssen wir zwischen den so genannten Stapelcodes und den Matrixcodes.

Bei den Stapelcodes handelt es sich im Prinzip um mehrere übereinander gesetzte eindimensionale Barcodes. Um die Information auszuwerten, erfolgt das Lesen mit dem Scanner Zeile für Zeile. Die Matrixcodes sind anders aufgebaut. Sie kennen ein Beispiel für einen Matrixcode vielleicht von gedruckten Postwertzeichen. So ist es möglich, sich die lästige Arbeit des Briefmarkenklebens zu ersparen, wenn man die Sendung online bezahlt und den Matrixcode so auf den Briefbogen druckt, dass dieser durch einen Fensterumschlag hindurch gelesen werden kann.

Um zusätzliche Informationen auf möglichst geringer Fläche in den Code zu packen und dabei zu berücksichtigen, dass die Auflösung von handelsüblichen Druckern Grenzen hat, hat man mittlerweile dreidimensionale Codes entwickelt, die eine zusätzliche Informationsebene in einer Farbcodierung vorsehen.

Bleiben wir aber beim eindimensionalen Barcode. Schließlich soll dieses kleine Kapitel lediglich einen Einblick in die Form der derzeitigen Produktcodierung geben und das Prinzip erläutern. Der Barcode setzt sich aus Balken und Zwischenräumen zusammen, die zusammen die Code-Elemente (die „Zeichen") darstellen. Jedes Zeichen hat eine definierte Breite. Innerhalb eines Zeichens sind die Balken und Zwischenräume jedoch verschieden breit. Darüber hinaus unterscheidet man verschiedene Symbolgrößen und Auflösungsstufen.

Die einzelnen Codes sehen unterschiedliche Definitionen der Balken- und Pausenbreiten vor. Wie ein solcher Code aufgebaut ist, soll am Beispiel des EAN-13-Codes im Laufe dieses Kapitels gezeigt werden. Lassen Sie uns zunächst einmal eine kurze - keinesfalls den Anspruch auf Vollständigkeit erhebende - Übersicht zu verschiedenen Barcodes und deren favorisierte Einsatzzwecke aufzeigen.

8.1.1 European Article Numbering (EAN)

Grundsätzlich müssen wir zwei Varianten beim EAN-Code unterscheiden:

- EAN-8 (codiert 8 Ziffern) und
- EAN-13 (codiert 13 Ziffern)

Der EAN-8-Code wird nur ausgesprochen selten verwendet, weil mit ihm nur eine sehr geringe Anzahl von Codierungen dargestellt werden können. Von den acht darstellbaren Ziffern stehen nämlich nur vier zur Codierung des Artikels zur Verfügung Die ersten drei Ziffern stellen ein Präfix dar, das von der EAN vergeben wird. Die letzte Ziffer entspricht der Prüfziffer.

Wesentlich mehr Flexibilität bietet der EAN-13-Code. Ihn finden wir auf Lebensmittelverpackungen im Supermarkt. Allerdings stehen auch hier nicht alle 13 darstellbaren Ziffern zur Kennzeichnung des Artikels zur Verfügung und nicht alle Ziffern können vom Hersteller des Produktes frei vergeben werden. Folgende Aufteilung der EAN-13-Codierung ist zu beachten:

- Ziffern 1 und 2 stellen das Länderpräfix dar. So stehen die Kombinationen 40 bis 43 für die Bundesrepublik Deutschland. In einigen Fällen wird der Ländercode auf eine dritte Stelle erweitert (z. B. Polen: 590).
- Die Ziffern 3 bis 7 sind der Hersteller-Code. Dieser wird von der CCG in Köln vergeben.
- In den Ziffern 8 bis 12 kann der Hersteller eine individuelle Artikelnummer definieren.
- Die 13. Ziffer ist wiederum eine Prüfziffer.

Es sind fast 100 Codes für die Länderkennung definiert. Die Tabelle zeigt deshalb nur einen kleinen Auszug. Sie werden erkennen, dass die Anfangsziffern nicht nur Nationalitäten kennzeichnen. So werden beispielsweise die ISBN eines Buches (978) oder ein Produkt, das im Geschäft selbst verpackt wird (20 bis 29) speziell mit diesen Anfangsziffern gekennzeichnet.

Die Vergabe des Herstellercodes für eine EAN-13-Artikelnummerierung erfolgt duch die

Centrale für Coorganisation GmbH (CCG),

Spichernstraße 55

D-50672 Köln

Code	Bedeutung	Code	Bedeutung
00 - 09	USA und Kanada	**599**	Ungarn
20 - 29	Ladenintern	**690 - 692**	China
30 - 37	Frankreich	**70**	Norwegen
40 - 43	Deutschland	**729**	Israel
400 - 440	Deutschland	**73**	Schweden
45 und 49	Japan	**76**	Schweiz
460 - 469	Russland	**80 - 83**	Italien
471	Taiwan	**84**	Spanien
489	Hongkong	**87**	Niederlande
50	Großbritannien	**90 - 91**	Österreich
520	Griechenland	**93**	Australien
54	Belgien	**94**	Neuseeland
560	Portugal	**977**	ISSN (Zeitschriften)
57	Dänemark	**978**	ISBN (Bücher)
590	Polen	**979**	ISBN (Bücher)

Tab. 8.1: Auszug der Länderkennungen im EAN-13-Code

Beim EAN-Code gibt es noch einige Sonderformen, wobei im Wesentlichen der EAN-2- und der EAN-5-Code zu erwähnen wären. In beiden Fällen handelt es sich um ergänzende Zusatzcodes für für den EAN-13-Code. So lassen sich beispielsweise mit EAN-5 optional Preisinformationen als Barcode zur eigentlichen Artikelnummer ergänzen. Weder EAN-2 noch EAN-5 werden eigenständig verwendet.

Alle eben besprochenen EAN-Codes sind rein numerische Codes. D. h.: Sie enthalten ausschließlich die Ziffern 0 bis 9 in codierter Form. Alphanumerische Zeichen können mit dieser Form des Barcodes nicht dargestellt werden.

Es sie noch erwähnt, dass auch die USA mittlerweile den EAN-Code für ihren Markt entdeckt haben und einsetzen. Dieser Code ist deshalb im Bereich des Lebensmittelhandels eine ideale Basis zur Kennzeichnung von Waren in einem globalen Markt.

4 0 0 0 8 1 5 4 7 1 1 0 7

Abb. 8.1: Beispiel eines EAN-13-Codes zur Darstellung der Nummer 400081547110 mit der Prüfziffer 7.

0 3 9 9 9

Abb. 8.2: Der EAN-5-Code wird ergänzend zum EAN-13-Code für Preisauszeichnungen verwendet.

4 0

Abb. 8.3: Ergänzend zum EAN-13-Code kann eine zweistellige Zahl mit dem EAN-2-Code als Barcode dargestellt werden.

Hinweis: Die in diesem Kapitel gezeigten Barcode-Beispiele wurden mit dem Online-Tool der Firma Herd Software-Entwicklung (www.herdsoft.com) erstellt.

8.1.2 ISBN-Nummern als Barcode

Die International Standard Book Number (ISBN) stellt eine weltweit eindeutige Artikelnummer für Bücher dar. Auch diesem Werk, das Sie gerade in den Händen halten, ist eine solche ISBN zugeordnet. In Deutschland wird sie vom Börsenverein des deutschen Buchhandels in Frankfurt vergeben. Auch hier ist - wie bereits zuvor beim EAN-Code dargestellt - eine gewisse Struktur in der Nummerierung zu erkennen. Wenn Sie in die so genannte Titelei oder auf die letzte Umschlagseite dieses Buches blicken, dann werden Sie feststellen, dass es sich bei der ISBN um eine zehnstellige Nummer handelt, die - durch Bindestriche getrennt - in vier Blöcke aufgeteilt ist. Von links nach rechts haben diese Blöcke folgende Bedeutung:

- Die *Sprachcodierung* wird in der ersten Ziffer vorgenommen. 0 und 1 stehen für englischsprachige Literatur, 3 für deutschsprachige Werke.
- Die *Verlagskennung* wird mit einer variablen Stellenzahl angegeben. Die meisten Verlage in Deutschland haben vierstellige Kennungen. Das gilt auch für den Franzis-Verlag, der dieses Buch für Sie verlegt hat. Dessen Kennung ist "7723". Allerdings kann dieser Block zwischen drei und fünf Stellen variieren.
- Die Kennung des *Titels* ist ebenfalls variabel in der Länge, allerdings gilt, dass Verlags- und Titelkennung zusammen acht Stellen belegen. Ein Verlag mit einer dreistelligen Kennung kann also eine fünfstellige Titelkennung vergeben, ein sehr kleiner Verlag mit einer fünfstelligen Kennung dagegen nur drei Stellen für den Titel verwenden.
- Die Prüfziffer stellt die letzte Stelle der ISBN dar.

Die Berechnung der Prüfziffer ist im Prinzip sehr einfach: Jede Ziffer der ISBN wird mit einem Faktor multipliziert. Die Ergebnisse dieser Multiplikationen werden addiert und durch 11 geteilt. Der Rest (Modulo 11) wird von 11 abgezogen. Das Ergebnis ergibt die Prüfsumme, wobei Ziffern von 0 bis 9 sowie X verwendet werden. Die Ziffer "X" ist erforderlich, weil das Ergebnis dieser Operation auch 10 sein kann, was jedoch einer Zahl aus zwei Ziffern entsprechen würde, die nicht mehr im Raster der ISBN darstellbar ist.

Sehen wir uns die Multiplikationsprozedur zur Errechnung der Prüfziffer noch einmal genauer an:

Jede Stelle der ISBN bekommt einen Faktor zugewiesen. Die einzige Ausnahme ist natürlich die Prüfziffer, die erst noch zu errechnen ist. Dabei ist der Faktor der ersten Stelle (Sprachcode) die Zehn, der Faktor der zweiten die Neun und immer so weiter - um Eins abnehmende Werte - bis zur neunten Stelle, die dem Faktor Zwei zugewiesen bekommt. Jede Stelle wird nun mit dem ihr zugewiesenen Faktor multipliziert. Das wollen wir uns an einem Beispiel ansehen:

Nehmen wir als Beispiel die ISBN-Nummer 3-7723-6558-? (Das Fragezeichen steht für die noch zu berechnende Prüfziffer). Der erste Schritt ist die Bildung der Summe aus den einzelnen Produkten der Stellenbewertung:

3***10**+7***9**+7***8**+2***7**+3***6**+6***5**+5***4**+5***3***8***2** = 262

Diese Summe wird nun durch 11 geteilt (Modulo 11-Operation). Das ergibt 23 und einen Rest von 9. Im letzten Schritt wird nun dieser Rest von 11 abgezogen. Das Ergebnis dieser Rechnung ist schließlich die Prüfziffer. In unserem Fall lautet sie:

11 - 9 = **2**

Die vollständige ISBN lautet also: 3-7723-6558-2.

Wenn Sie dieses Buch, das Sie gerade in den Händen halten, genauer betrachten, dann erkennen Sie auf der letzten Umschlagseite einen Barcode, der genau die ISBN-Nummer dieses Buches darstellt. Allerdings werden Sie auch feststellen, dass es keine zehn Ziffern, sondern sogar 13 Ziffern sind. Es sind also drei Ziffern mehr vorhanden, als die ISBN benötigt. Des Rätsels Lösung: Es handelt sich um den bereits bekannten EAN-13-Code. Anstelle eines Länderpräfixes werden die ersten drei Ziffern mit dem Code 978 belegt. Die Nationalitätskennzeichnung entfällt, da es sich bei der ISBN bereits um eine international definierte Codierung handelt.

9 7 8 3 7 7 2 3 6 7 6 5 6

Abb. 8.4: Darstellung einer ISBN mit dem EAN-13-Code. Der ISBN geht das Präfix 978 voran.

8.1.3 Identcode

Die Deutsche Post AG und die ihr angehörigen Unternehmen verwenden im Paketversand den zwölfstelligen Identcode. Auch dieser Code ist ein rein numerischer Code. Er enthält also keinerlei alphanumerische Zeichen. Anhand dieses Codes läßt sich ermitteln, über welches Frachtpostzentrum die Einlieferung des Paketes erfolgte (die ersten beiden Ziffern des Codes). Eine dreistellige Kundenkennung folgt. Wichtig, um ein Paket exakt zu beschreiben ist dessen Einlieferungsnummer, die sechsstellig ist. Zu guter Letzt gibt es auch beim Identcode wieder eine Prüfziffer.

Um diese Prüfziffer zu ermitteln, wird jeder Ziffer des Codes eine Wertigkeit 4 oder 9 als Faktor zugewiesen. Beginnend von links wird der Faktor Stelle für Stelle immer abwechselnd (4, 9, 4, 9, ...) vergeben. Die Faktoren und der Wert der Code-Stelle werden miteinander multipliziert und die Ergebnisse dieser Teilberechnungen werden addiert. Diese Summe aus den Produkten aller Stellen und deren Wertigkeiten wird nun durch zehn dividiert (Modulo 10). Der entstehende Rest wird von zehn abgezogen und ergibt schließlich die Prüfziffer.

8.1.4 Leitcode

Der 14-stellige Leitcode ermöglicht es den maschinellen Verteilsystemen, Briefe und Pakete an die richtigen Zusteller zu verteilen. Der Code eröffnet die Ziffernfolge mit der fünfstelligen Postleitzahl, der eine dreistellige Straßenkennzahl und die ebenfalls dreistellige Hausnummer folgt. Zwei Stellen des Codes sind für die Bezeichnung des Produktes (z. B.: Brief oder Einschreiben etc.) vorgesehen. Die letzte Ziffer wird wieder als Prüfziffer verwendet.

Die Berechnung der Prüfziffer erfolgt nach dem gleichen Prinzip wie beim Identcode.

8.1.5 Uniform Product Code (UPC)

Der UPC ist gewissermaßen weltweit gesehen der Vorgänger der Europäischen Artikel Nummerierung. In der Tat sind gewisse Parallelen zu erkennen. So gibt es eine "lange", 12-stellige Version (UPC A) und eine "kurze Version (UPC E), die nur acht Stellen kennt. Wie auch schon beim EAN kommen ausschließlich Ziffern (0 bis 9) zum Einsatz.

Die Struktur des Codes ist jedoch sehr individuell auf den nationalen Markt der USA ausgelegt, denn eine Kennzeichnung des Herstellerlandes fehlt. Statt dessen steht die erste Ziffer der Nummer für die Art der Verschlüsselung:

- 0, 6 und 7 stehen für den regulären UPC-Code.
- Werden Produkte nach Gewicht berechnet und der Barcode entsprechend im Geschäft selbst berechnet, dann wird dies mit einer führenden Ziffer 2 deklariert. Ein entsprechendes Präfix gibt es übrigens auch beim EAN, wie wir noch sehen werden.
- Die pharmazeutische Industrie leitet ihre Produkt-Codes mit der Ziffer 3 ein. Es handelt sich dann also um einen National Drug Code (NDC) oder um den National Health Related Item Code (NRI).
- Die Ziffer 4 steht gewissermaßen für individuelle Codes, ohne eine Vorgabe des Formates.
- Alle übrigen Ziffern sind für spätere Definitionen reserviert.

Die nachfolgenden Ziffern können also durchaus unterschiedlich strukturiert belegt werden. Das hängt davon ab, welche Codierung - angezeigt durch die führende Stelle - verwendet wird. Bleiben wir in diesem Zusammenhang jedoch beim UPC und sehen wir uns die weitere Struktur des Codes an. Hier entdecken wir wieder Parallelen zum EAN, denn die zweite bis sechste Ziffer stehen für den Herstellercode und die Siebente bis Elfte kann mit der Artikelnummer belegt werden. Auch beim UPC gibt es eine Prüfziffer, die in die zwölften Stelle gesetzt wird.

8.1.6 Code 39 / Code 39 Extended

Mit dem Code 39, abgeleitet von "3 aus 9" gelangen wir nun in den Bereich der Barcodes, die in der Lage sind, alphanumerische Zeichen (große Buchstaben) neben reinen Ziffern darzustellen. Darüber hinaus sind verschiedene Sonderzeichen (Leerzeichen sowie -.$/+ und %) definiert. Die Bezeichnung rührt daher, dass jedes Zeichen aus neun Elementen zusammengesetzt ist. Drei dieser Elemente sind breit. Ein Element kann sowohl ein Balken als auch eine Lücke sein, wobei ein Zeichen aus fünf Balken und vier Lücken besteht.

Anders als bei den zuvor gezeigten Codes hat der Code 39 im Prinzip keine Begrenzungen in seiner Breite. Das macht ihn natürlich im Einsatz sehr flexibel, stellt aber an die Lesetechnik eine zusätzliche Aufgabe: Es ist nicht aus einer definierten Breite der Anfang und das Ende des Codes festgelegt, sondern es müssen diese Informationen zusätzlich eingebaut werden. Das geschieht durch Verwendung eines weiteren Sonderzeichens, den Aterisken (*), der innerhalb des Codes nicht verwendet werden darf.

CODE 39-BEISPIEL

Abb. 8.5: Der Code 39 ist ein Barcode, der geeignet ist, um alphanumerische Informationen in einem optischen Strichcode darzustellen.

Interessant ist das Verfahren zur Prüfziffernberechnung beim Code 39, denn die Verfahren bei den bereits gezeigten Codes (z. B.: ISBN und EAN) greifen hier nicht, weil alphanumerische Zeichen keine Ziffern darstellen und dementsprechen nicht multiplikativ bewertet werden können. Man wendet deshalb einen Trick an und ordnet jedem gültigen Zeichen einen zweistelligen Zahlenwert zu. Diese Referenzwerte werden addiert und durch 43 (der Anzahl aller möglichen darstellbaren Zeichen) geteilt. Das Ergebnis kann eine zweistellige Zahl sein und ist damit nicht in einer Stelle als Prüfziffer darstellbar. Deshalb wendet man wieder den gleichen Trick an und betrachtet diese Zahl als Referenzwert eines gültigen Code-39-Zeichens. Dieses wird schließlich als „Prüfziffer" gesetzt, wobei der Begriff der „Ziffer" natürlich entsprechend zu interpretieren ist, weil es sich durchaus auch um einen Buchstaben oder um eines der gültigen Sonderzeichen handeln kann.

Die Zuweisung der Referenzwerte ergibt sich der Reihe nach: Es gilt:

- Die Ziffern 0 bis 9 im Code 39 haben die Referenzwert von 00 bis 09.
- Den Buchstaben (nur große Buchstaben sind beim Code 39 definiert) werden die Referenzwerte von 10 für A bis 35 für Z zugewiesen.

- Die Sonderzeichen haben folgende Zuordnungen: - (36), Komma "," (37), Leerzeichen "Space" (38), $ (39), / (40), + (41 und % (42).

Ihnen ist sicher aufgefallen, dass im Vergleich zum Verfahren, wie es bei der Berechnung der Prüfziffer einer ISBN verwendet wird, ein Schritt zur Berechnung der Prüfziffer fehlt: Der Rest der Division wird nicht vom Divisor abgezogen. Dieser Schritt erübrigt sich auch, denn die Zuweisung der Zeichen zu Referenzwerten und umgekehrt garantiert bereits ein einstelliges Ergebnis der Prüfziffer.

Robert Schoblick

Abb. 8.6: Der erweiterte Code 39-Extended kann neben den Ziffern und Großbuchstaben des Code 39 zusätzlich kleine Buchstaben und weitere Sonderzeichen darstellen.

Natürlich ist es sehr unkomfortabel, lediglich Großbuchstaben zur Verfügung zu haben. Aus diesem Grunde wurde eine Erweiterung - der Code 39 Extended - entwickelt, dessen Zeichenvorrat nicht nur zusätzlich die kleinen Buchstaben des Alphabets, sondern auch zusätzliche Sonderzeichen der PC-Tastatur kennt. Die Code-Elemente als solche sind nach wie vor die Gleichen. Die zusätzlichen Zeichen werden durch Kombinationen aus Code 39-Zeichen dargestellt. Aus diesem Grunde kann auch die Prüfziffer weiterhin nach dem bereits beschriebenen Verfahren berechnet werden.

8.1.7 Code 128

Wie bereits ausgeführt, gibt es noch viel mehr Definitionen für Barcodes. Doch bevor wir Ihnen an einem Beispiel das Prinzip der Codierung von Ziffern und alphanumerischen Zeichen mit einem Strichcode zeigen, wollen wir noch auf den Code 128 zu sprechen kommen. Dessen markanteste Eigenschaft ist die Möglichkeit den vollen ASCII-Zeichensatz in der Form eines Strichcodes abbilden zu können. Um dies zu erreichen, kommen drei Zeichensätze zum Einsatz. Die Codes haben folgende Funktionen:

- Die Codierung von großen Buchstaben und Sonderzeichen erfolgt mit dem Code 128A.
- Kleine und Große Buchstaben werden mit Code 128B abgebildet.
- Zur Darstellung von Ziffern verwendet man den Code 128B.

Wie eingangs bereits ausgeführt, soll dieser kleine Exkurs nicht den Anspruch auf Vollständigkeit in der Übersicht der gebräuchlichen Barcodes erfüllen. Wichtig ist uns, dass Sie die Vielfalt der verschiedenen Codierungen und dementsprechend auch der Scanner- und Decodertechnik kennenlernen. Nationale Unterschiede sprechen ebenfalls mittelfristig gegen die Kennzeichnung von Waren und Transportgütern etc. mit Barcodes. Darüber hinaus muss klar erkannt werden, dass nicht jedes Produkt geeignet ist, einen Barcode zu führen. Das hängt mit dessen Größe zusammen, weil ein Barcode - selbst bei hoher Druckdichte - große Datenmengen schlicht und einfach nicht darstellen kann. RFID gewinnt also um längen, wenn der Transponder neben der Artikelnummer auch beispielsweise ein Protokoll zur Herstellungshistorie speichern kann. Mit einem Barcode ist dies völlig undenkbar.

8.2 Beispiel: EAN-13-Code im Detail

Das Thema „Barcodes" bietet Stoff für ein ganzes Buch. Dennoch wollen wir das Prinzip dieser Technologie nur an einem einzigen Beispiel zeigen und Ihnen die Hintergründe des im Lebensmittelhandel sehr gebräuchlichen EAN-13-Codes erläutern. Der EAN-13-Code besteht aus zwölf (!) als Balkencode darstellbaren Ziffern. Die so genannte „13. Ziffer" setzt sich aus der Wahl der Zeichensätze in der linken Hälfte des Codes zusammen. Nun, wir sehen förmlich das große Fragezeichen über ihren Kopf schweben, aber die Art und Weise, wie die Codierung bei EAN-13 erfolgt, ist durchaus genial, denn sie erfüllt neben der Darstellung der Ziffern durch den Strichcode auch noch eine weitere Funktion. Dank der Verwendung von insgesamt drei Zeichensätzen bietet der EAN-13-Code folgende Möglichkeiten:

- Der Code kann sowohl von links nach rechts als auch von rechts nach links korrekt gelesen werden.
- Ohne zusätzlichen Platz kann eine zusätzliche - die 13. Ziffer - dargestellt werden.

Bleiben wir vorerst - ohne zunächst auf die Details einzugehen - bei den verschiedenen Zeichensätzen. Sie werden bezeichnet mit A, B und C. Von links nach rechts gesehen (die ganz linke Ziffer bitten wir zunächst nicht zu beachten, denn es ist die so genannte „13. Ziffer") werden die ersten sechs Ziffern ausschließlich mit den Zeichensätzen A und B dargestellt. der zweite Block aus wiederum sechs Ziffern, die rechte Seite des Codes, wird ausschließlich mit dem Zeichencode C abgebildet. Durch diese Maßnahme kann bereits erkannt werden, in welche Richtung der Scanner den Code abtastet.

Wenn wir uns später den Aufbau der Zeichensätze näher ansehen, dann fällt auf, dass der Scanner - wenn er von rechts nach links abtastet - theoretisch auch erst einmal einen spiegelbildlichen Zeichensatz B annehmen könnte. Allerdings greift hier die zweite Bedingung, denn es ist keine Konstellation definiert, in der ausschließlich der Zeichensatz B - dieser kommt nur auf der linken Seite und stets insgesamt in der Kombination mit dem

Zeichensatz A zum Einsatz - verwendet wird. Sechs aufeinander folgende Zeichen, die scheinbar einem Zeichensatz B entsprechen, können also in Wirklichkeit nur dem Zeichensatz C entsprechen.

Die Gestaltung von Zeichensatz B und C ist spiegelbildlich definiert. Dabei sind die Werte aber stets identisch, so dass der Scanner - egal, in welche Richtung er liest, sofort die richtige Ziffer erkennt. Ein Beispiel (von links nach rechts gelesen):

Die Ziffer 9 wird im Zeichensatz B durch 0010111 dargestellt. Im Zeichensatz C lautet der Code für die Ziffer 9 dagegen 1110100. Probieren Sie es bitte aus und lesen Sie einen der Codes von rechts nach links und vergleichen Sie selbst.

Die Notwendigkeit, den EAN-13-Code sowohl von links nach rechts als auch in der entgegengesetzten Richtung lesen und zuverlässig interpretieren zu können, ergibt sich aus dem praktischen Einatz des Codes auf Lebensmittelverpackungen. Sinn ist es, an einer Scannerkasse ohne aufwändiges Ausrichten des Labels den Code schnell und sicher erfassen zu können. Dabei darf es also keine Rolle spielen, in welcher Position das Kassenpersonal die Ware vor dem Scanner hält, denn schließlich soll kein Zeitverzug entstehen. Nur so kann das eigentliche Ziel - möglichst viele Kunden mit möglichst geringem Personalaufwand zu bedienen - erreicht werden.

Bleiben wir vorerst noch ein wenig bei der abstrakten Vorstellung der Zeichensätze, dann wird die linke Seite interessant. Zur Verinnerlichung: Auf der rechten Seite kommt ausschließlich der Zeichensatz C zum Einsatz. Auf der linken Seite können die Ziffern sowohl mit dem Zeichensatz A als auch mit B dargestellt werden. Im Prinzip gibt es keine genaue Vorgabe, welche Ziffern der linken Seite mit welchem Zeichensatz dargestellt werden müssen. Allerdings codiert die Wahl der Zeichensätze auf der linken Seite die 13. Ziffer des Codes.

Ein Beispiel: Werden alle sechs Ziffern der linken Seite mit dem Zeichensatz A codiert, dann ist die 13. Ziffer gleich Null. Die 13. Ziffer die erste Ziffer ist der Landeskennung, die in Deutschland generell mit 4 beginnt. Aus diesem Grunde werden EAN-13-Codes in Deutschland auf der linken Seite fast ausschließlich mit der Zeichensatzkombination ABAABB abgebildet.

Wir wollen dies verdeutlichen: Das (von links nach rechts gesehen) erste Zeichen, das mit einem Strichcode abgebildet wird, wird mit dem Zeichensatz A verschlüsselt. Handelt es sich um die Ziffer 1, dann entspricht dies dem binären Code 0001101. Das zweite Zeichen wird nun mit dem Zeichensatz B verschlüsselt. Wäre auch dies eine 1, so lautet der Binärcode dafür: 0100111.

Die Zeichensätze des EAN-13-Codes sind eindeutig, doch es gibt direkte Zusammenhänge zwischen ihnen, die am Beispiel der Codierung der Ziffer "0" gezeigt werden sollen:

- Der Zeichensatz C ist invers zu A. (A: 0001101, C: 1110010)
- Der Zeichensatz B ist genau spiegelbildlich zu C (B: 0100111, C: 1110010)

Wie Sie bereits aus den Beispielen erkennen können, besteht ein Zeichen aus sieben Elementen. Ein Element kann ein Balken oder eine Lücke sein. Auf diese Weise entstehen die unterschiedlich breiten Balken und Lücken in dem von uns auf dem Warenetikett wahrgenommenen Barcode.

Ziffer	**Zeichensatz A**	**Zeichensatz B**	**Zeichensatz C**
0	0001101	0100111	1110010
1	0011001	0110011	1100110
2	0010011	0011011	1101100
3	0111101	0100001	1000010
4	0100011	0011101	1011100
5	0110001	0111001	1001110
6	0101111	0000101	1010000
7	0111011	0010001	1000100
8	0110111	0001001	1001000
9	0001011	0010111	1110100

Tab. 8.2: Zeichensätze des EAN-13-Codes

Ziffer	**Meta-Code**	**Ziffer**	**Meta-Code**
0	AAA AAA	**5**	ABB AAB
1	AAB ABB	**6**	ABB BAA
2	AAB BAB	**7**	ABA BAB
3	AAB BBA	**8**	ABA BBA
4	ABA ABB	**9**	ABB ABA

Tab. 8.3: Codierung der 13. Ziffer beim EAN-13-Code

Wir haben in den Ausführungen dieses Kapitels an verschiedenen Stellen Verfahren zur Berechnung der Prüfziffer dargestellt. Auch EAN-13 sieht eine Prüfziffer vor, die in verschiedenen Stufen berechnet wird:

Zuerst einmal werden die Stellen von links nach rechts (einschließlich der ganz links stehenden 13. Ziffer) abwechseln mit den Faktoren 1 und 3 bewertet. Nehmen wir das Beispiel aus Abb. 8.1, dann lautet der Code der ersten zwölf Ziffern (die Prüfziffer wollen wir ja erst berechnen):

4 - 0 0 0 8 1 5 - 4 7 1 1 0 + Prüfziffer

Die Bewertung sieht dann folgendermaßen aus:

$$4*\mathbf{1} + 0*\mathbf{3} + 0*\mathbf{1} * 0*\mathbf{3} + 8*\mathbf{1} + 1*\mathbf{3} + 5*\mathbf{1} + 4*\mathbf{3} + 7*\mathbf{1} + 1*\mathbf{3} + 1*\mathbf{1} + 0*\mathbf{3}$$

Sie erkennen bereits, dass aus den Produkten nun eine Summe gebildet wird, die durch 10 zu teilen ist (Modulo 10). Es wird keine dezimale Berechnung des Ergebnisses vorgenommen, sondern der bei der Division entstehende Rest von zehn abgezogen. In unserem Beispiel sieht das wie folgt aus:

Die Summe der o. g. Berechnung ist 43.

43 : 10 = 4, Rest 3

10 - 3 = 7 (unsere Prüfziffer).

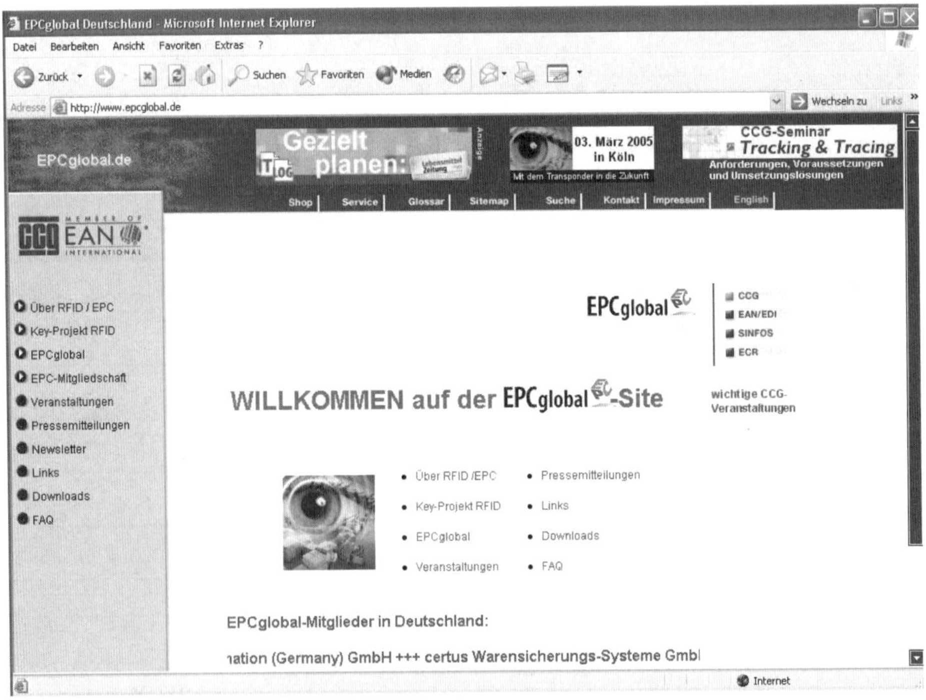

Abb. 8.7: Die Deutsche Webseite von EPC-Global(www.epcglobal.de) informiert über Standardisierungen und die angeschlossenen Mitglieder.

8.3 EPC-Global

Der Electronic Product Code (EPC™) soll das bisweilen vorherrschende Chaos bei der Kennzeichnung von Waren und Gütern auf internationaler Ebene beenden und auf internationaler Ebene eine Vereinheitlichung bringen. Wie es aus der Bezeichnung bereits abzuleiten ist, sieht der EPC keine optische Codierung mit einem Barcode mehr vor, sondern setzt statt dessen auf die bedeutend flexibleren Möglichkeiten von RFID.

Neben der elektronischen und vorzugsweise kontaktlosen Auslesbarkeit des EPC aus dem Transponder sind für die Industrie, den Handel und die Logistik vor allem auch die weitaus größeren Informationsmengen von Interesse. Verschiedene Einsatzgebiete erfordern aber dennoch unterschiedliche Formate des EPC. Hier werden die erforderlichen Informationen in einem Header eingetragen. Anhand des Headers wird klar, wie die nachfolgenden Informationen zu interpretieren sind. Zur Kennzeichnung eines Produktes wird der EPC beispielsweise Daten wie die Herstellerkennung und die Artikelnummer enthalten. Neu im Vergleich zu den bisweilen bekannten optischen Barcodes ist die Möglichkeit, eine einmalige Seriennummer zu speichern.

9 Datenschutz

RFID lässt bei Datenschützern die Alarmglocken läuten. Es wird der allzeit überwachte und gläserne Mensch postuliert. In der Tat birgt die RFID-Technologie ein nicht unerhebliches Risiko, wenn sie missbraucht werden sollte. Und gerade dies mag heutzutage niemand mehr so recht ausschließen. Ängste vor internationalem Terrorismus auf der einen Seite und wachsende Unzufriedenheit der Menschen aufgrund von Arbeitslosigkeit und Sozialabbau geben extremistischen Gruppierungen auf allen Seiten des politischen Spektrums Aufwind. Derartige Entwicklungen lassen die Wunschlisten der Politik, der Ermittlungsbehörden und auch der Geheimdienste endlos lang werden. Der Wunsch, mehr über jeden Einzelnen, dessen Bedürfnisse und Interessen aber auch dessen Kontakte zu anderen zu erfahren, wird mittlerweile laut ausgesprochen. Im Rahmen einer Rasterfahndung zählen viele Details, die einem von den Fahndern definierten Profil entsprechen. Derartige Details lassen sich heutzutage problemlos in riesigen Datenbanken speichern und auf Knopfdruck abrufen. Wer das für reine Science Fiction hält, der besitzt offenbar selbst weder einen Computer noch einen Internet-Anschluss. Damit steht bereits der Zugang zu einer riesigen globalen Datenbank mit vergleichbarer Leistung zur Verfügung. Suchmaschinen machen den Zugriff auf die Informationen des Netzes in Sekundenschnelle möglich.

Bleiben wir beim Vergleich mit dem Internet: Wenn Sie eine Suchanfrage in eine der bekannten Suchmaschinen eingeben und dabei die Formulierung nicht optimal ist, werden Sie als Ergebnis jede Menge Mist gelistet bekommen. Abgesehen davon stellt sich besonders bei diesem Beispiel heraus, dass Ergebnisse manipulierbar sind. Wir erkennen das bei Recherchen im Internet besonders leicht, wenn kommerzielle oder vollkommen themenfremde Seiten im Ranking an höchster Stelle stehen. Was wäre wohl, wenn diese Datenbank nicht das Internet wäre, sondern eine Einwohnerdatenbank, die unter dem Einfluss der Interessen verschiedenster Lobbyisten zusammengestellt wäre? Wir wollen gar nicht daran denken!

Es stellen sich vielmehr die Fragen:

- Was hat RFID mit diesem Beispiel - einer gigantischen Einwohnerdatenbank - zu tun?
- Was könnte RFID mit der Erhebung von Daten zu tun haben?
- Welche Freiheiten könnte der konsequente Einsatz von RFID einschränken?
- Lassen sich Persönlichkeits-, Bewegungs- und Kontaktprofile mit RFID erstellen oder aufgrund dieser Technologie herleiten?
- Ist RFID eine überall unauffällig auslesbare Gefahr für unsere individuelle Freiheit?
- Sind Gefahren für die individuelle Freiheit nicht auch ohne RFID bereits gegeben?
- Übertreiben wir nicht alle mittlerweile ein wenig?
- Wie sieht überhaupt die Gesetzeslage aus?

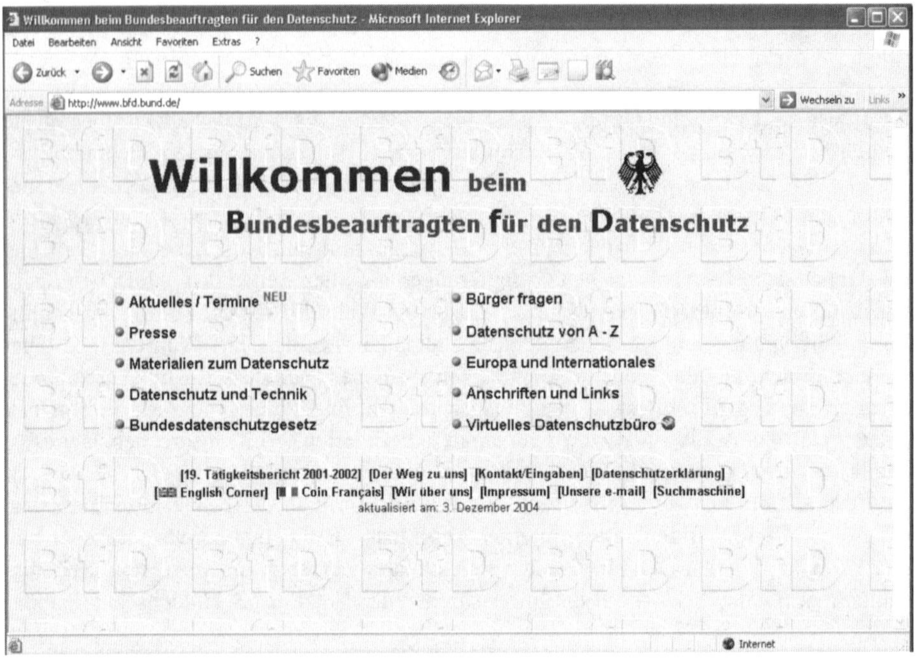

Abb. 9.1: Über die Homepage des Bundesbeauftragten für Datenschutz kann der aktuelle Gesetzestext des Bundesdatenschutzgesetzes (BDSG) als PDF bezogen werden.

Je nachdem, welcher Fraktion - der Befürworter oder Kritiker - man angehört, werden die Antworten mehr oder weniger eindeutig in die eine oder andere Richtung ausfallen. Die Wahrheit liegt ganz sicher irgendwo in der Mitte. RFID hat - dessen sind wir sicher - eindeutig das Potenzial, unser aller Leben in der Zukunft zu beeinflussen. Risiken sind sicher im Bereich der Wirtschaft zu sehen. Neben dem größten Teil aller Unternehmen, die mit seriösen Mitteln am Markt bestehen wollen, gibt es eine kleine aber mächtige Minderheit, die auch vor unlauteren Methoden nichtzurück schreckt. Wieder sind wir beim Internet - einem sehr schönen Beispiel dafür, welchen Einfluss Technologie auf unser Leben nehmen kann. Im Internet ist *Data Mining*, das Sammeln personenbezogener Daten, längst eine Art Sport geworden. Und auch in Supermarktketten, bei Rabattpunktesystemen und vielen anderen Gelegenheiten regnet es buchstäblich personenbezogene Daten - auch ohne RFID!

Die Debatte ist von starker Polemik geprägt. Wir wollen versuchen, objektiv an dieses Problem heranzugehen und zunächst einmal einen Blick auf die gesetzliche Lage werfen.

9.1 Grundlagen des Datenschutzrechts

Anders als im Internet oder im Zusammenhang mit telefonischen Aktionen greifen verschiedene Gesetze und Verordnungen nicht für RFID. In jedem Fall ist das Bundesdatenschutzgesetz (BDSG) in Deutschland zu beachten. Europaweit gibt es die Europäische

Datenschutzrichtlinie 95/46/EG aus dem Jahr 1995, die den rechtlichen Rahmen innerhalb der EU vorgibt, der in nationalen Gesetzen umzusetzen ist.

Zwei wesentliche Grundsätze gelten im Zusammenhang mit dem Datenschutz:

- Grundsatz der Datenvermeidung und Datensparsamkeit
- Das Verbot mit Erlaubnisvorbehalt

Wir wollen versuchen, diese beiden Grundsätze - als Nicht-Juristen - zu interpretieren.

Als Techniker wollen wir uns nicht unbedingt anmaßen, die Qualifikation ausgebildeter Juristen im Rahmen einer Recherche für ein Fachbuch zu erlangen. Aus diesem Grunde empfehlen wir, detaillierte Informationen direkt aus dem Gesetzestext zu entnehmen. Er steht im Internet zum kostenlosen Download unter der folgenden Adresse des Bundesbeauftragten für Datenschutz zur Verfügung:

www.bfd.bund.de

9.1.1 Datensparsamkeit und -vermeidung

In §3a BDSG (Datenvermeidung und Datensparsamkeit) heißt es (Zitat): "Gestaltung und Auswahl von Datenverarbeitungssystemen haben sich an dem Ziel auszurichten, keine oder so wenig personenbezogene Daten wie möglich zu erheben, zu verarbeiten oder zu nutzen. Insbesondere ist hier von den Möglichkeiten der Anonymisierung und Pseudonymisierung Gebrauch zu machen, soweit dies möglich ist und der Aufwand in einem angemessenen Verhältnis zu dem angestrebten Schutzzweck steht."

Die Interpretation dieses Grundsatzes sagt alles und lässt doch wieder jede Menge Hintertüren offen. Wir wollen einmal die Sichtweise dessen beleuchten, der in findiger Weise versuchen wird, die Buchstaben des Gesetzes für seine Zwecke zu missbrauchen und den Absatz Schritt für Schritt zerlegen:

„... Gestaltung und Auswahl von Datenverarbeitungssystemen haben sich an dem Ziel auszurichten, keine oder so wenig personenbezogene Daten wie möglich zu erheben, zu verarbeiten oder zu nutzen. ...“

Dieser Abschnitt des §3a schreibt zwar ausdrücklich die Datensparsamkeit vor, doch wird nicht grundsätzlich verboten, personenbezogene Daten zu erfassen, zu speichern und zu nutzen. Es wird lediglich darauf verwiesen, dass so wenig Daten wie möglich zu erheben sind. In der Realität stellt sich dieser Grundsatz folgendermaßen dar: Wenn Sie bei einem Versandhaus etwas bestellen wollen, müssen diesem natürlich sowohl Ihr Name als auch Ihre Anschrift und die Rufnummer bekannt sein. Soll die Bezahlung per Bankeinzug erfolgen, gehört auch die Bankverbindung zu den zulässig gespeicherten Daten. All diese Daten sind nämlich für die Abwicklung des - obendrein von Ihnen initiierten - Geschäfts erforderlich. Das Versandhaus handelt also in diesem Fall generell rechtens. Wie sieht es nun allerdings aus, wenn die Ware geliefert wurde? Streng genommen müssten nach der

Auslieferung und der Bezahlung der Waren alle Daten wieder gelöscht werden. Doch auch das ist nicht ganz so einfach, denn es müssen möglicherweise noch Rückgabefristen oder Garantie- bzw. Gewährleistungszeiten berücksichtigt werden.

Eine weitere Grauzone ist die Menge der legal erfassbaren Daten. Nehmen wir einmal an, das Versandhaus fragt nach dem Geschlecht, dem Geburtsdatum, der Personalausweisnummer oder sogar nach dem Jahreseinkommen, was bei Online-Geschäften keinesfalls eine Seltenheit ist. Ist auch das legal? Die Antwort kann nicht pauschal gegeben werden. Beispielsweise ist die Frage nach dem Geburtsdatum oder eventuell nach der Personalausweisnummer durchaus legitim, wenn sich der Händler im Sinne des Jugendschutzgesetzes absichern muss. Die Frage nach dem Einkommen hat durchaus aus der Sicht des Gesetzes seine Berechtigung, wenn es um ein Kreditgeschäft oder um einen Leasingvertrag geht.

Wer möglichst viel über seinen Kunden erfahren möchte, unterliegt im Sinne des §3a sehr strengen Grenzen. Allerdings kann durch geschickte Definition des Produktes oder eines Vertrages durchaus eine "künstliche Berechtigung" dafür geschaffen werden, um mehr Daten zu erfassen, als dies eigentlich erforderlich wäre.

Durch die geschickte Gestaltung der Geschäftsbeziehung kann es also selbst für den Betreiber eines Supermarktes möglich werden, Daten seines Kunden auf Dauer zu speichern, obwohl nach der Übergabe der Ware und der Einnahme des Entgeltes dafür keinerlei Grund mehr vorliegen würde. Der Kunde wird dazu einfach eingeladen, einem Rabattclub beizutreten, was für ihn durchaus attraktiv sein kann. Dieses Beispiel wollen wir im folgenden Abschnitt zum "Verbot mit Erlaubnisvorbehalt" noch einmal aufgreifen.

„... Insbesondere ist hier von den Möglichkeiten der Anonymisierung und Pseudonymisierung Gebrauch zu machen, soweit dies möglich ist und der Aufwand in einem angemessenen Verhältnis zu dem angestrebten Schutzzweck steht. ...“

Es dürfte stets ein Streitthema sein, ob es gestattet ist, Daten - beispielsweise zum Einkaufsverhalten - einer Person zu sammeln, wenn diese Datenbank lediglich ein Pseudonym des Kunden erfasst. So möchte der Supermarktbetreiber möglicherweise gerne wissen, wie eine bestimmte Kundenzielgruppe auf Veränderungen im Sortiment, des Preises oder in der Struktur des Geschäftes reagiert. Wird eine Werbekampagne angenommen? Ist der Kunde bereit, möglicherweise für das eine oder andere Produkt mehr Geld auszugeben? Eine Analyse des Einkaufsverhaltens bringt hier Aufschlüsse, jedoch setzt dies die langfristige Erhebung von Einkaufsdaten voraus. Die Erhebung ist einfach: Der Kunde kauft ein, die Waren werden an der Scannerkasse erfasst und dem Kundendatensatz - die Identifizierung erfolgt über die Kunden- oder EC-Karte - zugeschrieben.

Rechtlich problematisch ist diese Art der Datensammlung, wenn der Supermarktbetreiber die Daten mit den personenbezogenen Daten des Kunden speichert. Weniger eindeutig ist es allerdings, wenn der Supermarktbetreiber die Daten anonymisiert und beispielsweise mit wenigen markanten Eigenschaften des Kunden - Geschlecht und Alter - speichert. Möglicherweise wird für jedem Kunden ein Pseudonym geführt, dem die erhobenen Daten zugeschrieben werden. Wenn keinerlei Rückschlüsse auf die Identität des Kunden möglich sind, wäre dies legal, doch wenn es keine Verknüpfung zur Identität des Kunden und diesem Pseudonym gibt, ist auch keine längerfristige Erfassung der Daten möglich. Hier beginnt spätestens die juristische Grauzone.

Es gibt zu denken, wie viele Daten erfasst und gespeichert werden dürfen. Damit verbunden ist allerdings auch, dass es recht schwierig wird, einen Missbrauch festzustellen.

9.1.2 Verbot mit Erlaubnisvorbehalt

Der §4 des BDSG spricht eine sehr deutliche Sprache. Er definiert das so genannte *Verbot mit Erlaubnisvorbehalt.* Das bedeutet im Klartext, dass es nicht erst einem Widerspruch bedarf, um die Erhebung, die Speicherung oder die Verarbeitung von Daten zu verhindern. Dies ist zunächst einmal generell verboten! Erst in dem Augenblick, in dem der Betroffene der Datenerhebung etc. ausdrücklich zustimmt, ist dies gestattet.

Kommen wir noch einmal zurück zum Supermarkt. Wenn der Supermarktinhaber also anhand der Daten der EC-Karte und der über die Scanner-Kasse erfassten Waren ein Kundenprofil anlegt, dann macht er sich strafbar. Er darf die Daten lediglich getrennt erfassen - beispielsweise die Waren zur Abrechnung und für die Kontrolle des Lagerbestandes und die Daten der EC-Karte für den Bankeinzug - nicht jedoch in Zusammenhang zueinander bringen.

Natürlich gibt es immer einen Weg, um eine aussagekräftige Analyse legal durchführen zu können: Man gründet einfach einen Rabattclub, wenn man dem Kunden einen Anreiz zur Teilnahme bieten möchte. Mit dem Beitritt zu diesem Rabattclub verbindet man die ausdrückliche Zustimmung, Daten zu erheben, zu verarbeiten und zu speichern. Wer ganz frech ist, sieht auch noch die Erlaubnis vor, diese Daten an Dritte weiter zu geben. Damit ist dann dem §4 des BDSG genüge getan. Selbstverständlich kann man diese Erlaubnis zu jeder Zeit als Betroffener widerrufen.

Der Paragraph erscheint also wasserdicht, gäbe es nicht auch noch einen zweiten Absatz, der sich auf die Befugnisse von Verwaltungsbehörden bezieht (Zitat):

"(2) Personenbezogene Daten sind beim Betroffenen zu erheben. Ohne seine Mitwirkung dürfen sie nur erhoben werden, wenn...

1. eine Rechtsvorschrift dies vorsieht oder zwingend voraussetzt ..." (Zitat Ende)

Nun wäre zu klären, was denn nun eine Rechtsvorschrift im Sinne dieses Gesetzes sein könnte. Konkret steht in diesem §4 BDSG, Abs. 2 eindeutig, dass eine beliebige Rechtsvorschrift sich theoretisch über dieses Gesetz hinwegsetzen kann. So könnte es theoretisch vorstellbar sein, im Rahmen eines so genannten Anti-Terror-Gesetzes die Erhebung von Bewegungsprofilen - beispielsweise mit Hilfe von RFID-Transpondern in Personalausweisen, Fahrausweisen der öffentlichen Verkehrsbetriebe etc. - anzuordnen. Nun ja, ganz so einfach ist dies nicht, denn es heißt weiter in diesem Absatz (Zitat):

„... und keine Anhaltspunkte dafür bestehen, dass überwiegend schutzwürdige Interessen des Betroffenen beeinträchtigt werden." (Zitat Ende)

Eine Definition der "überwiegend schutzwürdigen Interessen" sollte an dieser Stelle überflüssig sein. Hier sind bereits die ersten zehn Artikel des Grundgesetzes eindeutig!

Das Beispiel wirkt ein wenig wie ein Katz-und-Maus-Spiel. In der Tat können Armeen von Anwälten durchaus alle Hände voll zu tun bekommen, wenn man jedem Verdacht auf Verletzung des Datenschutzrechts nachgehen würde. Die Dunkelziffer der Missachtungen dieses Gesetzes dürften enorm sein.

Problematisch wird es aber dann, wenn der Staat widersprüchliche Gesetze verabschiedet, die einerseits den Datenschutz garantieren und ihn andererseits - auch mit sehr einfacher Argumentation - im Interesse der Strafverfolgung außer Kraft setzen. Hier ist der Lauschangriff einmal als ein Beispiel zu nennen, der seit der letzten Gesetzesnovelle bedeutend einfacher durchgeführt werden kann, als in den Jahren zuvor.

Nach dem 11. September 2001 wurden derartige Wünsche seitens der Politik wieder salonfähig. Man sprach nicht nur von Rasterfahndungen bzw. setzte sie auch konsequent und leider nicht immer sehr geschickt um, sondern man sprach sich deutlich auch für die Einschränkung von Grundrechten aus. Darauf kommen wir später noch zu sprechen.

Innerhalb der Europäischen Union gelten derzeit recht sinnvolle Datenschutzgesetze. Allerdings muss davon ausgegangen werden, dass in einer sehr hohen Zahl diese gesetzlichen Regeln vorsätzlich oder unwissentlich nicht beachtet werden. Zu prüfen ist dies nur in Ausnahmefällen. Auch können geschickte vertragliche oder gesetzliche Regeln dazu beitragen, das geltende Datenschutzrecht zu schwächen oder sogar völlig wirkungslos zu machen. Ein Beispiel ist eine schriftliche Einverständniserklärung des Kunden. Diesen zur Unterschrift zu überreden, ist lediglich vom rethorischen Geschick des Verhandlungspartners abhängig. Das wohl größte Problem liegt aber darin, dass ein Gesetz nur eine begrenzte "Lebensdauer" haben kann. Andere Regierungen können schon in wenigen Jahren völlig andere gesetzliche Rahmenbedingungen schaffen. In Bezug auf die Möglichkeiten der RFID-Technologie bedeutet dies dann, dass unauffällige Datenerhebungen mit den winzigen Transpondern legal werden können, die heute noch verboten sind. Dies sollte man bei aller Wertschätzung des aktuell geltenden Rechts nie außer Acht lassen.

9.1.3 Meldepflichten mit Hintertüren?

Der §4 des BDSG enthält noch eine weitere wichtige Bestimmung: die Meldepflicht. Wer jetzt den Knebel für alle Betreiber von EDV-Anlagen in dem Gesetz erkennt, der sei vorgewarnt, denn mit der Meldepflicht ist es nicht sehr weit her. Genau genommen beschleicht einem bei der Lektüre des Gesetzes das Gefühl, dass es sich bei der Meldepflicht lediglich um eine Art "Ausnahmeregelung" handelt. So definiert §4d, Abs. 1 die Meldepflicht zunächst einmal sehr eindeutig (Zitat):

„(1) Verfahren automatisierter Verarbeitung sind vor ihrer Inbetriebnahme von nicht-öffentlichen verantwortlichen Stellen der zuständigen Aufsichtsbehörde und von öffentlichen verantwortlichen Stellen des Bundes sowie der Post- und Telekommunikationsunternehmen dem Bundesbeauftragten für Datenschutz nach Maßgabe von §4e zu melden." (Zitat Ende)

Das wäre doch mal eine klare Aussage, gäbe es nicht gleich darauf folgend den zweiten Absatz (Zitat):

"(2) Die Meldepflicht entfällt, wenn die verantwortliche Stelle einen Beauftragten für Datenschutz bestellt hat." (Zitat Ende)

Wie Sie gut erkennen können, betreffen das Datenschutzgesetz, aus dem wir an dieser Stelle lediglich einige Auszüge erörtern konnten, und die Möglichkeiten, dieses (teilweise legal) einzuschränken, nicht grundsätzlich die RFID-Technologie. All die potenziellen Risiken sind bereits heute - auch ohne konsequenten RFID-Einsatz - Realität. Es gilt, genau dies sachlich zu bewerten und sich nicht allein auf das Risikopotenzial einer einzigen Technologie zu fixieren. Ungeachtet dessen, dass RFID zusätzliche Probleme in Bezug auf den Datenschutz bereiten kann, ginge sonst der Blick auf die heute bereits recht brisanten Probleme verloren!

Auch der dritte Absatz sieht eine Ausschlussregelung von der Meldepflicht vor. Damit das "Ping-Pong-Spiel" jedoch vollkommen wird, gibt es natürlich auch wieder Regelungen, die besagen, wann der §4d BDSG Abs. 2 und 3 nicht gelten.

So gelten diese Regelungen nicht, wenn (Zitat) *"... die Verarbeitung personenbezogener Daten dazu bestimmt ist, die Persönlichkeit des Betroffenen zu bewerten einschließlich seiner Fähigkeiten, seiner Leistung oder seines Verhaltens."* Natürlich - jetzt schließt sich wieder der Kreis - kann auch diese sehr eindeutige Bestimmung umgangen werden, denn der Text geht weiter (Zitat):

"... es sei denn, dass eine gesetzliche Verpflichtung oder eine Einwilligung des Betroffenen vorliegt oder die Erhebung, Verarbeitung oder Nutzung der Zweckbestimmung eines Vertragsverhältnisses oder eines vertragsähnlichen Vertrauensverhältnisses mit dem Betroffenen dient."

An dieser Stelle wären wir dann wieder bei unserem bereits erwähnten "Rabattclub" angekommen, denn mit dem Beitritt zu diesem Club ist ganz sicher auch eine Datenverarbeitungsklausel auf dem Formular zu finden, die eben diese Datenschutzrechte relativiert oder gänzlich ad absurdum führt.

9.2 Reformbestrebungen zum Datenschutz?

Das Datenschutzgesetz ist erst im Jahr 2001 novelliert und an die europäischen Vorgaben angepasst worden. Aus dieser Sichtweise besteht ganz sicher heute kein Handlungsbedarf, dieses Gesetz erneut zu reformieren. So scheint es jedenfalls. Doch allein die vorangegangenen Überlegungen, die Juristen und Gerichte zwar eindeutig klären können, zeigen, dass durchaus ein Interesse daran bestehen kann, je nachdem, ob es sich um den "Datensammler" oder den Betroffenen handelt, schärfere oder vereinfachte Datenschutzrichtlinien durchzusetzen.

In den Medien ist immer wieder vom "Standort Deutschland" und dessen wirtschaftliche Bedeutung die Rede. Wirtschaftlicher Druck - das sehen wir tagtäglich - kann auch beim Gesetzgeber Berge versetzen. Man begründet gewisse Notwendigkeiten mit dem Schutz von Arbeitsplätzen und setzt so vieles durch, was früher undenkbar gewesen wäre.

Diese Beispiele zeigen eindeutig: Der Bestand des derzeitig geltenden Datenschutzrechts ist keinesfalls auf Dauer zu garantieren. Neben den starken - berechtigten - Interessen der Datenschützer könnten sich verschiedene Lobbyisten durchaus auch eine Aufweichung des gesetzlichen Rahmens vorstellen. Man hat hierbei unter anderem amerikanische Zustände im Visier, die es mit dem Datenschutz - obwohl es sich um ein demokratisches Staatssystem handelt - im Interesse der nationalen Wirtschaft längst nicht mehr so eng sehen. Allein diese Differenzen führten in der Vergangenheit zu Meinungsverschiedenheiten zwischen der EU und den USA, wobei es insbesondere um Geschäftsbeziehungen von EU-Bürgern und US-Unternehmen ging. In den USA ist es durchaus legal, Daten an Dritte und an dortige Ermittlungsbehörden weiter zu geben. Die Interpretationen des US-Datenschutzrechts und die des BDSG gehen also weit auseinander.

Befürworter einer an das US-Recht angelehnten Novelle des Datenschutzrechts argumentieren damit, dass die USA als „Vorzeigedemokratie" gelten, in der Menschenrechte ein hohes Ansehen genießen. Sie haben im wesentlichen wirtschaftliche Interessen, denn derzeitiges Recht macht es sehr schwierig, individuelle Werbebotschaften für möglichst jeden einzelnen Kunden zu definieren. Personalisierte Werbung wäre allerdings - insbesondere unter dem Einsatz elektronischer Kommunikationsmittel - sehr preiswert und obendrein ausgesprochen effektiv.

Auch staatliche Instanzen erkennen in dem geltenden Recht einen Hemmschuh, der sowohl Strafverfolgung als auch Maßnahmen im Sinne des Staatsschutzes negativ beeinträchtigt. In der Tat ist dies für die Bevölkerung ein zweischneidiges Schwert denn einerseits ist nicht nur die aktuelle Terrorismuswelle ein großes und ernst zu nehmendes Sicherheitsproblem, sondern auch die zunehmende Gewaltbereitschaft, die schleichende Zahlungsmoral in der Wirtschaft und bei Privatpersonen und damit häufig verbundene Betrugsdelikte. Aber auch Menschenhandel und organisierte Kriminalität sind mit den derzeit verfügbaren rechtlichen Mitteln nur schwer zu bekämpfen. Immer lauter fordern Vertreter der Exekutive also präventiv greifende Maßnahmen. Diese setzen allerdings voraus, dass eine kriminelle Zielgruppe anhand bestimmter Merkmale bereits im Vorfeld auf sich aufmerksam macht bzw. anhand dieser Merkmale im Untergrund arbeitende kriminelle Organisationen enttarnt werden können. Erste Ansätze - wie beispielsweise den Lauschangriff - gibt es bereits.

Was einerseits im Sinne unser aller Sicherheit durchaus plausibel erscheint, hat aber unter dem Blickwinkel der verfassungsrechtlich fest verankerten Menschenrechte erhebliche Schattenseiten. Mit der breiten Sammlung personenbezogener Daten - wir sprechen nicht von einer Handvoll mühsam zusammengetragener Informationen anhand der in den 70er Jahren die Profile für die Rasterfahndung gegen die RAF erstellt wurden, sondern von einer wirklich breitbandigen Zusammenstellung von Persönlichkeits-, Interessen- und Bewegungsprofilen - und der Speicherung in einem zentralen Datenregister auf das Geheimdienste (in Deutschland zum Beispiel der Bundesnachrichtendienst und der Verfassungsschutz) sowie Staatsanwaltschaft, Innenministerium und Polizei Zugriff haben, könnten Rasterfahndungen auf Knopfdruck durchgeführt werden.

Definieren wir zunächst den Begriff der „*Rasterfahndung*“. Zunächst wird ein Profil der gesuchten Person festgelegt. Hier kommen Kriterien wie beispielsweise eine bestimmte Nationalität, das Geschlecht, das Alter, bestimmte berufliche Qualifikationen aber auch das Engagement in Vereinen, Parteien und Gruppierungen in Betracht. Eine sehr detaillierte Erhebung von Daten könnte zudem weitere Erkenntnisse liefern. So lässt sich unter Umständen die Zielgruppe auf einen Personenkreis einschränken, der möglicherweise bestimmte elektronische Bauteile oder bestimmte Chemikalien innerhalb eines definierten Zeitrahmens gekauft hat. Natürlich setzt eine derartige Erhebung voraus, dass alle verfügbaren Datenquellen ihre Informationen in eine zentrale Datenbank einspeisen. Dem steht jedoch das aktuelle Datenschutzgesetz entgegen.

Zugegeben, in diesem Abschnitt gab es sehr viel „Wenn und Hätte”. Wir wollen natürlich keinesfalls den düsteren Überwachungsstaat im Sinne von George Orwell herbei beschwören und schon gar nicht funktionierende demokratische Systeme im In- und Ausland auf eine solche Stufe herabsetzen. Allerdings gehört zur Demokratie auch stets ein gewisses Maß an vorausschauendem Misstrauen.

9.3 RFID als Datenschutzrisiko

RFID und der Datenschutz - das sind zwei Begriffe, die scheinbar nicht in einen gemeinsamen Satz hinein passen. Doch was ist es, was die Aufregung verursacht? Sind es die personenbezogenen Daten, die möglicherweise auf einem RFID-Chip gespeichert und an beliebigen Stellen ausgelesen werden können? Teilweise!

Festzustellen ist, dass durch RFID zunächst einmal nicht wesentlich mehr Daten erfasst werden, als dies bislang bereits geschieht. In der Tat gibt es bereits RFID-Transponder, die größere Datenmengen speichern und auch durch den Reader beschrieben werden können. Hier ist also unter dem Gesichtspunkt des Datenschutzes durchaus Vorsicht angebracht. Allerdings richten sich dies Bedenken nicht in erster Linie an die seriösen Anwender der RFID-Technologie, sondern an diejenigen, die bereits den Missbrauch planen. Nicht zuletzt müssen auch die Entwickler der Technologie diesen Missbrauch in ihre Konzeptionen einbeziehen, um rechtzeitig wirksame Sicherungsmaßnahmen zu entwikkeln.

Das entscheidende Problem der RFID-Technik - dies betrifft sowohl die beschreibbaren als auch die Read Only-Transponder - ist jedoch deren Unauffälligkeit. Die Transponder sind so klein, dass beinahe jedes Kleidungsstück mit einem Chip ausgestattet werden kann. Chips können auf Waren aller Art angebracht werden. Theoretisch kann man sich solch einen Transponder auf jedem Deckel eines Joghurtbechers vorstellen.

Auf den ersten Blick erscheint auch das nicht weiter bedenklich, denn bereits heute ist jede Ware in einem Supermarkt, einem Kauf- oder Warenhaus mit einem optischen Barcode ausgestattet. Dieser Barcode beschreibt eindeutig den Artikel und kann dem Kunden - wenn dieser mit der EC-Karte bezahlt oder sich mit seiner Kundenkarte identifiziert - direkt zugeordnet werden. RFID bietet allerdings im Vergleich zum klassischen Barcode noch ein weitaus größeres Potenzial. So lassen sich wirklich absolut eindeutige Seriennummern in binärer Form speichern. Mit einer solchen Seriennummer könnte jeder einzelne Joghurtbecher zurückverfolgt werden. Theoretisch wäre es möglich - eine lückenlose Erfassung und zentrale Speicherung der Daten vorausgesetzt - dass anhand der Daten des Chips auf dem Joghurtbecher sofort folgende Details ersichtlich werden:

- Wo wurde der Becher gefertigt?
- Wann wurde der Becher gefertigt?
- An welche Meierei wurde er wann zur Abfüllung ausgeliefert?
- Welche Art von Joghurt enthielt der Becher?
- Welche Zwischenhändler passierte die Ware?
- Welcher Einzelhändler bekam die Ware wann geliefert?
- An wen wurde der Becher wann verkauft?
- Wer hat - daraus abgeleitet - den Becher möglicherweise achtlos in die Umwelt geworfen?

Es ist natürlich kaum vorstellbar, dass sich irgendjemand so detailliert für die „Karriere" eines Joghurtbechers interessiert. Allerdings kann man sich derartige Protokolle durchaus bei höherwertigen Artikeln und Ersatzteilen in der Automobilindustrie vorstellen. Das ist allein deswegen schon sinnvoll, um im Falle eventueller Reklamationen die Ansprüche zu prüfen und eventuelle Serienfehler rechtzeitig erkennen zu können.

In der Tat ist es sehr beunruhigend, dass größere Datenmengen sehr einfach auf einen kleinen unscheinbaren RFID-Tag gespeichert werden können, doch Hand aufs Herz: Auch das ist kein Problem, das es erst mit der RFID-Technologie gibt. Chip-Karten - wenn auch kontaktbehaftet - sind seit Jahren im Einsatz. Wer einmal in seine Geldbörse blickt, findet einen solchen Chip auf seiner EC-Karte. Möglicherweise besitzt der eine oder andere auch eine Karte, mit der er sich Zugang zu seinem Arbeitsplatz verschaffen kann und die damit auch zur Zeiterfassung verwendet wird. Wer zum Arzt geht, trägt seinen „elektronischen Krankenschein" mit sich. Erinnern wir uns noch an den Tumult, den es im Zuge dessen Einführung gab, dann war die Situation seinerzeit durchaus mit der aktuellen Debatte vergleichbar. Doch was ist geworden? Heute ist die Chip-Karte als Krankenscheinersatz längst akzeptiert und wenn wir ehrlich sind, dann wissen wir, dass dieser „Gewöhnungseffekt" auch die wiederbeschreibbare RFID-Technologie mit großem Speichervolumen betreffen wird.

Wer jetzt reklamiert, dass es RFID ja schon seit Jahren gibt und bisweilen noch keine gravierenden Proteste laut geworden sind, leitet damit auf das wirkliche Problem der RFID-Technologie bezüglich des Datenschutzes über. Wir müssen nämlich sehr wohl unterscheiden zwischen der Zunahme am Interesse für personenbezogene Daten und der damit verbundenen Anhäufung von Datenspeichern aller Art und dem besonderen Problem der RFID-Technologie.

Nehmen wir die - klassische - Kontakt-Chip-Karte, das Internet oder einfach nur den Rabattclub an, dann haben wir es in all diesen Beispielen mit einer mehr oder minder durch unser bewusstes Verhalten gesteuerte Datentransaktion zu tun. Wenn wir das Beitrittsformular zum Rabattclub ausfüllen, erklären wir uns ausdrücklich dazu bereit, die Speicherung unserer Daten zu akzeptieren. Man findet diese Passagen in der Regel dort, wo die Schriftgröße etwas kleiner gehalten wird. Wenn wir dann an der Kasse stehen, haben wir durchaus die Wahl, den Inhalt unseres Einkaufswagens registrieren zu lassen oder auf den kleinen Rabatt des Händlers zu verzichten. Auch im Internet ist es stets unsere freie Wahl, ein Webformular auszufüllen und Cookies, die uns beim erneuten Besuch der Seite wieder erkennen, zu sperren bzw. manuell vom Computer zu löschen. Selbst die auf einer kontaktbehafteten Chip-Karte gespeicherten Informationen geben wir - auch wenn wir natürlich nie genau wissen, welchen Zustand denn nun jedes einzelne Bit wirklich hat und wie dessen Zustand in einer angeschlossenen Datenbank interpretiert wird - bewusst weiter.

Bitte beachten Sie, dass wir das Potenzial der Technologie meinen und leiten Sie deshalb bitte nicht sofort aus jeder RFID-Schranke einen möglichen Datendiebstahl ab. Es ist darüber hinaus nicht jede RFID-Technologie geeignet, zur Datensammlung im Mid- oder Long-Range-Bereich missbraucht zu werden.

Alle eben beschriebenen „klassischen" Verfahren des Datenaustauschs erfolgen also mit einer bewussten Interaktion durch uns selbst. Wir wissen also stets, ob und wann Daten von uns erfasst werden und müssen also auch davon ausgehen, dass diese im Rahmen des geltenden Rechts weiter verarbeitet werden. Anders sieht es aber bei RFID-Tags aus. Haben wir einen solchen Transponder am Schlüsselbund oder auf der Kundenkarte in der Geldbörse und durchschreiten wir dann achtlos die in Form zweier formschöner Bügel dargestellte Funkschranke, dann nehmen wir diesen Vorgang gar nicht mehr zur Kenntnis. Die Daten werden vollkommen automatisch und ohne unser Zutun ausgelesen. Wir bekommen also gar nicht mehr (bewusst) mit, wann Daten auf den Tag geschrieben oder ausgelesen werden. Die Konsequenz - wir sprechen, um dies deutlich zu machen, nicht vom Missbrauch der Daten (!) - ist die vollkommene Entkopplung des Datentransfers von unserer - durch eine interaktive Geste definierte - jeweilige Zustimmung, in diesem Augenblick Daten zu erheben. Es tritt eine Pauschalisierung in Kraft, die uns letztlich - obwohl zu Beginn einer Geschäftsbeziehung bereits einmal eine ausdrückliche Genehmigung unsererseits erteilt wurde - die Kontrolle und die Möglichkeit zur jederzeitigen Einflussnahme auf die Erhebung der Daten verwehrt.

Sie erkennen bereits, dass dieses Problem noch nicht einmal die Horrorszenarien wie die heimliche Spionage im persönlichen Umfeld etc. umfasst, die wir im nächsten Abschnitt fiktiv skizzieren werden. Wir sprechen an dieser Stelle einzig und allein über den Weg in die individuelle Entmündigung im Rahmen geltender Rechte.

Wie sieht also die Zukunft aus, wenn wir folgende Situation annehmen?

- Wir gehen davon aus, dass sich - wie bisher allgemein zu erkennen - die „Hysterie" gegenüber der RFID-Technologie in stillschweigend „akzeptierende" Gewohnheit umwandelt.
- Wir gehen ferner davon aus, dass die Bedingungen des Datenschutzrechts gewahrt bleiben und insbesondere das „Verbot mit Erlaubnisvorbehalt" eben durch eine pauschale Unterschrift auf einem postkartengroßen Coupon in eine klare „Erlaubnis" zur Datenerfassung gewandelt wird.
- Wir gehen auch davon aus, dass die Anzahl der RFID-Reader und auch der mit RFID-Tags ausgestatteten Waren, Kleidungsstücke, Ausweise und Chip-Karten entsprechend der Erwartung der Industrie in den nächsten Jahren rasant zunehmen wird.
- Wir gehen auch davon aus, dass Daten - wie heute bereits bei der Telekommunikation und der Internetnutzung möglich - auf richterliche Weisung an Ermittlungsbehörden übergeben werden müssen.

Ein Beispiel für die Problematik der Pauschalisierung ist natürlich auch unser eben zitiertes Beispiel: Wir sprachen generell von RFID-Tags, ohne die Technologie zu differenzieren. Selbstverständlich erfüllen auch Close Coupling-RFID-Systeme noch einen Anspruch, den die klassischen kontaktbehafteten Datenspeicher gerecht werden. Auch hier ist unsererseits immer eine Interaktion erfoderlich, nämlich das direkte Auflegen des Transponders auf den Reader, um den Datentransfer zu ermöglichen. Es sei betont, dass sich die eigentlichen Probleme der RFID-Technologie weder auf Ein-Bit-Transponder beziehen, die ausschließlich zur Warensicherung eingesetzt werden noch auf die eben zitierten Close Coupling-Systeme. Problematisch sind allerdings generell RFID-Lösungen für mittlere und längere Reichweiten, die wirklich eine individuelle Seriennummern enthalten oder sogar individuelle Informationen über das Readerfeld erfassen und speichern können.

Als Beispiel wollen wir ein beliebiges Unternehmen des öffentlichen Nahverkehrs betrachten. U-Bahn-Waggons werden mit schnell lesbaren Oberflächenwellen-Transpondern ausgestattet und das Fahrticket wird längst in elektronischer Form gelöst. Denkbar ist auch, dass jede Fahrt - wie es heute beim Telefonieren bereits Realität ist - „bequem" in der Form eines „Einzel-Fahrt-Nachweises" am Monatsende in Rechnung gestellt wird. Jeder Fahrgast ist damit dem Nahverkehrsunternehmen persönlich bekannt und es ist auf die Sekunde genau nachvollziehbar, wann er welche Strecke gefahren ist und welchen Waggon er im Zug genutzt hat. Reklamationen - beispielsweise beim Verpassen einer Anschlussverbindung infolge einer Verspätung des Zuges - lassen sich ebenfalls anhand der protokollierten Fahrdaten nachvollziehen, die aus der Erfassung der Zug-ID an den Bahnhöfen und Weichen gewonnen werden. Wir erwähnten bereits, dass es bereits heute Oberflächenwellentransponder gibt, die durchaus an schnell fahrenden Waggons montiert werden können und im Vorbeifahren an einem Reader zuverlässig ihre Information übertragen können. Nur zum Vergleich: Wenn Sie heute am Kassenautomaten auf dem Bahnsteig ein Ticket ziehen, reisen Sie völlig anonym!

Nun sind Bahnhöfe - insbesondere in den Nachtstunden - alles andere als ein Ort der Entspannung. Die persönliche Sicherheit der Fahrgäste ist stets ein großes Problem. Passiert einmal etwas, ist es schwierig, den möglichen Täterkreis einzugrenzen oder einfach nur Zeugen zu finden. All das wird mit Hilfe der Zugangsprotokolle einfacher, wenn die Ermittlungsbehörden diese für ihre Fahndungen verwenden. Nehmen wir aber einmal an, dass der regelmäßige Weg eines völlig unbescholtenen Bürgers zwangsweise auch über einen Kriminalitätsschwerpunkt führt. Anhand der elektronischen Protokolle wird möglicherweise ersichtlich, dass er sich zur Zeit einer Straftat an diesem Ort aufgehalten haben muss. Unter der objektiven Wertung der Ermittler gehört diese Person zunächst einmal potenziell zur Gruppe der möglichen Täter bzw. zur Gruppe möglicher Zeugen. Er muss also damit rechnen, Besuch von der Polizei zu bekommen, um deren Fragen zu beantworten. Denkbar sind auch Vorladungen vor Gericht, um dort als Zeuge gehört zu werden. Das kann - wenn man auf dem Weg von und zur Arbeit beispielsweise - häufig besonders exponierte Orte betreten muss, im Laufe der Zeit zur Last werden und bringt auch den Ermittlern nicht wirklich sehr viel.

Die Konsequenz ist jedoch, dass unter Umständen das Volumen der Datenbanken staatlicher Instanzen massiv ansteigen wird. Das wiederum geschieht dann - allein wegen der großen Datenmengen und der nicht mehr wahrnehmbaren Übergabe der Daten - vom Betroffenen weitgehend unbemerkt.

An dieser Stelle sei - auch wenn es mit RFID direkt zunächst nicht im Zusammenhang zu sehen ist - erwähnt, dass das LKW-Mautsystem Toll Collect so konzipiert wurde, dass es auch als PKW-Mautsystem genutzt werden kann. Darüber hinaus wird in TV-Magazinen darüber nachgedacht, generell auf Kfz-Steuern zu verzichten und dafür eine kilometerbezogene Steuer einzuführen. Natürlich wird soetwas vor einer wichtigen Wahl dementiert, doch ein Buch wie dieses überdauert eine gewisse Zeit. Sehen Sie doch in ein paar Jahren noch einmal rein. Auch Bewegungsprofile werden denkbar. Es gilt: Der Datenschutz wird zunehmend weicher.

9.4 Visionen !(?)

Unsere Gesellschaft - laut Grundgesetz im Gedanken völlig frei - zeichnet sich bekanntlich durch eine enorme Vielzahl an Tabus und „Denkverboten" aus. Natürlich wird dies nicht gesetzlich vorgeschrieben, sondern es werden - je nach Geschmack und aktueller Lage - „Benimmregeln" definiert. Etwas warnend oder gar pessimistisch in die Zukunft zu blicken, obgleich potenzielle Probleme offensichtlich sind, ist einfach nicht „In". Nun, wir wollen es dennoch wagen, ein wenig gegen die Regeln des „guten Benehmens" zu verstoßen und - wenngleich dies für die Industrie, den Handel und die Logistikbranche (und noch einigen wichtigen Gruppierungen und Lobbyisten mehr) unanständig, wenn nicht sogar obszön oder „übertrieben“ ist - Szenarien entwickeln, die unserer Ansicht nach innerhalb der nächsten zehn bis zwanzig Jahre - eine lange Zeit in der Branche - Realität werden könnten.

Wenn auch Techniker keine Psychologen sind, die aus persönlichen Daten lesen können, wie die Wahrsagerin aus dem Kaffeesatz, sind wir dennoch der Ansicht, als mündige Bürger das Risiko von gesellschaftlichen Entwicklungen aufzeigen zu müssen. Mehr noch: Gerade Techniker sollten stets alle (!) potenziellen Konsequenzen Ihrer Entwicklungen einschätzen können. Wir wollen an dieser Stelle also lediglich Gedankenansätze für die eigene Überlegung oder Diskussion liefern, nicht jedoch unumstößliche Dogmen postu-

9.4.1 Erstellung von Bewegungsprofilen

Es ist keine zehn Jahre her, da wurde erstmals in den Medien die - technisch umsetzbare - Möglichkeit der Erstellung von personenbezogenen Bewegungsprofilen durch die Positionsverfolgung eines Handys in den Raum gestellt. Von Seiten der Mobilfunknetzbetreiber gibt es dazu freilich keinen Kommentar, denn schließlich könnte eine offensive Debatte zu diesem Thema dem Geschäft Schaden zufügen und die Umsätze mittelfristig drücken. Statt dessen wird gerne auf die aktuelle Gesetzeslage verwiesen, die eindeutig sei. Doch gibt es sie nun, die Bewegungsprofile oder gibt es sie nicht? - Die Vermutung liegt sehr nahe, dass dem so ist und dass Ermittlungsbehörden unter bestimmten Voraussetzungen auch durchaus Zugang zu diesen Daten erlangen.

Welches Potenzial bietet nun diesbezüglich RFID? Es gibt eine Reihe von Möglichkeiten, mit denen man Bewegungsprofile via RFID erstellen kann. Eine sehr gute Datenquelle sind zweifellos öffentliche Verkehrsmittel aber auch Straßenmautsysteme. Besonders im letzteren Fall ist Bewegung zu erkennen. Nicht nur, dass in Deutschland die elektronische LKW-Maut kommt - es dürfte eine Frage der Zeit oder vielmehr der Stabilität und der Leistung des Systems sein, wann auch einzelne PKW zur Kasse gebeten werden - man denkt auch lautstark über eine so genannte City-Maut nach. Das kann man im klassischen Stil mit Vignetten oder Papier-Tickets lösen, man kann aber auch eine elektronische Maut realisieren, in dem jedes Fahrzeug, das in die Stadt einfahren möchte, mit einem RFID-Tag ausgestattet wird, der beispielsweise die Autonummer bzw. die Fahrgestellnummer des Fahrzeuges in digitaler Form speichert. Die Reader, die im Long Range-Bereich arbeiten, werden beispielsweise an Kreuzungen, an Ampeln, Laternenmasten oder Verkehrszeichen installiert. Die Erfassungsgeschwindigkeit der verwendeten Technologien ist ausgesprochen hoch, so dass selbst in verkehrsstarken Zeiten die Datenmengen recht zuverlässig bewältigt werden können.

Ein solches System hat noch weitere Eigenschaften zu bieten: So lassen sich anhand der erhobenen Daten (Standorte der Transponder, Datum und Uhrzeit der Vorbeifahrt und nicht zuletzt das eindeutige elektronische Kennzeichen des Fahrzeuges) automatisierte Geschwindigkeitskontrollen durchführen. In Österreich wird das Verfahren der Geschwindigkeitsmessung anhand der gefahrenen Durchschnittsgeschwindigkeit über eine exakt definierte Distanz bereits praktisch durchgeführt, wobei allerdings Videosysteme zum Einsatz kommen. Das Projekt heißt *Section Control* und wird als Pilotprojekt auf der Autobahn A22 in Österreich (Donauufer-Autobahn) in Wien und auf der A2 (Südautobahn) erprobt. Während das optische System auch weitere sicherheitsrelevante Nebeneffekte hat (Warnung bei Auslösen der Höhenkontrolle vor Einfahrt eines übergroßen Fahrzeuges in einen Tunnel und frühzeitige Meldung und Identifizierung eines „Geisterfahrers") haben RFID-gestützte Systeme den Vorteil, einfacher und preiswerter - zumindest aus der Sicht des Betreibers - realisierbar zu sein. Nach einer Übergangszeit wird die Zufahrt zum mautpflichtigen Bereich nur noch mit einer elektronischen Transponderkarte gestattet, die als Aufkleber an der Frontscheibe befestigt wird.

Im Gegensatz zur optischen Erfassung haben RFID-Systeme zudem noch einen gewissen Vorteil: Ihre Zuverlässigkeit wird nicht durch eine eventuelle Verschmutzung des Kennzeichens beeinflusst.

Öffentliche Verkehrsmittel können Zeitkarten durch RFID-Transponder ersetzen. Die Reader lassen sich an den Eingängen zu Bahnhöfen bzw. Bahnsteigen installieren oder sogar direkt an den Türen der Fahrzeuge installieren. Besonders im letzteren Fall kann von guten Voraussetzungen für die Realisierung ausgegangen werden, da sowohl die Breiten einer Waggontür als auch die Tür eines Busses durchaus mit RFID-Technologie mittlerer Reichweite erfasst werden kann. Für den Fahrgast wäre dieses Prinzip durchaus ein guter Service, denn er bekommt am Monatsende die Fahrtkosten bequem auf einer Abrechnung aufgelistet.

Sinn machen derartige Systeme nur dann, wenn Sie in einer zentralen Datenbank des Betreibers münden. Hier sorgen dann leistungsfähige Computer dafür, dass die Daten nach bestimmten Kriterien sortiert oder mehrere Datensätze mit definierten Gemeinsamkeiten selektiert werden können.

Bewegungsprofile können nun unter verschiedenen Aspekten erstellt werden. Generell erfordert dies eine Definition exakter Kriterien, um wirklich brauchbare Ergebnisse erzielen zu können. So lassen sich aus Bewegungsprofilen bereits einige interessante Rückschlüsse ziehen, die für die weitere Auswertung - beispielsweise durch Kriminal- oder Wirtschaftspsychologen - interessant sein können.

9.4.1.1 Gewohnheiten

Kennen Sie noch jemanden, der - egal, ob er morgens zur Arbeit geht oder gerade Urlaub hat, exakt um die gleiche Zeit den Wecker stellt, regelmäßig die Tagesschau sieht und zu präzise definierten Zeiten die Mahlzeiten einnimmt? Diese Menschen mit einem extrem geregelten Tagesablauf findet man immer weniger. Allerdings hat man vor einigen Jahren mit so konsequent regelmäßig lebenden Menschen auch immer ein gewisses Maß an Zuverlässigkeit verbunden. Man assoziierte mit Ihnen stets Pünktlichkeit und Korrektheit bei der Erledigung der Arbeiten. Heute haben sich die Zeiten etwas gewandelt. Die Arbeitszeit ist vielerorts gleitend.

Dennoch ist zu beobachten, dass viele Menschen eine eigene Gewohnheit entwickeln. Diese Eigenschaft kann für Psychologen interessant sein, die die Aufgabe haben, Persönlichkeitsprofile zu erstellen. Entsprechend lassen sich Eigenschaften eines hektischen Menschen anhand kurzer Umsteigezeiten, die nur durch einen schnellen Laufschritt zu erreichen sind, offenbaren. Tägliche Fahrten auf der gleichen Strecke lassen vermuten, dass es sich um den Weg von und zur Arbeitsstelle handelt. Schwanken jedoch die Tageszeiten, so könnte dies zu dem Schluss führen, einem sehr unregelmäßigen, möglicherweise wenig gewissenhaften Menschen gegenüberzustehen.

9.4.1.2 Bevorzugte Orte

Aus Bewegungsprofilen lassen sich aber auch Personen selektieren, die häufig bestimmte Orte aufsuchen. So sind in allen Großstädten durchaus Viertel für ein gewisses Milieu bekannt. Während die Selektion nach männlichen Personen, die sich zu bestimmten Zeiten mehr oder weniger regelmäßig in diesen Gegenden aufhalten, Rückschlüsse auf deren „moralische" Charaktereigenschaften zulässt, kann natürlich auch im Gegenzug die Selektion nach einem gewissen kulturellen Intellekt durchgeführt werden. Wer beispielsweise des Öfteren zur üblichen Vorstellungszeit nahe der Oper aussteigt, entspricht möglicherweise diesem Profil. Verglichen mit der Art und Thematik der Veranstaltung lassen sich möglicherweise auch Rückschlüsse auf die Gesinnung ziehen.

Natürlich ist der Anteil des Zufalls noch sehr groß, so dass die Thesen an dieser Stelle rein hypothetischer Natur sind. Allerdings ist bekannt, dass der Einfluss von Psychologen in der Politik, Kriminalistik und insbesondere in der Wirtschaft enorm groß geworden ist. Die Beispiele, in denen hier sehr oberflächlich dargestellt wird, wie aus einem Bewegungsprofil auf die Charaktereigenschaften eines Menschen geschlossen werden könn(t)en, sind also nicht so fiktiv, wie sie erscheinen. Die Grenzen setzt eindeutig noch das derzeit geltende Datenschutzrecht.

9.4.1.3 Fahndung der Ermittlungsbehörden

Ein großes Interesse an Bewegungsprofilen - auch ohne die zweifelhaften Rückschlüsse auf die Persönlichkeit des Einzelnen - haben Ermittlungsbehörden. Sie suchen gezielt nach Personen, die sich zu genau definierten Zeiten an bestimmten Orten aufgehalten haben oder daran vorbei gekommen sein müssen. Im Falle einer Straftat kommen so mögliche Täter in Betracht bzw. können mit einer ausreichenden Wahrscheinlichkeit Personenkreise als Tatverdächtige ausgeschlossen werden. In der Tat kann dies den Ermittlern wesentliche Erleichterungen bringen und dazu beitragen, Straftaten schneller aufzuklären. Für kriminelle Elemente bedeutet dies darüber hinaus, dass das Risiko, gefasst zu werden, ansteigt und somit liegt die Hemmschwelle zur Begehung einer Straftat wesentlich höher, als es derzeit der Fall ist. Zweifellos ist dies ein Beitrag zu mehr Sicherheit für die Allgemeinheit. Ein Beispiel in Großbritannien, wo in größeren Städten Plätze und Straßen, die zu den Kriminalitätsschwerpunkten zählen, mit Video überwacht werden, belegt, dass die Zahl der Straftaten durch derartige präventive Maßnahmen - zumindest an diesen Plätzen - gesenkt werden kann.

9.4.1.4 Zuverlässigkeit der Bewegungsprofile?

Der Preis für diese Sicherheit ist allerdings die Einschränkung der persönlichen Freiheiten aller. Ist nicht die Videoüberwachung, sondern die Auswertung von RFID-Transpondern entscheidend für das Bewegungsprofil, dann gibt es mehrere Einschränkungen, die den Erfolg dieser Methode in Frage stellen:

- Der Transponder ist nicht unlösbar mit der Person verbunden. Es handelt sich um einen Gegenstand, der gestohlen oder versehentlich von Verwandten mitgeführt werden kann. Ein Bewegungsprofil auf dieser Basis ist damit grundlegend falsch!
- Personen, die keinen Transponder bei sich führen, werden von einem solchen Profil nicht erfasst. Unter Umständen liegt in dieser Personengruppe jedoch der eigentliche Schlüssel zum Fahndungserfolg.

Wie allein diese beiden Einschränkungen - sicher gibt es noch mehr - zeigen, ist die Methode mit Hilfe der RFID-Technologie Bewegungsprofile zu erstellen und anhand dieser zuverlässige Rückschlüsse auf das Verhalten und die Charaktereigenschaften von Menschen zu ziehen, ausgesprochen fragwürdig. Dass diese Thematik jedoch einmal ernsthaft in Betracht gezogen werden könnte, sollte jedoch nicht ausgeschlossen werden. Befürworter dieser Einschränkungen in der persönlichen Freiheit werden die Argumentation sehr wohl kennen und auf zusätzliche Maßnahmen zur Plausibilitätsprüfung setzen. Dies jedoch setzt die Erhebung weiterer Daten voraus und deren Zuverlässigkeit ist ebenfalls zu prüfen.

9.4.2 Kontaktprofile

Bewegungsprofile können die Basis für eine weitere Art der Profilierung darstellen. Ermittlungsbehörden aber auch Geheimdienste interessieren sich durchaus für das persönliche Umfeld verdächtiger Personen oder von Verbrechern. Nehmen wir als Beispiel die aktuellen Fahndungen nach Terrornetzwerken. In dem Begriff steckt bereits die Tatsache, dass bei einem Verdächtigen generell angenommen wird, er hätte noch Komplizen im In- und Ausland. Gäbe es nun eine gut gefüllte Datenbank mit Bewegungsinformationen, so ließe sich diese nach Parallelen zu anderen Personen durchsuchen. Findet man diese Parallelen, konzentriert man sich auf wesentliche Aspekte:

- Sind Personen, die sich in unmittelbarer Nähe zum Verdächtigen befanden, aktenkundig?
- Deutet das Zusammentreffen auf eine rein zufällige Begegnung hin?
- Ergeben die Analysen weiterer Personen, die im Zusammenhang mit dem Vergleich der Bewegungsprofile auf der Liste auftauchten, ebenfalls Übereinstimmungen mit den Motiven des Verdächtigen (gleiche Nationalität, ähnlicher Lebenslauf, zeitgleicher Besuch einer bestimmten Universität etc.)?

Wie bereits beschrieben, gelten auch hier die Einschränkungen, dass ein (aussagefähiger) RFID-Tag keinesfalls sicher einer bestimmten Person zugeordnet werden kann. Hier werden künftige Kriminalwissenschaftler unter Umständen erforschen, wie groß die Wahrscheinlichkeit ist, dass der Tag, der beispielsweise in einem Bus als Fahrausweis eingelesen wurde, einer bestimmten Person zuzuordnen ist. Bei einem Auto, das mit einem Transponder zur Mauterfassung markiert wird, ist das bereits problematisch, denn es kann von nahen Familienmitgliedern oder Freunden und Kollegen gelenkt worden sein. Bedenken wir nur, wie schwer es für die Polizei ist, einer bestimmten Person ein Verkehrsvergehen nachzuweisen. Man kann schließlich nicht jedem unbescholtenen Autofahrer die Pflicht zur Führung eines Fahrtenbuches auferlegen, nur weil er nicht erklären kann, wer präzise zu welcher Zeit mit dem Wagen gefahren ist.

Kontaktprofile lassen sich bei einer ausreichenden Menge von Bewegungsdaten ermitteln, wobei es wichtig ist, dass möglichst vielseitige Datenquellen miteinander verknüpft werden. Gerade dies ist jedoch nach dem derzeit geltenden Datenschutzrecht nicht möglich. Auch hier greift - wie schon ausgeführt - die Einschränkung, dass RFID-Transponder zwar personalisiert werden können, dies aber noch keine Garantie darstellt, dass sie auch tatsächlich von dieser Person mitgeführt werden. Das Ergebnis eines solchen Datenbankabgleiches kann also nur sehr spekulative Hinweise liefern. Es wird sich also die Frage stellen, ob sich ein derartiger Aufwand lohnt.

9.4.3 Menschen mit Seriennummer?

Transponder, die unter das Fell eines Tieres injiziert werden, gibt es seit mehreren Jahren. Sie sind kein Novum. Können Sie sich jedoch vorstellen, dass man Ihnen einen solchen Chip unter die Haut spritzt? - Wohl kaum! Dennoch gibt es tatsächlich Menschen, die dies tun. In einer Diskothek in Barcelona können sich Mitglieder des Clubs bereits heute einen Transponder in der Größe von ca. 11 mm x 2 mm unter die Haut implantieren lassen. Das renommierte Online-Magazin Heise-Online berichtete Ende November 2004 darüber. Ebenfalls wurde in dieser Meldung aufgezeigt, dass künftig auch Strafgefangene im US-Bundesstaat Ohio mit RFID-Implantaten überwacht werden sollen. Das alles dürfte nur die Spitze des Eisberges sein, denn die Entwicklung und Freigabe von RFID-Transpondern für den Einsatz im (!) Menschen ist nicht nur, langwierig, sondern auch kostenintensiv. Es ist also nicht unbedingt davon auszugehen, dass dieser Trend in der Tat mit Nachdruck verfolgt wird.

Bezogen auf die Transponder in Barcelona ist davon auszugehen, dass diese nur für geringe Reichweiten ausgelegt sind. Es findet also kein „unbemerktes" Auslesen statt, sondern der Chip muss vom Türsteher mit einem entsprechenden Lesegerät aktiviert und gelesen werden. Sehr befremdlich ist hingegen, dass diese Chips offenbar nicht von ausgebildeten Medizinern injiziert werden, wodurch zumindest ein Gesundheitsrisiko infolge mangelhafter Sterilität nicht ausgeschlossen werden kann. Ganz klar ist auch die Anonymität der Person - zumindest beim Besuch des oben genannten Clubs - dahin. Es kann auf die Sekunde genau nachvollzogen werden, wann jemand den Club betreten bzw. wieder verlassen hat.

Generell kann natürlich nur davon abgeraten werden, sich in einem solchen Club oder in vergleichbaren Etablissements mit einem Transponder „spicken" zu lassen. Illegal dürfte dies - abgesehen von der möglicherweise bestehenden Pflicht, dass die Injektion von einem Arzt oder zumindest von einer ausgebildeten Krankenschwester vorzunehmen ist - nicht sein. Das Implantat wird schließlich mit dem Einverständnis des Gastes gesetzt und - so wollen wir es unterstellen - nur beim Zutritt zum Club für jedermann offensichtlich gelesen.

Man stelle sich aber einmal vor, es wäre von heute auf morgen - natürlich nur im Sinne der „Anti-Terror-Prävention" - Pflicht, einen Transponder implantieren zu lassen. Wie würden Sie dies beurteilen?

Der erwähnte Beitrag der Heise-Online-News-Redaktion kann im Internet nachgelesen werden: „Implantierbare RFID-Chips breiten sich aus", Heise Online News vom 30.11.2004, 16:07 Uhr, www.heise.de/newsticker/meldung/53789 (vorbehaltlich der Verfügbarhaltung durch den Anbieter).

Abb. 9.2: Reine Geschmackssache: RFID-Implantate unter der eigenen Haut. - Das renommierte Online-Magazin des Heise-Verlages ist nur eine Quelle, die in der letzten Zeit vom Club in Barcelona berichtete.

9.4.4 Die Anonymität des Geldes?

Gibt man in eine beliebige Suchmaschine des Internet die Schlagworte „RFID" und „EZB" (bzw. „ECB") ein, dann bekommen Datenschützer bei dem Ergebnis eine Gänsehaut. Hier finden sich - allerdings von der EZB unbestätigte - Berichte zu einer geplanten

Ausstattung von Banknoten mit RFID-Transpondern. Damit würde jede Banknote neben ihrer Seriennummer zusätzlich über eine elektronische Seriennummer verfügen. Dem Vernehmen nach sollen Hitachi-Transponder mit einem Funktionsradius von einigen Zentimetern zum Einsatz kommen, die bis zu 128 Bit Daten speichern können. Es handelt sich also um Close Coupling-Transponder.

RFID-Chips in Banknoten sind ein brisantes Thema. Auf den Webseiten der EZB taucht dieses Thema jedenfalls nicht auf und es wird offenbar auch nicht in der Öffentlichkeit darüber nachgedacht. Auch Berichte in den Online-Seiten des Handelsblattes findet man zu diesem Thema nicht mehr im Netz. Heißt das nun, dass es sich um eine „Ente" handelt, oder will man schlicht und einfach zu frühe und ganz sicher mit heftigen Widerstand begleitete Diskussionen vermeiden.

Fakt ist: Es ist einfach zu viel im Unklaren. Zu viel Spekulation ohne konkrete Aussagen zu wirklichen Plänen und deren Realisierungsumfang. Pauschal in einem RFID-Transponder ein Risiko zu sehen, ist jedoch nicht angebracht. Ob dieser kleine Chip in der Banknote ein Datenschutzrisiko darstellt und ob letztlich die Anonymität des Geldes nicht mehr gegeben ist, hängt wesentlich vom Umfang des Datenspeichers ab.

Ein Speicher mit einer Größe von 128 Bit kann eine enorm große Zahl darstellen. Zum Vergleich: Der derzeitige Adressraum des Internet lässt sich auf gerade einmal 32 Bit darstellen. Es ist also sehr wohl denkbar, jeder einzelnen Banknote eine echte Seriennummer zu verleihen, die elektronisch ausgelesen und in Datenbanken gespeichert werden kann. Allerdings können solche einfachen Seriennummern theoretisch auch gefälscht werden und gerade um die Fälschungssicherheit soll es ja schließlich gehen. Direkte Seriennummern für jeden einzelnen Schein wären sinnvoll, ginge es darum, die Nachverfolgung der Geldwege zu ermöglichen. In diesem Fall - beispielsweise im Rahmen von Anti-Terrorgesetzen - würde man die Anonymität des Geldes bewusst außer Kraft setzen. Unter Berücksichtigung der Ansprüche auf persönliche Freiheiten, die in der Verfassung klar definiert sind, wäre ein Protest in diesem Fall mehr als angemessen.

Doch wie sieht es nun aus, wenn dieser kleine Chip lediglich einem geheimen verschlüsselten Prüfcode speichert, der durchaus in verschiedenen Scheinen enthalten sein kann? Dieser Wert wäre dann keinesfalls individuell und könnte somit die Banknote niemals einer individuellen Person in einer Datei zugewiesen werden. Die Anonymität des Geldes wäre gewahrt, wenn auch das Misstrauen wegen des Chips nicht generell ausgeräumt werden könnte.

Wie könnte ein solches Szenario aussehen? - Nehmen wir einen fiktiven Fall an, in dem die Echtheit eines Scheines zu prüfen ist:

Der zu prüfende Schein wird auf den Transponder gelegt, an dem ein Terminal angeschlossen ist, das eine direkte Anbindung zu einem gesicherten Rechensystem der EZB hat. Manuell werden nun die Seriennummer und der Wert des Scheines eingegeben. Aus dem RFID-Transponder wird darüber hinaus der geheime Code ausgelesen, der im Terminal nie entschlüsselt wird. All diese Daten - Wert des Scheins, Seriennummer und die im RFID-Tag gespeicherte verschlüsselte Geheimzahl werden an das Rechenzentrum übermittelt. Dort wird der geheime Code entschlüsselt und mit dem Eintrag in der Datenbank verglichen. Nur dann, wenn der Code zur Seriennummer passt, wird der Schein als echt anerkannt.

Das Problem ist, dass wirklicher Datenschutz nur dann gegeben ist, wenn echte Zufallszahlen für diese Verifizierung verwendet werden. Ein weiteres Problem: Wenn es Fälschern gelingt, auch dieses Sicherheitsmerkmal zu fälschen, dann werden möglicherweise auch echte Banknoten in der Datenbank gesperrt. Das Vertrauen in das Geld würde noch mehr schwinden als es nach den ersten größeren Fälschungen bei den Euro-Banknoten bereits der Fall war.

Fälschungssicherheit kann ein „unintelligenter" Transponder also nicht auf Dauer bieten. Um ein wirklich hohes Maß an Sicherheit zu erreichen, müsste der Geldschein intelligent sein, d. h. er müsste neben einem kleinen Speicher auch über einen von außen unzugänglichen Bereich verfügen, in dem ein Mikroprozessor in der Lage ist, aus der gespeicherten Seriennummer, einer Geheimzahl und einer - vom Zentralrechner erzeugten - Zufallszahl (Challange) einen Hashwert, also eine Prüfsumme zu erzeugen. Nur diese und die allgemein bekannte Seriennummer würden an den Zentralrechner übertragen werden. Die Geheimzahl wäre nach wie vor das unknackbare Geheimnis des Geldscheins. Relativ fälschungssicher wäre der Schein deshalb, weil bei jeder Abfrage vom Zentralrechner eine andere Zufallszahl angeboten wird. Entsprechend wäre auch die Antwort an den Zentralrechner stets ein anderer Wert. Allerdings: Die Anonymität des Geldscheins wäre auch mit diesem Verfahren nicht mehr gegeben.

Der Zweifel an der Anonymität des Geldes ist berechtigt, wenn ein RFID-Chip in den Schein implementiert wird. Allerdings ist es nicht anzunehmen, dass wirklich jede Transaktion der Banknote auch tatsächlich erfasst werden kann. Wenn jemand einmal Geld wechselt, den Taxifahrer oder den Pizzaboten bezahlt, ist kaum anzunehmen, dass wirklich jeder Schein überprüft wird. Das Geld kann zwischen zwei Prüfvorgängen also durchaus durch mehrere Hände gegangen sein. Wird eine Banknote im Zusammenhang mit einer Straftat gefunden, dann ist nicht auszuschließen, dass Fahnder den zuletzt namentlich registrierten Kontakt der Banknote ermitteln und diese Person zumindest als Zeuge befragen. Einen Tatverdacht kann man aber allein aus diesem Zusammenhang nicht ableiten.

Ein weiteres Vorurteil sollte beseitigt werden: Den nicht bestätigten Verlautbarungen nach sollen die möglicherweise in Geldscheinen zum Einsatz kommenden Transponder nicht über einen Kollisionserkennungsalgorithmus verfügen. Es ist damit nicht möglich, mit einem Reader in der Nähe der Geldbörse festzustellen, wieviel Geld die betreffende Person bei sich führt. Auch sollte betont werden, dass es sich um Close Coupling-Tags handelt, die nicht unauffällig gelesen werden können. Bei aller Skepsis gegenüber dieser Technologie müssen diese Eigenschaften in einer objektiven Diskussion berücksichtigt

9.4.5 Kundenprofile und Marktforschung

Die Erstellung von Kundenprofilen ist längst keine Vision mehr. Diese sind elementares Bestandteil einer jeden neuen Verkaufsstrategie. Wir sprachen bereits in diesem Kapitel die so genannten Rabattclubs an. Diese haben in der Regel zweierlei Zweck:

- Einerseits sollen Kunden gebunden werden. Das kann man mit Stammkunden-Rabatten erreichen. Es ist erstaunlich, wie stark die Nachfrage nach derartigen Clubs ist, obwohl dabei unter Ausschluss von speziellen Artikeln und Aktionsware möglicherweise am Jahresende nur wenige Euro für den Kunden herausspringen.
- Auf der anderen Seite wird der Kunde an der Kasse in dem Augenblick identifiziert, wenn er sich als Stammkunde zu erkennen gibt. Nun werden alle Waren, die an der Kasse über den optischen Scanner gezogen werden, dem Datensatz des Kunden zugeordnet. Natürlich werden in diesem Fall die Daten des Warenkorbes personalisiert gespeichert, denn nur so ist eine Rabattberechnung möglich. Nach dem BDSG ist dies legitim, da sowohl mit dem Beitritt zum Rabattclub das Einverständnis vorliegt als auch die Speicherung der Daten auf dem Anmeldeformular sicherlich ausdrücklich erlaubt wird. Auch dauert die Geschäftsbeziehung, die eine Speicherung der Daten begründet, mindestens bis zum Ende des Kalenderjahres. Dann erst werden die Rabatte berechnet.

Mit Hilfe der RFID-Technologie sind diese Vorgänge natürlich noch einfacher und schneller möglich. Doch abgesehen von diesem Umstand ändert sich de facto nichts am Prinzip der Datensammlung. Dazu im nächsten Abschnitt noch ein paar Worte.

Es stellt sich nun die Frage, was denn ein solcher Aufwand bringen wird. Nun zunächst einmal gehören nicht allein Einzelhandelskaufleute zum Personal einer Supermarktkette. Mittlerweile - und auch das ist keine Fiktion - gehören Verkaufspsychologen zu den wichtigsten Beratern. Sie entwickeln sogenannte „verkaufsfördernde Maßnahmen". Was früher allgemein auf Werbung und kleinere Promotion-Aktionen begrenzt war, ist heute eine gut bezahlte Wissenschaft geworden.

Wie gehen Psychologen dabei vor? Zunächst einmal gibt es eine Reihe von Erfahrungswerten, die aus den im Laufe der Jahre gesammelten Daten gewonnen wurden. So kann einem Produkt X durchaus eine bestimmte Kundenzielgruppe (zum Beispiel: männlich, unter 25 und ledig) zugeordnet werden. Das könnten beispielsweise Computerspiele sein. Will man aber einen neuen Lippenstift mit Erdbeergeschmack auf den Markt bringen, dann ist diese Zielgruppe anders zu definieren. Hier werden wahrscheinlich Mädchen unter 18 Jahren von der entwickelten Kampagne adressiert. Die gewonnenen Informationen werden sowohl bei der Platzierung von Werbung in Print, Rundfunk und Fernsehen aber auch bei gezielt verschickten Werbeaussendungen berücksichtigt.

Die gewonnenen Daten werden aber auch zur Überprüfung von Umstrukturierungen der Ladenorganisation oder bei Umstellungen des Sortimentes ausgewertet. Selbst kleinere Veränderungen wie beispielsweise die Verlagerung einer preiswerten Ware in ein bodennahes Regalfach und die Platzierung teurerer, aber möglicherweise qualitativ identischer Ware in Augenhöhe, können mit den Kundenprofilen detailliert ausgewertet werden.

Auch ohne Kundenprofile könnte man natürlich die Veränderungen des Umsatzes vollkommen anonym erfassen, allerdings bieten die personalisiert erfassten Daten die Möglichkeit, die Wirkung der Maßnahme auf bestimmte Zielgruppen zu überprüfen.

Derartige Auswertungen der im Zusammenhang mit personalisierten Einkäufen gesammelten Daten sind legal, wenn diese kumuliert mit Daten anderer Kunden, die ähnliche Stammmerkmale aufweisen, als ein anonymes Ergebnisse dargestellt werden. In der Regel ist gerade dies als Entscheidungsgrundlage in den Geschäftsleitungen von Interesse. Derartig aufbereitete Ergebnisse dürfen auch völlig legal weitergegeben werden. Das gilt auch dann, wenn diese dritte Instanz keinerlei direkte Beziehung zum Kunden pflegt.

9.5 Future Store = Super GAU?

Wie zuvor bereits ausgeführt, ist RFID an Waren lediglich eine moderne Form des Barcodes, die zu erheblichen Rationalisierungseffekten an der Kasse, bei der Zulieferung und in der allgemeinen Logistik führen kann. Der METRO-Konzern hatte in der jüngsten Vergangenheit mit dem *Future-Store* ein Pilotprojekt gestartet, was jedoch von Kritikern scharf unter Beschuss genommen wurde. Nun kann man darüber spekulieren, ob die Tags tatsächlich einmalige Seriennummern oder einfach nur eine Artikelnummer enthielten. Genau das macht nämlich den entscheidenden Unterschied zur - mit klassischen Barcodes - bisher erfassbaren Datenmenge aus. Wer den METRO-Großmarkt kennt, der weiß, dass dort nicht jeder einkaufen darf. Es handelt sich um einen Großmarkt und so bekommen offiziell nur gewerbetreibende einen Einkaufsausweis. Mit diesem - natürlich personalisierten - Einkaufsausweis wird das Geschäft betreten und er wird auch an der Kasse registriert. Ein Einkauf in der METRO ist und war also niemals anonym in diesem Sinne.

Unterstellen wir also, dass lediglich Artikelnummern in den Transpondern auf den Waren gespeichert wurden, dann ist die Situation allgemein natürlich nicht ideal, doch befand sich der METRO-Konzern damit immer noch klar im rechtlich korrekten Raum. Wenn diese Transponder dagegen individuelle Seriennummern enthielten - das ist den Autoren nicht bekannt - dann hängt die Bewertung der Situation davon ab, welche Daten des Transponders im Zusammenhang mit den Kundendaten gespeichert wurden und ob diese Daten anderen Stellen übergeben wurde.

9.6 Fazit zum Datenschutz

RFID ist im Zusammenhang mit dem Datenschutz eine hochbrisante Technologie. In die Debatte muss aber zwingend mehr Kenntnis über die Reichweiten und die Speichermöglichkeiten der Transponder einfließen. Wichtig ist, dass mehr Gewicht auf wirksame Kontrollmechanismen gelegt wird und gesetzliche Vorschriften den Einsatz von Transpondern eindeutig regeln. RFID-Transponder in Kleidungsstücken, die beispielsweise einer Waschmaschine verraten, mit welchem Programm die Wäsche zu waschen ist, mögen auf der einen Seite Begeisterung durch den zusätzlichen Komfort auslösen. Auch diese Transponder werden jedoch in die Kritik geraten, wenn zusätzlich zu einer allgemeinen Artikelnummer noch eine Seriennummer gespeichert ist.

RFID ist als Technologie nicht mehr zu verhindern, denn diese Systeme sind bereits seit Jahren im Einsatz. Moderne und zunehmend kleinere Transponderbauformen werden aber die Einsatzbereiche wesentlich erweitern. Hier gilt es, wachsam zu sein.

10 RFID - Bedeutung für die Wirtschaft

Die Erfindung des Rades und viel später die des Autos, das Telefon, der Computer und das Internet - alle diese uns bestens bekannten Technologien stellen - neben einer ganzen Reihe weiterer - Entwicklungen dar, die das Leben der Menschheit revolutionär verändert haben. Wir haben in den meisten Fällen durchaus einen Vorteil von diesen Technologien erlangen können. So ist es uns möglich, mit dem Auto spontan in den Urlaub zu fahren (wenn man es sich denn leisten kann) oder mal eben Freunde in einem anderen Land anzurufen. Auch können wir beliebige Informationen im Internet recherchieren und dieses Buch entstand an einem Computer, ohne dass dafür aufwändig Bleilettern gesetzt werden mussten.

Doch alle Medaillen haben zwei Seiten. Nehmen wir allein dieses Buch als Beispiel: Es konnte schnell in den Druck gehen, weil es am Computer erstellt wurde. Während die Autoren dieses Buch mit einem fertigen Layout an den Verlag geben, warten einige hundert Buchdrucker im Gegenzug auf ihr „Arbeitslosengeld II", weil sie vermutlich zu den „bedauerlichen Einzelfällen" zählen, die entweder wegen ihres Alters nicht mehr mit *wirtschaftlich vertretbarem* Aufwand zeitgemäß umgeschult werden konnten oder schlicht und einfach deswegen, weil sie aufgrund des Fortschrittes in ihrem Beruf nicht mehr gebraucht werden und deshalb zu den so genannten „Verlierern des Fortschritts" gehören. Die Politik beschwichtigt hier gerne, verweist auf den geringen Prozentsatz und nennt Begriffe wie „Sozialschmarotzer" und vieles mehr. Wenn wir versuchen würden, die Zahl der der „Fortschrittsverlierer" zu beziffern und dann zusätzlich einmal vor Augen führen, wie groß die Bevölkerung in einem globalisierten Wirtschaftssystem ist, kann man jedoch etwas nervöser werden. Die Zahl der „bedauerlichen Einzefälle" steigt unaufhörlich!

Jede neue moderne Technologie bringt also auf der einen Seite positive Veränderungen mit sich und lässt auf ihrem Weg auch stets Verlierer zurück, die mehr oder weniger ungefragt aus der Bahn geworfen werden. RFID ist eine solche Technologie mit einem enormen Nutzenpotenzial aber ebenso mit absehbaren folgenschweren Konsequenzen für die Gesellschaft allgemein. Dennoch: Geld regiert bekanntlich die Welt und so ist sicher, dass die konsequente Verbreitung der RFID-Technologie nicht mehr aufzuhalten ist.

Auch wenn wir nicht aus dem Kaffeesatz lesen können und auch keine Kristallkugel besitzen, so wollen mit diesem Kapitel doch eine Prognose in die Zukunft wagen. Es wurde im Februar 2005 geschrieben. Wer von Ihnen es jetzt in dem Augenblick in den Händen hält, den bitten wir, es im Februar 2015 erneut in die Hand zu nehmen und zu resümieren: Lassen Sie uns dann prüfen, wie weit wir dann von unseren heutigen Prognosen entfernt sind.

10.1 Effiziente Logistik und Fertigung

Moderne industrielle Produktionsprozesse sind stets eine termingerechte Verkettung aus den Leistungen mehrerer Zulieferer. Das gilt für die Automobilindustrie gleichermaßen wie für die Computer- und Lebensmittelindustrie. Insbesondere die Lagerhaltung ist sehr kostenintensiv. Das Optimum ist es, die Lagerhaltung vollständig auf Null zu reduzieren. Es werden dann ausschließlich die Teile angeliefert, die exakt in diesem Augenblick für die Produktion benötigt werden. Das fertige Produkt verlässt nach dessen Herstellung umgehend das Werk und wird direkt an den Auftraggeber ausgeliefert. „Just-in-Time" ist hier der magische Begriff. Nun ist es natürlich nicht möglich, jede Lagerhaltung auf Null zu reduzieren, doch können Fertigungs- und Transportprozesse dermaßen optimiert werden, dass man diesem Ziel beachtlich nahe kommt.

Die Voraussetzungen für einen funktionierenden „Just-in-Time"-Prozess sind folgende (ideale) Bedingungen:

- Ein auf alle beteiligten Produktionsprozesse abgestimmtes Datenverarbeitungssystem, aus dem jederzeit alle erforderlichen Auftragsdaten und Produktionsfortschritte ersichtlich werden, gewährleistet die synchronisierte Produktion über entfernte Standorte hinweg
- Ein minutiös exakt funktionierendes Transportsystem macht Produktions- und Lieferzeiten kalkulierbar
- Die exakte Kenntnis der Standorte, an denen die benötigten Materialien verfügbar sind, erlaubt es, die Produktionsaufträge an die jeweils am besten geeigneten Standorte zu vergeben

Nun haben wir es aber meist nicht mit idealen Produktionsabläufen zu tun, denn die elektronischen Datenverarbeitungssysteme sind im allgemeinen sehr heterogen und ein minutiös funktionierendes Transportsystem - sei es der LKW-Transport, die Bahn, das Schiff oder sogar das Flugzeug - gibt es nicht. Man muss also Wege finden, um mit den realen Bedingungen ein vergleichbares Ziel zu erreichen. Und dabei hilft die dritte Bedingung, die heutzutage durch den Einsatz der verfügbaren Technologien (Positionsbestimmung mit GPS, mobile Datenkommunikation und nicht zuletzt auch RFID) durchaus realisierbar ist. Moderne Rechensysteme können anhand der Auftrags- und Verfügbarkeitsdaten kalkulieren, in welcher Reihenfolge die Fertigung durchgeführt werden muss, um Stillstandszeiten nach Möglichkeit zu vermeiden. Dabei wird auch mit Prioritäten gearbeitet und weniger wichtige Aufträge als Füllung in schwächere Zeiten geschoben. Allerdings bedeutet ein solches Verfahren wiederum, dass es gewisse zeitliche Toleranzen zu berücksichtigen gilt, die ausschließlich durch eine zusätzliche - wenn auch ausgesprochen geringe - Lagerhaltung im eigenen Haus zu kompensieren sind. Die Zeiten für den Lagerumschlag werden also nicht auf Null gefahren, aber nur noch in Größenordnungen weniger Tage und oft sogar weniger Stunden reduziert.

Die eindeutige Kennzeichnung der Güter und eine chaotische Zwischenlagerung vor dem eigentlichen Produktionsprozess sind eine wesentliche Voraussetzung dafür, dass dieses Konzept aufgehen kann. Diese Kennzeichnung erreicht man heute noch zumeist mithilfe optisch zu lesender Barcodes, die jedoch den Nachteil haben, gegenüber Verschmutzung anfällig zu sein und eine definierte Ausrichtung zum Lesegerät erfordern. Darüber hinaus haben optische Barcodes den Nachteil, dass ihre Information unveränderlich ist. Ganz anders sieht es bei der Verwendung der RFID-Technologie im Logistik-Bereich aus: Hier können Transponder mit einem Schreib-/Lesespeicher zum Einsatz kommen. Bereits heute sind Transponder verfügbar, die schon 32 kByte bis 64 kByte Daten speichern können. Die Tendenz für die Zukunft ist auch hier steigend.

Das erscheint im Vergleich zu den Größenordnungen des Arbeitsspeichers moderner Desktop-Computer und Festplatten nicht sehr viel zu sein, jedoch hatten die ersten Heimcomputer zu Beginn der 80er Jahre selbst einen adressierbaren Speicherraum von maximal 64 kByte. Auf diesen Computern wurden seinerzeit die ersten Datenbanken und Textverarbeitungen und sogar Computerspiele realisiert. Kalkuliert man eine voll beschriebene Schreibmaschinenseite mit 4000 Anschlägen, dann entsprächen 32 kByte 8 voll beschriebenen Maschinenseiten Text. Berücksichtigt man, dass ein wesentlicher Anteil der Daten in erster Linie im Hintergrundsystem gespeichert wird, dann wird schnell deutlich, welche temporären Informationsmengen diese Miniaturspeicher in sich und damit direkt am Gut tragen können.

Bereits mit dem Auslesen des Transponders wird - ohne weitere Rückfrage im Hintergrundsystem - klar, welchem Auftrag das Gut zugeordnet werden muss und welche Termine zu halten sind. Mehr noch: Die Informationsverarbeitung der heterogenen Hintergrundsysteme zwischen den verschiedenen Herstellern und Zulieferern kann durch die „Schnittstelle" RFID-Transponder durchaus optimiert werden. Es werden nur noch die Formate der Daten definiert, die mit dem Transponder direkt am Gut geliefert werden. Der Empfänger übernimmt diese Daten dann - vergleichbar einem elektronischen Lieferschein - in das eigene System. Bei der Auslieferung des fertigen Produktes ist dann möglicherweise die komplette Historie des Produktionsprozesses anhand der gespeicherten Dokumentation nachvollziehbar, was insbesondere bei Reklamationen einen Vorteil bringen kann.

Auch hier wieder ein Beispiel: In der Automobilindustrie gehören Rückrufaktionen wegen möglicherweise (!) fehlerhafter Bauteile längst zum Alltag eines jeden Autofahrers. Allerdings bedeutet die Auffälligkeit einer häufigen Störung nicht zwangsweise, dass wirklich alle Fahrzeuge davon betroffen sein müssen. Doch wie kann man das überprüfen? Die Antwort liegt in den elektronisch geführten Produktionsprotokollen, aus denen hervorgeht, wann welches Teil von welcher Maschine produziert wurde. Heißt es heute noch, dass alle Fahrzeuge des Herstellungsmonats XYZ zur Überprüfung des Airbags in die Werkstatt gerufen werden, wird vielleicht in wenigen Jahren nur noch der Halter eines Fahrzeuges angesprochen, dessen Airbag aus einer ganz bestimmten Lieferung am Tag X in das Auto eingebaut wurde und dessen Hersteller diesen Airbag auf einer bestimmten - neu justierten - Maschine gefertigt hat. Anstatt 2000 Fahrzeuge pauschal zurückzurufen, werden nun gezielt drei Wagen überprüft.

Neben der effizienteren Fertigung und der Nachvollziehbarkeit eines jeden einzelnen Produktionsschrittes verbindet die moderne Kennzeichnungsmöglichkeit einer Palette, einer Lagerbox oder sogar jedes einzelnen Teils mithilfe der RFID-Technologie auch enorme

Rationalisierungspotenziale. Der Wunsch von Umweltschutzorganisationen (und vieler Autofahrer) zur Verlagerung des Güterverkehrs auf die Schiene wird derzeit im Wesentlichen aus dreierlei Gründen nicht mit Nachdruck umgesetzt.

- Die Bahn stellt nicht an jedem potenziellen Produktionsstandort - oft in abgelegenen Industriegebieten - ausreichende Gleisanschlüsse mit hohem Qualitätsstandard zur Verfügung
- Die Zuverlässigkeit der Bahn ist nach wie vor unzureichend
- Die Kosten für einen Bahntransport sind für viele Unternehmen - insbesondere mit kleinen Losgrößen - zu hoch

Erkennt aber die Bahn einmal ihr Potenzial in diesem zukunftsträchtigen Geschäft der Logistik oder besser noch: Wird das Schienennetz qualitativ hochwertig und sicher ausgebaut und im Bereich des Güterverkehrs konkurrierenden Unternehmen die Nutzung dieser Infrastruktur ermöglicht, dann wäre schlagartig mit einer Steigerung des Transportvolumen zu rechnen. An den Waggons angebrachte - auch bei schnellen Geschwindigkeiten lesbare - Transponder sowie GPS und M2M-Mobilfunktechnik ermöglichen dann eine noch effizientere Kalkulation der Produktionsintervalle. Jedes einzelne Gut - wenn es sein müsste, sogar jede einzelne Schraube, zumindest jedoch jede einzelne Schraubenpackung - kann dann fast auf die Sekunde und den Meter genau in Fertigung und Transport nachvollzogen werden.

Dank standardisierter Container und Paletten können auch die Be- und Entladeprozesse automatisiert werden. So werden im Hamburger Hafen bereits fahrerlose automatisch gesteuerte LKW getestet. Durch Antennen im Asphalt werden den automatischen Lastwagen ständig Informationen zur Position und zum Fahrziel übermittelt. Das Be- und Entladen erfolgt ebenfalls weitgehend automatisch. Ziel eines solchen Systems wird es nun sein, aus beliebig im Schiff gestapelten Containern mit computergesteuerten Kränen und Verladebrücken die jeweils richtigen automatisch fahrenden LKWs zu beladen. Diese fahren - ebenfalls computergesteuert - zum Verladebahnhof, wo wiederum automatische Verladebrücken die Container auf den Waggon laden. Zu jederzeit wird mithilfe der am Container befestigten Long Range-RFID-Transponder überprüft, ob auch tatsächlich der richtige Behälter verladen wird. Die Daten werden darüber hinaus erfasst und dem Auftraggeber mit exaktem Datum und Uhrzeit in seinen Datenbestand übergeben.

Die vollkommen automatisierte Logistik - sie ist (noch) Zukunftsmusik - bringt den Unternehmen folgende Vorteile:

- Die Produktion kann weltweit exakt synchronisiert werden. Die benötigten Teile und Materialien stehen stets zur Verfügung, wenn sie benötigt werden
- Es fallen kaum Personalkosten an. Bestenfalls zur Wartung der Behälter und Transportmaschinen sowie zur Überwachung der Systemfunktion wird Personal benötigt. Dies schließt auch drastische Einsparungen an Personal im Transportgewerbe (LKW-Fahrer, Lokführer und Kranfahrer etc.) mit ein

- Die Lagerräume, Behälter und Transportmaschinen lassen sich effizienter ausnutzen. Stillstände und Leerfahrten werden minimiert und damit zusätzlich Kosten eingespart

10.2 Zukunft im Supermarkt

Rationalisierung und Effektivität sind auch die Zielsetzungen bei der Gestaltung des Einzelhandels von Morgen: Aufbauend auf der automatisierten Produktion und Logistik werden die Produkte des täglichen Lebens mit RFID-Transpondern versehen werden. Der aktuell noch erkennbaren Zurückhaltung - diese begründet sich weniger mit dem Widerstand der Daten- und Verbraucherschützer als vielmehr mit den noch recht hohen Stückpreisen der Transponder und der Readertechnologie - wird in den nächsten Jahren ein Boom zur Automatisierung von Supermärkten folgen.

Die künftigen Anforderungen an das Verkaufspersonal werden - auf geringem Lohnniveau - folgendermaßen definiert sein:

- Empfang der Waren und Einsortierung der Waren in die Regale
- Anordnung der Schaufensterauslagen und Plakatierung
- Stichprobenartige Kontrolle der Einkäufe außerhalb des (elektronischen) Kassenbereichs
- Hilfestellung für den Kunden im Gebrauch der elektronischen Auskunfts- und Beratungssysteme
- Reinigung des Ladenraumes

Dem Verkaufspersonal werden durch Einführung elektronischer Auskunftssysteme, die in der Form von Terminals an verschiedenen Standorten im Verkaufsraum platziert werden, und durch Einführung elektronischer Kassen weitgehend alle ausbildungsintensiven Aufgaben abgenommen. Die Regalsysteme werden nach Vorgaben der zentralen Konzernleitung exakt beschrieben, so dass jedes Produkt an einem genau definierten Platz in die Verkaufsauslage platziert werden kann. Die Form der Belegung der Verkaufsregale wird anhand der Ergebnisse verkaufspsychologischer Studien vorgenommen und zentral vorgegeben.

Durch den Wegfall vieler kaufmännischer und organisatorischer Aufgaben wird es nicht mehr zwingend erforderlich, ausgebildete Einzelhandelskaufleute zu beschäftigen. Statt dessen können einfache Berufsbilder definiert werden, die ohne spezielle Fachausbildung nach einer kurzen Einweisung von nahezu jedermann ausgeübt werden können. Damit kann das Lohnniveau sehr niedrig gehalten werden. Denkbar ist sogar eine vollständige Umstellung der Personalpolitik auf eine Beschäftigung von Teilzeitbeschäftigten, die unter dem Aspekt der „geringfügigen Beschäftigung" keine nennenswerten Lohnnebenkosten verursachen.

Die exakte Strukturierung der Geschäfte lässt darüber hinaus eine Personalstruktur mit einem großen Anteil von „Springer"-Kräften zu, die nicht fest an einem Arbeitsplatz tätig sind, sondern jeweils zu einer bestimmten Zeit vor Antritt ihrer Arbeit aus dem Internet ihren tagesaktuellen Einsatzort abfragen. Auf diese Weise kann mit einem minimalen Personalüberhang gearbeitet werden, der flexibel auf Lieferzeiten, krankheitsbedingte Ausfälle und Erholungsurlaube abgestimmt wird.

Damit ein derartiges Konzept jedoch funktionieren kann, ist ein hohes Maß an Automatisierung erforderlich, bei dem die RFID-Technologie nur einer - wenn auch ein entscheidender - von vielen Bausteinen ist. Die an den Lieferpaletten und an den Waren selbst angebrachten Transponder liefern an den jeweiligen Lesegeräten stets die Basis für alle Tätigkeiten des Personals, alle Bestell- und Abrechnungsvorgänge. Bei der Übernahme der Palette wird diese an einem RFID-Lesegerät vorbei geführt. Dank der Pulkerfassung aller auf der Palette vorhandenen Transponder wird augenblicklich die gesamte Lieferung im Bestand der Filiale übernommen. Die Palette als solche wird ebenfalls registriert, womit dem System auch der augenblickliche Standort der Waren bekannt ist.

Der oder die noch im Geschäft tätigen Mitarbeiter sind mit einem der Filiale fest zugeordneten Handheld-Gerät - beispielsweise einem PDA - ausgerüstet, das sowohl über einen integrierten RFID-Reader als auch über ein WLAN-Modul verfügt. Mithilfe des RFID-Readers im Gerät meldet sich der Mitarbeiter über seinen elektronischen Ausweis und mit einer persönlichen Geheimzahl am Zentralcomputer des Konzerns an. Dieser Zeitpunkt wird als der Beginn seiner Arbeitszeit erkannt. Darüber hinaus verwendet er das tragbare Lesegerät zur Ein- und Ausbuchung der Waren an den Regalen und im Lager. Über das ebenfalls integrierte WLAN-Modul ist der tragbare Taschencomputer ständig in Verbindung mit dem Zentralrechner. Dorthin werden alle Warenbewegungen und auch alle Arbeitsaufträge übertragen.

Lesegeräte sind auch an den einzelnen Regalen und möglicherweise eines Tages auch in den Einkaufswagen vorhanden. Entnimmt der Kunde einen Artikel aus dem Regal und legt er diesen in den Einkaufswagen ab, so wird auf einem kleinen Display automatisch der Inhalt des Wagens und der bereits zu kalkulierende Kassenpreis angezeigt. Gleichzeitig erkennt der Zentralrechner, dass ein Artikel aus dem Regal entnommen wurde. Wird hier eine gewisse zeitliche Verzögerung vorgesehen, bis dieser Vorgang endgültig im System gebucht wird, dann führen kurzzeitige Entnahmen der Ware durch den Kunden zu deren Prüfung und Betrachtung noch nicht zu einer Transaktion im System, was wiederum eine unnötige Belastung der Kommunikationswege vermeidet.

Überlegt es sich der Kunde spontan anders und legt dieser - wie es heute allgemein oft zu beobachten ist - die Ware wieder an einem anderen Standort im Geschäft ab, dann wird auch dies von dem Lesesystem erkannt und dem Personal in Form eines „Arbeitsauftrages" an sein mobiles Dispositionsgerät - den bereits erwähnten PDA - gesendet. Der Mitarbeiter holt das falsch abgelegte Produkt ab und platziert es wieder an dem dafür vorgesehenen Platz.

An der Kasse angekommen wird der Inhalt des Einkaufswagens von einem RFID-Lesegerät erfasst und in Sekundenschnelle die Rechnung im Display angezeigt. Dem Kunden stehen nun verschiedene Zahlungsmöglichkeiten offen:

- Bezahlung mit der EC- oder Kreditkarte an einem - heute bereits üblichen Kartenterminal - unter zusätzlicher Eingabe der Geheimzahl (PIN)
- Barzahlung an einem Kassenautomaten, wie er schon in fast allen öffentlichen Parkhäusern zu finden ist
- Bezahlung im Lastschriftverfahren nach Identifizierung mit einer Stammkundenkarte und Geheimzahl bzw. biometrischer (Fingerabdruck, Scannung der Iris etc.)

Optional kann nun im weiteren Verlauf des Vorgangs eine Deaktivierung der Transponder aller bezahlten Waren mithilfe eines Kill-Befehls oder das Abwiegen des Warenkorbes zur Verifizierung der erfassten Daten erfolgen. Letzteres ist möglich, wenn zu den Stammdaten eines jeden Produktes das Gewicht einschließlich der Verpackung gespeichert wird. Zusätzlich ist in diesem Fall das Gewicht des Einkaufswagens bekannt. Stimmen das gewogene Gewicht und die errechnete Summe nicht überein, wird der Mitarbeiter angewiesen, den Warenkorb zu überprüfen. Insbesondere muss der Mitarbeiter darauf achten, ob Waren ohne einen gültigen Transponder im Warenkorb enthalten sind oder ob falsch deklarierte bzw. - von einem Dieb - vertauschte Transponder an den Waren angebracht sind. Natürlich führen in einem solchen Fall auch vom Kunden verursachte Gewichtsveränderungen (z. B.: Kind oder Handtasche im Einkaufswagen) zu einer Überprüfung.

Die reine Auszählung der Stückzahl, wie sie beispielsweise in Stichproben auch ohne RFID heute schon in METRO-Großmärkten erfolgt, bringt nicht den gewünschten Erfolg bei der Diebstahlerkennung. Darüber hinaus erfassen RFID-Lesegeräte im Bereich des Kassenausgangs bzw. am Ladenausgang eventuell nicht deaktivierte Transponder, um Diebstahl nachhaltig zu verhindern.

Rein organisatorisch werden die regulären Aufgaben des Mitarbeiters zu definieren sein. Hier muss davon ausgegangen werden, dass die Mitarbeiter flexibel an verschiedenen Standorten zum Einsatz kommen und zudem eine allgemein hohe Fluktuation im Personalbestand zu verzeichnen ist. Die Mitarbeiter kennen also - abgesehen von der elementaren Grundorganisation der Regalsysteme - die detaillierte Organisation der Geschäftsräume nicht. Hier wird das Personal von dessen tragbaren Taschencomputer unterstützt, der in einem Farbdisplay eine Übersicht zu den Regal- und Lagersystemen bietet. Anhand der - per RFID erfassten - Positionen der Ware erkennt der Mitarbeiter welches Produkt er im Lager an welchem Standort findet. Auch teilt ihm der Zentralcomputer anhand des von den Lesegeräten an den Regalen und der Kasse gemeldeten Warenausgangs mit, welche Positionen im Verkaufsraum mit welchen Produkten aufzufüllen sind.

Mithilfe einer so stark rationalisierten Struktur sich selbst größere Märkte mit erheblich weniger Mitarbeitern führen, als dies heutzutage möglich wäre. Die Kosteneinsparungen wären - sowohl im Bereich der Logistik als auch in der Organisation und Disposition aber insbesondere im personellen Bereich im zweistelligen Prozentsatz anzusetzen. Allerdings wird es noch eine gewisse Zeit dauern, bis sich dieser Markt der Zukunft durchsetzen wird. Noch immer wollen Kunden persönlich beraten werden, doch mehr und mehr gewinnt der Preisdruck auch beim Kunden die Oberhand, der allmählich dazu neigt, auf persönliche Beratung und individuellen Service zu verzichten. Das mag manch einer noch in Frage stellen, doch sehen wir eine vergleichbare Zäsur kommen, wie sie die Verdrängung klassischer „Tante Emma"-Läden durch die weitgehend unpersönlichen Supermärkte mit sich brachte. RFID kann natürlich nicht die einzige Technologie sein, die diesen Markt der Zukunft möglich macht. Das hat die eben dargestellte Hypothese deutlich gezeigt. Aber: RFID wird eine der wichtigsten Schlüsseltechnologien in dieser Entwicklung sein. Ohne RFID ist der hier skizzierte Supermarkt der Zukunft nicht realisierbar.

Das eben skizzierte Szenario ist noch (!) reine Fiktion. Technisch gesehen stehen die dafür erforderlichen Systeme jedoch schon längst zur Verfügung. Zu lösen sind bisweilen rechtliche (insbesondere beim Arbeitsrecht) und organisatorische Probleme (Transponder müssten bereits in einem international genormten Format von den Herstellern der Produkte an den Waren angebracht werden). Gerade die Frage nach der Zuständigkeit bei der Anbringung der Transponder, der Erstellung der jeweiligen Info-Datensätze für „elektronische „Beratungssysteme" und damit verbunden die Trägerschaft der Kosten innerhalb der Produktions- und Vertriebskette dürfte die größte Hürde darstellen.

10.3 Markenschutz und Marktverdrängung

Es ist noch gar nicht allzu lange her, als in einem bekannten TV-Magazin über die Marktstrategie verschiedener Druckerhersteller berichtet wurde. Der Bericht - aber auch ein Blick auf die Preisschilder in Elektronik-Supermärkten - gibt uns als mündigen Kunden eine interessante Denksportaufgabe zu knacken: Warum kostet ein kompletter Drucker einschließlich einer Farbpatrone nur unwesentlich mehr als die Farbpatrone selbst? Warum funktionieren einige Drucker mit Ersatzpatronen anderer Hersteller, die nicht in direkter Lizenz zum Druckerhersteller selbst arbeiten - nicht oder nur mit weitaus schlechterem Resultat? Die Antwort liegt in der so genanten „Kundenbindung". Dieser Begriff wird unter Betriebswirten und in Managerkreisen alltäglich gebraucht und ist - seriös interpretiert - auch nichts Verwerfliches. Schließlich versteht man - bei seriöser Betrachtung - unter Kundenbindung, den Kunden von der eigenen Leistungsfähigkeit, von der Qualität der Produkte und von einem guten Preis-Leistungsverhältnis zu überzeugen. Der so überzeugte Kunde - so hofft man - kommt aus persönlicher Begeisterung wieder und kauft erneut Produkte dieses Herstellers.

Kundenbindung kann aber auch etwas anders ausgelegt werden. Nur mal theoretisch angenommen - schließlich wollen wir niemanden etwas Unseriöses unterstellen - in den vom Hersteller gefertigten Druckerpatronen befände sich ein kleiner Chip mit einer Kennung des Herstellers oder einer Typennummer. Nur wenn der Prozessor im Drucker diesen Code erkennt, wird er die neue Patrone akzeptieren oder zumindest tatsächlich alle Druckfunktionen freischalten. Darüber hinaus - wir wollen dies nur annehmen - könnte der Chip in der Patrone auch eine individuelle Seriennummer enthalten. Der Drucker erkennt also nicht nur, ob eine Patrone seines Herstellers in ihm ihr Werk verrichtet, er kann auch anhand der Anzahl der gedruckten Seiten und der Tintenmenge darauf schließen, ob die Patrone noch mit der Originalfüllung arbeitet oder vom Besitzer möglicherweise mit „Billigtinte" aufgefüllt wurde. Beides liegt nicht im Interesse des Druckerherstellers, der mit Kampfpreisen beim Drucker selbst auch eine Refinanzierung dieser „Investition" durch die Tintenpatronen kalkuliert hat.

Wettbewerbsrechtlich ist dieses Verfahren sehr zweifelhaft und noch zu diskutieren. Allerdings hat ein Drucker gegenüber den meisten anderen Produkten, bei denen mit Folgegeschäften durch ihren Kauf zu rechnen ist, einen deutlichen Vorteil: Die Tintenpatrone wird über Kontakte angesteuert und die Realisierung einer „Markenschutzfunktion" ist damit ohne großen Aufwand möglich. Anders sieht es dagegen aus, wenn keine Kontakte zur Verfügung stehen, anhand derer man Hersteller und Nutzungsdauer eines Ersatzteils prüfen kann. Nehmen wir das Automobil oder ein Flugzeug als Beispiel. Es erhebt sich aus der Sicht des Kunden doch schließlich die Frage, warum er denn den Luftfilter direkt von der Vertragswerkstatt zu einem hohen Preis kaufen solle, wenn er ein baugleiches Pendant im Auto-Zubehörhandel wesentlich kostengünstiger erwerben kann und die Qualität möglicherweise nicht einmal schlechter ist.

Der Automobilhersteller, der das Fahrzeug möglicherweise mit hohen Rabatten bei der Inzahlungnahme des gebrauchten Autos und mit „Null-Prozent-Finanzierung" für ihn sehr unlukrativ an den Kunden gebracht hat, kalkuliert schließlich mit Einnahmen aus dem Folgegeschäft im Servicebereich und beim Ersatzteil-Vertrieb. Die „Billig-Konkurrenz" macht diese Kalkulation jedoch schnell zunichte.

Nun ist es natürlich nicht einfach, dem Kunden zu erklären, warum ein Luftfilter plötzlich mit einem Kabel ausgestattet werden soll und warum dies plötzlich auch für Bremsscheiben und Beläge etc. gelten soll. Spätestens bei Karosserieteilen dürfte sogar dem vertrauensseligsten Kunden auffallen, welchem Zweck die Elektronik dient. Etwas dezenter arbeitet ein RFID-Transponder. Er ist so klein, dass er gar nicht auffällt und nebenbei auch weitere Funktionen - bereits im Produktionsprozess - erfüllen kann.

Der Einsatz solcher Transponder in Flugzeugen, in welchen aus Sicherheitsgründen bestimmte Teile nur über eine genau definierte maximale Lebensdauer verwendet werden dürfen, macht die Wartung der Maschinen mit RFID einfacher. Darüber hinaus gewährleistet die codierte Kennung des Teils, dass dies wirklich vom Originalhersteller mit der entsprechenden Garantieleistung stammt und nicht als Recycling-Ware auf dem Schwarzmarkt eingekauft wurde.

RFID kann also auch hier maßgeblich zu unser aller Sicherheit beitragen, allerdings ist mit dieser Technologie auch das Risiko verbunden, dass profithungrige „schwarze Schafe" versuchen, diese Technologie in ihrem Interesse ausschließlich zur Steigerung des Absatzes und zur Festigung der eigenen Marktposition einzusetzen. Man könnte hier schnell wieder nach einer gesetzlichen Regelung rufen, doch mal ehrlich: Kann eine gesetzliche Regelung auf nationaler Ebene in einem globalisierten Wirtschaftssystem überhaupt greifen? Das klappt ja nicht einmal mit dem Steuerrecht.

Noch einmal zur Betonung: In diesem Kapitel beschriebene Szenarien, welche die Möglichkeit zur zwangsweisen Bindung von Kunden und zur Limitierung der Lebensdauer von Produkten und Ersatzteilen haben, mit dem Ziel der Umsatzsteigerung, sind bisweilen Hypothetisch. Solche Machenschaften sind aber keinesfalls unmöglich und technisch in der Tat absolut nicht nachweisbar zu realisieren. Es kann also nicht ausgeschlossen werden, dass Derartiges früher oder später tatsächlich in die Praxis umgesetzt wird. RFID ist eine hervorragende technische Basis dafür.

11 RFID und Umweltschutz

Die Technik, der Datenschutz, Wirtschaftspotenziale, Anwendungsgebiete und Rationalisierungsrisiken - all das waren Themen dieses Buches und über jedes einzelne Thema hätte man ein eigenes Werk gleicher Stärke verfassen können. Ein Thema werden Sie aber in beinahe jeder technischen Publikation vermissen: den Umweltschutz. Was bringt RFID für die Umwelt? Profitieren wir künftig auch in diesem Bereich von den kleinen unauffälligen Funkchips oder gehen wir noch ein weiteres Risiko mit der RFID-Technologie ein? Wir wollen in diesem abschließendem Kapitel versuchen, auch Anregungen zur Diskussion dieser Frage zu geben.

11.1 Automatisiertes Recycling

Führen wir uns noch einmal das Beispiel eines Supermarktes in Erinnerung, in dem die Produkte mit RFID-Transpondern versehen werden. Ungeachtet dessen, ob der Markt der Zukunft so aussehen wird, wie er von uns im Kapitel 10 skizziert wurde, bringen die an den Verpackungen der Produkte befindlichen Transponder möglicherweise eine Chance für den Umweltschutz mit sich. So sei zunächst einmal die These.

Ein heute sehr großes Problem ist die Rückgewinnung von Rohstoffen, das Recycling. Es gilt dabei, aus dem täglich anfallenden Müllberg die noch zu verwendenden Rohstoffe zu trennen und dem erneuten Fertigungsprozess zuzuführen. Für das Recycling sind unter anderem interessant:

- Eisen
- Kupfer
- Aluminium
- Gold, Silber und andere Edelmetalle
- Kunststoff - möglichst sortiert nach der Art
- Weiß- und Buntglas
- Papier
- und vieles mehr

Nun liegt der Müll bekanntlich nur selten sortenrein vor und muss in kostenintensiven aufwändigen Verfahren getrennt werden. Theoretisch wäre es nun denkbar, sich für Verpackungsmaterialien auf einen RFID-Standard zu einigen, was nicht nur dem Handel und der Logistik entgegenkommen würde. Die auf diesen Materialien angebrachten Chips werden in einem Vorselektionsverfahren erkannt und anhand ihrer Informationen wird bestimmt, aus welchem Material sie bestehen. Folgende Aussagen kommen theoretisch in Betracht:

- Es handelt sich um einen Reinstoff (z. B.: Papier)
- Es handelt sich um einen Verbundstoff (z. B.: mehrschichtige Getränkeverpackungen)
- Es handelt sich um nicht recyclebares Material
- Es handelt sich um Sondermüll

Anhand dieser Aussagen kann bereits der erste Selektionsschritt erfolgen. Weitere selektive Prozesse lassen nun die Trennung der einzelnen Materialien zu. Alles geschieht bis zu diesem Zeitpunkt voll automatisch. Lediglich Müll ohne einen funktionierenden Transponder wird nach wie vor - dies geschieht dann aber in wesentlich kleineren Mengen - nach dem klassischen Verfahren sortiert und recycelt. Die erforderlichen Informationen zu den Werkstoffen müsste der Hersteller in einer zentralen Müll-Datenbank deklarieren. Hier wäre aber zu beachten, dass keinerlei personenbezogene Daten mit dieser Datenbank vereint oder sogar in dieser gespeichert werden können.

Im Idealfall würde dieses Verfahren langfristig auch Kapriolen wie das Pfand für Einwegflaschen und Getränkedosen obsolet machen Das wäre zumindest die ideale Wunschvorstellung, die mit der RFID-Technologie verbunden ist. Doch ist das auch so umsetzbar?

11.2 Risiko: Chips = Sondermüll?

Mit den vorangehenden Ausführungen haben wir nun eine Theorie in den Raum gestellt, die zunächst einmal - ohne tiefgreifende Analyse - wahre Euphorien auslösen müsste: Sie beschreibt nämlich nichts Geringeres als eine nahezu ideale Lösung unseres Müllproblems. Dies wäre verbunden mit einer effizienten Wiederverwertung der Rohstoffe, weniger umweltbelastender Müllverbrennung und damit auch mit einem Beitrag zum Klimaschutz. Also: „Gesegnet sei RFID!" - Oder schießen wir hier vielleicht „ein wenig" über das Ziel hinaus?

Stellen wir uns eine weitere Frage: Was ist denn eigentlich mit den Transpondern? Kann man die auch recyclen? Welchen Aufwand wird es bereiten, die kleinen Minisender zu finden und vom wieder verwendbaren Material zu trennen?

Das alles sind Fragen, die man sich stellen muss, denn obgleich die RFID-Transponder immer kleiner werden, werden sie zahlenmäßig stark zunehmen. In wenigen Jahren werden die intelligenten Etiketten (Smart Label) auf jedem Produkt so selbstverständlich sein, wie der heute obligatorische Barcode. Dieser ist allerdings absolut umweltverträglich, wenn er auch aufgrund der Anforderung an eine optisch eindeutige Lesbarkeit nicht für eine eventuelle Selektion in der Müllverwertung genutzt werden kann.

Werden die RFID-Tags nicht vom wieder zu verwendenden Müll entfernt, dann stellen sie eine Verunreinigung des Materials dar. Damit ist der Einsatz des recycelten Materials beispielsweise für Lebensmittelverpackungen mehr als fraglich. Auch ist es nicht zu garantieren, dass die Materialeigenschaften (Festigkeit, Elastizität etc.) nach wie vor einem sortenreinen Material entsprechen. Das Auffinden und Entfernen der einzelnen Transponder ist jedoch wiederum aufwändig und kostenintensiv, so dass die Ersparnis infolge einer automatisierten Selektion durch die Beseitigung der Transponder schnell relativiert wird.

Wie groß das Problem sein wird, lässt sich abschätzen, wenn man bedenkt, dass von Experten allein in Deutschland ein jährlicher Absatz von ca. 200 Milliarden Tags prognostiziert wird (Arbeitsbericht des IZT von Siegfried Behrendt Nr. 7/2004 „Produktbegleitende Informationssysteme").

Auch die Entsorgung der Transponder selbst ist kein „Pappenstiel": Bleiben wir bei der Annahme, dass jährlich in Deutschland 200 Milliarden RFID-Transponder - bestehend aus Kupfer, Aluminium, Silber, Polyimid, Polyester und anderen Materialien mit einem Stückgewicht von ca. 0,1 g in die Wertschöpfungskette gebracht werden, dann bedeutet dies, dass jährlich 20.000 Tonnen RFID-Sondermüll anfallen. Das ist ein enormer Berg!

Der Arbeitsbericht von Siegfried Behrendt nennt noch weitere Zahlen: So wird ein heutiger Bedarf an Silber auf rund 470 Tonnen kalkuliert. Für die prognostizierten Mengen an RFID-Transpondern müssten aber noch einmal zusätzlich 340 Tonnen aufgebracht werden. Darüber hinaus müssten diesbezüglich auch sekundäre Belastungen in Form der Erze und des Energieaufwandes zur Erzeugung der Rohstoffe kalkuliert werden, die noch weitaus höher anzusetzen sind.

11.3 Elektrosmog und RFID?

Gleich vorweg: Ein Transponder, der sich nicht in einem ihn aktivierenden elektromagnetischen Feld befindet, strahlt nicht. Auch ist die Belastung mit elektromagnetischen Wellen, die von einem RFID-Transponder im Betriebszustand ausgehen, ausgesprochen gering und liegt weit unter den Werten, die beispielsweise einem Bluetooth-Chip, einem WLAN-Modul oder einem Mobiltelefon zugeschrieben werden.

Fakt ist auch, dass diese Thematik allgemein nicht erschöpfend erforscht worden ist. Zwar gibt es immer wieder Studien, die den einen oder anderen Sachverhalt zu belegen meinen, doch sind die meisten dieser Werke - man wird es kaum glauben - von entsprechenden Interessenvertretern in Auftrag gegeben worden. Eigentlich interessant wären die Studien, die von ihren Auftraggebern - egal von welcher Seite - nach Erhalt als Verschlusssache erklärt wurden und somit nicht mehr zugänglich sind.

Ungeachtet der vielseitigen Spekulationen zu diesem Thema argumentieren Kritiker, dass sie zwar im einzelnen Transponder keinen E-Smog-Risiko sehen, es aber infolge der zunehmenden Menge der Chips und einer entsprechend großen Anzahl von Lesegeräten möglicherweise zu Belastungen kommen kann. Während bei Mikrowellen allgemein von einem theoretischen thermischen Einfluss auf die menschlichen Körperzellen gesprochen wird, sind die Wirkungen langwelliger elektromagnetischer Felder sowie die Auswirkungen starker Magnetfelder allgemein noch weitgehend unerforscht.

Nun: „Nichts genaues weiß man nicht!" - Aus diesem Grunde soll die Anregung, auch dieses Thema nicht ganz aus den Augen zu verlieren, einmal im Raum stehen bleiben.

12 Abkürzungen

A

ASK	Amplitude Shift Keying

B

BDSG	Bundesdatenschutzgesetz
BEMFV	Begrenzung elektromagnetischer Felder

D

dB	Dezibel

E

EAS	Electronical Article Surveillance
EIRP	Effective Isotropically Radiated Power
EMV	Elektromagnetische Verträglichkeit
ERP	Effective Radiated Power
EZB	Europäische Zentralbank

F

FSK	Frequency Shift Keying

I

IDT	Interdigital Transductor
IML	Fraunhofer Institut für Materialfluss und Logistik
ISM	Industrial Science and Medical
ISO	International Standardization Organization
IVR	Interactive Voice Response

M

M2M	Maschine zu Maschine

O

OFW	Oberflächenwelle

P

PDA	Personal Digital Assistent

PSK	Phase Shift Keying

R

RegTP	Regulierungsbehörde für Telekommunikation und Post (in Deutschland)
RF	Radio Frequency
RFID	Radio Frequency Identification

S

SAW	Surface Acoustic Wave

U

UHF	Ultra High Frequency

V

VDI	Verband Deutscher Ingenieure

W

WLAN	Wireless Local Area Network

13 Quellennachweis

- Finkenzeller, RFID-Handbuch, 3. Auflage, Carl Hansa Verlag, München, 2002
- Dissertation von Dipl.-Ing. Stephan Kolnsberg, Krefeld, 2001 über Universität Duisburg, www.ub.uni-duisburg.de/ETD-db/theses/available/duett-07182001-135552/unrestricted/inhalt.htm
- Risiken und Chancen des Einsatzes von RFID-Systemen, Bundesamt für Sicherheit in der Informationstechnik (BSI), SecuMedia-Verlag, Ingelheim, 2004-12-04
- Das Vorsorgeprinzip in der Informationsgesellschaft - Auswirkungen des Pervasive Computing auf Gesundheit und Umwelt (Preprint), TA-Swiss, Zentrum für Technologiefolgen-Abschätzungen, Bern 2005
- Schoblick, Das große Werkbuch der Telekommunikationstechnik, Franzis-Verlag, Poing, 1999
- Anleitung zur Durchführung der Anzeige ortsfester Amateurfunkanlagen nach §9 der Verordnung über das Nachweisverfahren zur Begrenzung elektromagnetischer Felder (BEMFV)
- Bundesdatenschutzgesetz, Quelle: Der Bundesbeauftragte für Datenschutz, www.bfd.bund.de
- Funkwerk Enterprise Communications, Südwestpark 94, 90449 Nürnberg
- Leonhard Reindl, „Über Funk auslesbare passive Sensoren", Institut für Elektrische Informationstechnik der Technischen Universität Clausthal, zu finden im Internet: www.imtek.de/content/pdf/public/2001/paper1.pdf
- Online-Beitrag „Implantierbare RFID-Chips breiten sich aus", Heise Online News vom 30.11.2004, 16:07 Uhr, www.heise.de/newsticker/meldung/53789
- Virbac Tierarzneimittel GmbH, Rögen 20, 23843 Bad Oldesloe
- Siemens AG, Wittelsbacherplatz 2, 80333 München
- Texas Instruments Incorporated, 12500 TI Boulevard, Dallas, TX 75243-4136, USA
- IZT - Institut für Zukunftsstudien und Technologiebewertung, Berlin, Schopenhauerstraße 26, 14129 Berlin
- Webpräsentation von Lars Schenk und Frank Horn, www.activebarcode.de
- Herd Software-Entwicklung, www.herdsoft.com

- EPC Global: www.epcglobal.de bzw. www.epcglobal.com
- Europäisches Verbraucherzentrum www.evz.de
- Preprint der Studie „Auswirkung des Pervasive Computing auf Gesundheit und Umwelt", TA 46/2003, Swiss Federal Laboratories for Materials Testing and Research, Technology and Society Laboratory, Lerchenfeldstraße 5, CH-9014 St. Gallen
- Siegfried Behrendt „Produktbegleitende Informationssysteme" (Arbeitsbericht Nr. 7/ 2004 des IZT): www.izt.de/pdfs/IZT_AB7_Produktbegleitende Informationssysteme.pdf
- telekom praxis, TK-Fachmagazin, Ausgabe 6/2004, Martin Heine, Antennen für WLAN und Mobilfunk, Fachverlag Schiele & Schön, Berlin, 2004-12-04

13.1 Danksagung

Für die Unterstützung bei den Recherchen zu diesem Buch möchten wir uns recht herzlich bedanken, bei Frau Barbara Debus vom IZT Berlin sowie bei Herrn Dr. Harald B. Karcher für Tipps zu interessanten Quellen und informative Gespräche. Besonderer Dank gehört jedoch unseren Kindern Xenia und Roland, die besonder in der Vorweihnachtszeit wieder viel Geduld mit ihren Eltern hatten.

Sachverzeichnis

E

F

G

H

I

J

K

L

M

N

O

P

R

S

T

U

V

W

Z